工程建设项目管理方法与实践丛书

工程项目质量管理

《工程建设项目管理方法与实践丛书》编委会　组织编写

张军辉　张世杰　李湘炎　刘健华　刘　晗　编著

中国建筑工业出版社

图书在版编目（CIP）数据

工程项目质量管理/张军辉等编著. —北京：中国建
筑工业出版社，2013.11
（工程建设项目管理方法与实践丛书）
ISBN 978-7-112-15996-3

Ⅰ.①工…　Ⅱ.①张…　Ⅲ.①建筑工程-工程质量-
质量管理　Ⅳ.①TU712.3

中国版本图书馆 CIP 数据核字（2013）第 247953 号

　　作为《工程建设项目管理方法与实践丛书》之一，本书在简要介绍质量和质量管理基本概念的基础上，着重阐述了工程项目质量管理的特点、内容、方法，并结合施工企业在生产过程中的实际做法和大量生动翔实的实践案例，从企业工程项目质量管理的实战和操作角度，具体说明了施工企业在工程项目质量管理的策划、控制、改进以及验收各阶段所要开展的主要工作、管理要求和实施步骤等，为广大施工企业开展工程项目质量管理提供借鉴与参考。全书图文并茂，案例丰富，可读性和操作性强，既可供施工企业管理人员在工程实践中学习参考，也可作为高等院校相关专业师生的教学参考书。

　　责任编辑：范业庶
　　责任设计：董建平
　　责任校对：王雪竹　刘　钰

工程建设项目管理方法与实践丛书
工程项目质量管理
《工程建设项目管理方法与实践丛书》编委会　组织编写
张军辉　张世杰　李湘炎　刘健华　刘　晗　编著

*

中国建筑工业出版社出版、发行（北京西郊百万庄）
各地新华书店、建筑书店经销
北京科地亚盟排版公司制版
北京京华铭诚工贸有限公司印刷

*

开本：787×960 毫米　1/16　印张：15¾　字数：310 千字
2014 年 1 月第一版　2018 年 7 月第二次印刷
定价：**39.00** 元
ISBN 978-7-112-15996-3
(23216)

《工程建设项目管理方法与实践丛书》

编写委员会

主　任：李福和　张兴野

副主任：何成旗　郭　刚　赵君华　曾　华　李　宁

委　员：（按姓氏笔画排序）

马卫周　戈　菲　计　渊　李效飞　杨　扬

杨迪斐　张　明　张军辉　范业庶　易　翼

胡　建　侯志宏　栗　昊　蒋志高　舒方方

蔡　敏

丛书序言一

做项目管理实战派

实践如何得到理论指导，理论又如何联系实际，是各行业从业者比较困惑的问题，工程建设行业当然也不例外。这些困惑的一个直接反映，便是如汗牛充栋般的项目管理专著。这些专著的编撰者主要有两类，一类来自于大专院校和科研院所的专家教授，一类来自于长期实践的项目经理，虽然他们也在努力地尝试理论联系实际，但由于先天的局限性，仍表现出前者着力于理论，后者更偏重于实践的特点。而由攀成德管理顾问公司的咨询师编写的这套书，不仅吸收了编写者多年的研究成果，同时汲取了建筑施工企业丰富的实践经验，应该说在强调理论和实践的有机结合上做了新的探索。这也是攀成德公司的李总邀请我为丛书写序，而我欣然应允的原因所在。

咨询公司其实是软科学领域的研发者和成果应用者，他们针对每一个客户的不同需求，都必须量身打造适合的方案和实施计划，因此需要与实际结合，不断研究新的问题，解决新的难题。总部设在上海的攀成德公司，作为国内一家聚焦于工程建设领域的专业咨询公司，其术业专攻的职业精神和卓有成效的咨询成果，无疑是值得业界尊敬的。

此次攀成德公司出版的这套项目管理丛书，是其全面深入探讨工程项目管理的集大成之作。全书共有 11 本，涉及项目策划、计划与控制、项目团队建设、项目采购、成本管理、质量与安全管理、风险管控、项目管理标准化、信息化以及项目文化等内容，涵盖了项目管理的方方面面，整体上构架了一个完整的体系；与此同时，从每本书来看，内容又非常专注，专业化的特点十分明显，并且在项目内容细分的同时，编写者也综合了不同专业工程项目的特点，涉及的内容不局限于某个细分行业、细分专业，对施工企业具有比较广泛的参考价值。

更难能可贵的是，本套丛书顺应当今项目大型化、复杂化、信息化的趋势，立足项目管理的前沿理论，结合国内建筑施工企业的管理实践，从中建、中交、中水等领军企业的管理一线，收集了大量项目管理的成功案例，并在此基础上综合、提炼、升华，既体现了理论的"高度"，又接了实践的"地气"。比如，我看到我们中建五局独创的"项目成本管理方圆图"也被编入，这是我局借鉴"天圆

地方"的东方古老智慧，对工程项目运营管理和责任体系所做的一种基础性思考。类似这样的总结还有不少，这些来自于实践，基于中国市场实际，符合行业管理规律的工具，都具有推广价值，我感觉，这样的总结与提升是非常有意义的，也让我们看到了编写者的用心。

　　来源于实践的总结，最终还要回到实践。我希望，这套书的出版，可以为广大的工程企业项目管理者提供实在的帮助。这也正是编者攀成德的理想：推动工程企业的管理进步。

　　是为序。

中国建筑第五工程局有限公司董事长

丛书序言二

人们有组织的活动大致可以归结为两种类型：一类是连续不断、周而复始，靠相对稳定的组织进行的活动，人们称之为"运作"，工厂化的生产一般如此，与之对应的管理就是职能管理。另一类是一次性、独特性和具有明确目标的，靠临时团队进行的活动，人们称之为"项目"，如建设万里长城、研发原子弹、开发新产品、一次体育盛会等。周而复始活动的管理使人们依靠学习曲线可以做得很精细，而项目的一次性和独特性对管理提出了重大挑战。

项目管理的实践有千百年的历史，但作为一门学问，其萌芽于 70 年前著名的"曼哈顿计划"，此后，项目管理渗透到了几乎所有的经济、政治、军事领域。今天，项目管理的研究已经提升到哲学高度，人们不断用新的技术、方法论探讨项目及项目管理，探索项目的本质、项目产生和发展的规律，以更好地管理项目。

工程建设领域是项目管理最普及的领域之一，项目经营、项目管理、项目经理是每个工程企业管理中最常见的词汇。目前中国在建的工程项目数量达到上百万个，在建工程造价总额达几十万亿，工程项目管理的思想、项目管理的实践哪怕进步一点点，所带来的社会效益、环境效益、经济效益都是无法估量的。

项目管理是系统性、逻辑性很强的理论，但对于多数从事工程项目管理的人来说，很难从哲学的高度去认识项目管理，他们更多的是完成项目中某些环节、某些模块的工作，他们更关注实战，需要现实的案例，需要实用的方法。基于此，我们在编写本丛书时，力求吸取与时俱进的项目管理思想，与工程项目管理结合，避免陷入空谈理论。同时，精选我们身边发生的各类工程项目的案例，通过案例的分析，达到抛砖引玉的目的。作为一家专业和专注的管理咨询机构，攀成德的优势在于能与众多企业接触，能倾听到一线管理者的心声，理解他们的难处；在于能把最新的管理工具应用到管理的实践中，所以这套丛书包含了工程行业领导者长期的探索、攀成德咨询的体会以及中国史无前例的建设高潮所给予的实践案例。书中的案例多数来自优秀的建筑企业，体现行业先进的做法及最新的成果，以期对建筑企业有借鉴意义和指导作用。

理论可以充实实践的灵魂，实践可以弥补理论的枯燥。融合理论和实践，这是我们编写本丛书的出发点和归宿。

李福和

前　言

2000 年以来，我国建筑业获得了迅速的发展，并逐渐成为国民经济发展的支柱产业。2012 年，我国建筑业实现增加值 3.5 万亿元，占国内生产总值的 6.8%，已成为名副其实的支柱产业。随着我国快速城市化进程的持续推进，预计未来 20 年依然是建筑业快速发展的时期。在此背景下，工程项目的质量管理意义重大，其持续改进既是一项利国利民的工程，也是一项全民要求。另一方面，建筑企业经过快速的发展和产能扩张，所面临的市场竞争愈加激烈，"拼市场"的发展思路已不适应目前的市场环境，加强管理，尤其是加强项目管理，已成为建筑企业未来发展的必由之路。而项目质量管理，不仅是项目管理的核心，也是建筑企业核心竞争能力的重要组成部分。

工程项目质量管理是一项系统工程，需要系统的解决方案。近年来，随着我国建筑业的发展，工程项目质量管理能力也在提高，但总体来看，我国工程项目质量管理水平目前仍处于较低水平，具体表现在企业质量管理体系建设不够健全、项目质量管理策划与计划合理性不足、施工过程中质量控制不严、项目质量改进缺失等方面。从中也可以看出，工程项目质量管理是一项系统工程，需要系统的解决方案来提升各个环节的管理能力，进而提升整体的项目质量管理水平。

本书全面、系统地介绍了工程项目质量管理的原理、方法和措施，并配套以实际操作案例，为项目质量管理提供了系统的解决方案。首先，在介绍项目质量管理相关概念及要求的基础上，以项目质量策划、项目质量控制、项目质量改进、项目质量检验与质量管理体系为主线，系统地介绍了项目质量管理的全过程，增强本书的指导作用。其次，结合攀成德公司多年的行业服务经验，对项目质量管理的各个环节，选取了精准的案例，以突出本书的实用性和操作性。进而，从理论与实践两个方面着手，构建了更为全面而系统的知识体系。基于以上特点，本书适用于工程建设领域项目管理人员和大中专院校相关专业师生的管理实践和教学、学习之用。

本书由上海攀成德企业管理顾问有限公司咨询总监张军辉、咨询顾问张世杰、刘晗、刘健华、李湘炎等编写。张军辉完成了本书的框架设计及统稿工作，并编写了第 1 章和第 6 章，第 2 章由张世杰编写，第 3 章由刘健华编写，第 4 章

由刘晗编写，第 5 章由李湘炎编写。本书最终由何成旗修改、增删和定稿。此外，本书在编写过程中曾参考和引用部分国内外优秀的研究成果和文献，在此一并向相关机构和作者表示诚挚的感谢！

目　　录

1 工程项目质量管理概述

1.1 质量与质量管理

人类社会自从有了生产活动，特别是以交换为目的的商品生产活动，便产生了质量的活动。围绕质量形成全过程的所有管理活动，都可称为质量管理活动。人类通过劳动增加社会物质财富，不仅表现在数量上，更重要的是表现在质量上。质量是构成社会财富的关键内容。

1.1.1 质量

（1）质量概念演变

质量的概念最初仅用于产品，随着社会经济和科学技术的发展，质量的概念也在不断充实、完善和深化，内涵也变得十分丰富。同样，人们对质量概念的认识也经历了一个不断发展和深化的历史过程。具有代表性的质量概念有"符合性质量"、"适用性质量"和"广义质量"。

1）符合性质量

符合性质量以是否"符合"规定的标准作为质量好坏的衡量依据。"符合规定标准"的产品就是合格品，质量好。"不符合规定标准"的产品就是不合格产品，质量就不好。而"符合"的程度反映了产品质量的一致性。

2）适用性质量

适用性质量以是否适合顾客需要作为衡量质量好坏的标准和依据。从使用的角度定义产品质量，认为产品的质量就是产品的适用性，即产品在使用时符合顾客需求的程度。适用性质量从顾客的"使用要求"和产品的"满足程度"两个角度来剖析质量的本质。

质量概念从"符合性"发展到"适用性"，是人们把产品质量与顾客需求结合的过程。一个产品如果不能满足顾客的需求，甚至不能满足其基本需求，即使其各项特性指标完全符合既定的质量标准，也不是一个"好"的产品。

3）广义质量

国际标准化组织对质量的概念进行不断的总结和提炼，逐步形成社会公认的

质量概念，即"质量是一组固有特性满足要求的程度"。广义质量的概念表明，质量的内涵是一组固有特性组成的，并且这些固有特性是以满足顾客及其他相关方的能力加以表征的。既反映了质量要符合标准的要求，也反映了质量要满足顾客及相关方的需要。

（2）质量定义

国际标准化组织 ISO 在国际标准 ISO9000《质量管理体系基础和术语》中对质量的定义是：质量是一组固有特性满足要求的程度。

1）理解

特性是"可区分的特征"。特性可以是固有的，如一个物体的尺寸、润滑油的黏度、导线可通过的最大电流等，是事物本身就有的，尤其是那种永久特性。特性也可以是赋予的，比如手机的价格、产品的防护要求、房屋的维保期限等。产品的固有特性和赋予特性是相对的，比如产品的运输时间对于硬件产品而言是赋予特性，但对于物流运送企业来说就是其服务的固有特性。

要求可以是明示的、隐含的或者不言而喻的需求和期望。要求往往是由相关方，如顾客、股东、员工、供方、合作伙伴、社会等提出的。明示的要求是指规定的要求，如合同规定。隐含的要求是指通常的惯例和一般做法，比如空调应该具有制冷功能。而必须履行的要求是指法律法规、强制性标准等对产品的强制性要求，比如《食品安全法》对食品生产企业的要求等。

2）特性

质量具有经济性、广义性、时效性和相对性。质量的经济性是指由于对产品的要求汇集了价值的表现，人们对产品的要求往往都是物有所值，这就充分体现质量的经济性。质量的广义性是指质量概念所涉及的范畴很广，既包括产品、服务的质量，也包括过程、体系等的质量。质量具有时效性，由于人们对产品、过程、体系的认识是一个不断变化的过程，原来顾客认为好的产品或者过程因顾客要求的提升而不再受到顾客的欢迎，因此组织应及时调整对产品的质量要求。质量的相对性是指同样的产品，顾客的需求不同，对其产品质量的评价也不同，只有满足需求的产品才是好的产品。

1.1.2 质量管理

（1）质量管理的发展

人类社会质量管理活动的历史源远流长。远古时候的食物采集者必须了解哪些果类可以食用，哪些有毒；猎人必须了解哪些树是制造弓箭最好的材料。这样，人们在实践中获得的质量知识一代一代地流传下去。当人类社会的核心从家庭发展为村庄、部落后，产生了分工，出现了集市。在集市上，人们相互交换产品，产品制造者直接面对顾客，产品的质量由人的感官来确定。

随着人类社会的不断发展，新的行业——商业出现了。买卖双方不再直接接触，而是通过商人来进行交换和交易。在村庄集市上通行的确认质量的方法便行不通了，于是就产生了质量担保，从口头形式的质量担保逐渐演变为质量担保书。随着商业的进一步发展，要使彼此相隔遥远的厂商和经销商之间能够有效地沟通，新的发明又产生了，这就是质量规范。紧接着，简易的质量检验方法和测量手段也相继产生，这就是在手工业时期的原始质量管理。

由于这时期的质量主要靠手工操作者本人依据自己的手艺和经验来把关，因而又被称为"操作者的质量管理"。18 世纪中叶，欧洲爆发了工业革命，效率更高的生产组织形式——工厂出现。在工厂进行的大批量生产，带来了许多新的技术问题，如部件的互换性、标准化、测量精度等，这些问题的提出和解决，催促着质量管理科学的诞生。到 20 世纪人类跨入机械化加工、规模化经营的工业化时代后，质量管理也逐步从传统模式发展到现代质量管理阶段。总的来说，现代质量管理经过了三个阶段：

1）检验质量管理阶段

20 世纪初，人们对质量管理的理解还只限于质量的检验。质量检验所使用的手段是各种检测设备和仪表，方式是严格把关，进行百分之百的检验。其间，美国出现了以泰罗为代表的"科学管理运动"。"科学管理"提出了在人员中进行科学分工的要求，并将计划职能与执行职能分开，中间再加一个检验环节，以便监督、检查对计划、设计、产品标准等项目的贯彻执行。这就是说，计划设计、生产操作、检查监督各有专人负责，从而产生了一支专职检查队伍，构成了一个专职的检查部门，这样，质量检验机构就被独立出来了。起初，人们非常强调工长在保证质量方面的作用，将质量管理的责任由操作者转移到工长，故被人称为"工长的质量管理"。

后来，这一职能又由工长转移到专职检验人员，由专职检验部门实施质量检验，称为"检验员的质量管理"。

2）统计质量控制阶段

质量检验是在成品中挑出废品，以保证出厂产品质量。但这种事后检验把关，无法在生产过程中起到预防、控制的作用。废品已成事实，很难补救。且百分之百的检验势必增加检验费用。在大批量生产的情况下，其弊端就突显出来。一些著名统计学家和质量管理专家就注意到质量检验的问题，尝试运用数理统计学的原理来解决，使质量检验既经济又准确，1924 年，美国的休哈特提出了控制和预防缺陷的概念，并成功地创造了"控制图"，把数理统计方法引入到质量管理中，使质量管理从单纯事后检验转入检验加预防的质量管理新阶段。1931

年，休哈特关于质量管理的专著《工业产品质量经济控制》正式出版。1929年道奇（H·F·Dodge）和罗米克（H·G·Romig）发表了《抽样检查方法》。这也标志着以数理统计方法为基础的质量管理时代的到来。

第二次世界大战结束后，美国许多企业扩大了生产规模，除原来生产军火的工厂继续推行质量管理的条件方法以外，许多民用工业也纷纷采用这一方法，美国以外的许多国家，如加拿大、法国、德国、意大利、墨西哥、日本也都陆续推行了统计质量管理，并取得了成效。但是，统计质量管理也存在着缺陷，它过分强调质量控制的统计方法，使人们误认为"质量管理就是统计方法"，"质量管理是统计专家的事"。使多数人感到高不可攀、望而生畏。同时，它对质量的控制和管理只局限于制造和检验部门，忽视了其他部门的工作对质量的影响。这样，就不能充分发挥各个部门和广大员工的积极性，制约了它的推广和运用。这些问题的解决，又把质量管理推进到一个新的阶段。

3）全面质量管理阶段

20世纪50年代以来，火箭、宇宙飞船、人造卫星等大型、精密、复杂的产品出现，对产品的安全性、可靠性、经济性等要求越来越高，质量问题就更为突出。要求人们运用"系统工程"的概念，把质量问题作为一个有机整体加以综合分析研究，实施全员、全过程、全企业的管理。20世纪60年代在管理理论上出现了"行为科学论"，主张改善人际关系，调动人的积极性，突出"重视人的因素"，注意人在管理中的作用。随着市场竞争，尤其国际市场竞争的加剧，各国企业都很重视"产品责任"和"质量保证"问题，加强内部质量管理，确保生产的产品使用安全、可靠。

由于上述情况的出现，显然仅仅依赖质量检验和运用统计方法已难以保证和提高产品质量，促使"全面质量管理"的理论逐步形成。最早提出全面质量管理概念的是美国通用电气公司质量经理阿曼德·费根堡姆。1961年，他发表了一本著作《全面质量管理》。该书强调执行质量职能是公司全体人员的责任，他提出："全面质量管理是为了能够在最经济的水平上并考虑到充分满足用户要求的条件下进行市场研究、设计、生产和服务，把企业各部门的研制质量、维持质量和提高质量活动构成为一体的有效体系"。

20世纪60年代以来，费根堡姆的全面质量管理概念逐步被世界各国所接受，在运用时各有所长，在日本叫全公司的质量管理（CWQC）。进入20世纪80年代以后，全面质量管理的思想在世界范围得到广泛认可。目前，举世瞩目的ISO9000族质量管理标准、三大质量奖（美国波多里奇奖、欧洲质量奖、日本戴明奖）以及卓越绩效模式、六西格玛管理等，都是全面质量管理新的表现形式。

（2）质量管理的内容

ISO9000：2005《质量管理体系　基础和术语》中，将质量管理定义为：在质量方面指挥和控制组织的协调一致的活动。这些活动包括制定质量方针和质量目标、质量策划、质量控制、质量保证和质量改进。

1）质量方针

质量方针是指由组织的最高管理者正式发布的该组织总的质量宗旨和质量方向。企业的质量方针（有时又称质量政策）是企业各部门和全体人员执行质量职能以及从事质量管理活动所必须遵守和依从的行动纲领。质量方针的基本要求应包括供方的组织目标和顾客的期望和需求，也是供方质量行为的准则。企业最高管理者应确定质量方针并形成文件。不同的企业可以有不同的质量方针，但都必须具有明确的号召力，如"以质量求生存，以产品求发展"，"质量第一，服务第一"等。

2）质量目标

质量目标是组织在质量方面所追求的目的，是组织质量方针的具体体现，目标既要先进，又要可行，便于实施和检查。质量目标就是以行为科学中的"激励理论"为基础而产生的，但它又借助系统理论向前发展。按照系统论的观点，一个企业是一个目的性系统，它又包括若干个带有目的性的子系统，子系统又包括若干个带有目的性的子子系统，子子孙孙系统无穷尽也。以系统论思想作为指导，从实现企业总的质量目标出发，去协调企业各个部门乃至每个人的活动，这就是质量目标的核心思想。

3）质量策划

质量策划是质量管理的一部分，致力于制定质量目标并规定必要的运行过程和相关资源以实现质量目标。质量策划的目的是保证最终的结果能满足顾客的需要。质量策划的关键是制定质量目标并设法使其实现。质量策划包括质量管理体系策划、产品实现策划以及过程运行的策划。质量计划通常是质量策划的结果之一。

4）质量控制

质量控制是质量管理的一部分，致力于满足质量要求。

质量控制是为达到质量要求所采取的作业技术和活动。这就是说，质量控制是为了通过监视质量形成过程，消除质量环上所有阶段引起不合格或不满意效果的因素。以达到质量要求，获取经济效益，而采用的各种质量作业技术和活动。在企业领域，质量控制活动主要是企业内部的生产现场管理，它与有否合同无关，是指为达到和保持质量而进行控制的技术措施和管理措施方面的活动。质量检验从属于质量控制，是质量控制的重要活动。

5）质量保证

质量保证是质量管理的一部分，致力于提供质量要求会得到满足的信任。

质量保证定义的关键词是"信任"，对达到预期质量要求的能力提供足够的信任。质量保证一般适用于有合同的场合，其主要目的是使用户确信产品或服务能满足规定的质量要求。如果给定的质量要求不能完全反映用户的需要，则质量保证也不可能完善。质量保证是在有两方的情况下才存在，由一方向另一方提供信任。由于两方的具体情况不同，质量保证分为内部和外部两种，内部质量保证是组织向自己的管理者提供信任；外部质量保证是组织向顾客或其他方提供信任。

质量保证的内容绝非是单纯的保证质量，而更重要的是要通过对那些影响质量的质量体系要素进行一系列有计划、有组织的评价活动，为取得企业领导和需方的信任而提出充分可靠的证据。

6）质量改进

质量改进是质量管理的一部分，致力于增强满足质量要求的能力。

作为质量管理的一部分，质量改进的目的在于增强组织满足质量要求的能力，由于要求可以是任何方面的，因此，质量改进的对象也可能会涉及组织的质量管理体系过程和产品，可能会涉及组织的方方面面。同时，由于各方面的要求不同，为确保有效性、效率或可追溯性，组织应注意识别需改进的项目和关键质量要求，考虑改进所需的过程，以增强组织体系或过程实现产品并使其满足要求的能力。

1.2 工程项目管理

1.2.1 工程项目特点

（1）项目及其特点

项目的形式多种多样，大到具有国家战略高度的总体部署，如西部大开发、南水北调、探月工程等，小到一个企业开展的一次促销活动、一个家庭的住宅装修等。目前，关于项目还缺少一个公认的统一定义。国际标准化组织 ISO10006《项目管理中的质量指南》中将项目定义为"由一系列具有开始和结束日期、相互协调和控制的活动组成的，通过实施而达到满足时间、费用和资源等约束条件目标的独特的过程"。标准中在这个定义下还有 5 条"注"：一个单个项目可以是一个大项目结构的组成部分；对某些类型的项目，项目的目标和产品特性要随项目的进展逐步精确和确定；一个项目的结果可以是一个或几个项目产品；组织是临时的，并且只存在于项目寿命期内；项目活动之间的相互关系可能是复杂的。

世界银行认为，项目是指"同一性质"、"同一部门"或"不同部门"的一系列投资。

总的来说，项目是在特定环境和约束下，具有特定目标的、一次性的任务。项目具有以下特点：

1）任务的一次性

项目是一次性的，这是项目与其他可重复的操作、日常工作最大的区别。每一个项目都有一个明确的起点和终点，任务完成后，项目即告结束，不重复。项目的一次性特点给项目管理带来了很大的挑战，要求人们必须精心策划、审慎执行、严格控制，依靠科学管理来确保整个项目的一次成功。

2）内容的独特性

每一个项目的内涵是唯一的，即任何一个项目都与其他项目不相同，即使有些项目提供的产品或服务是类似的，但它们的时间、地点、内外部环境、各类条件等都有所区别。因此，没有哪两个项目是完全相同的。这也就意味着，每一个项目都是一次新的工作，没有先例可以完全照搬。

3）目标的确定性

任何项目都具有明确的、特定的目标，不存在没有目标的项目。项目目标实现就意味着项目的完成和结束。项目的目标可以分为成果性目标和约束性目标。成果性目标是项目的主导要求，比如建造一个厂房，实现相应功能要求；而约束性目标通常是约束条件，比如项目的建造周期、费用预算、人力资源等。

4）工作的系统性

根据系统理论，一个项目即为一个系统，是由人员、技术、资源、时间、空间、信息等要素组合在一起的，为实现特定目标而形成的有机整体。作为一个项目，只有当项目的各项目标、各项工作、各项任务都协调、有序、顺利的实现、开展和完成，才能够真正实现项目的整体目标，才能够保证项目的一次成功。

5）组织的临时性

项目的生产过程是通过一个特定的组织实现的，而项目的组织（通常称为管理班子、项目部等）是临时性的。通常情况下，项目开始时就应该搭建项目组织，并随着项目的进展需要对项目组织进行动态调整；当项目结束后，项目组织要解散，人员要转移。因此，一个企业通常会有多个项目组织。

（2）工程项目及其特点

工程项目是以工程建设为载体的项目，是作为被管理对象的一次性工程建设任务。它以建筑物或构筑物为目标产出物，需要支付一定的费用、按照一定的程序、在一定的时间内完成，并应符合质量要求。例如建造一条产品生产线、建设一座商场、建造一条铁路等。与其他项目相比，工程项目涉及筹划、设计、建造、竣工各阶段，投资额大、地域性强、流动性大、临时性强、变动性大、交叉作业多以及人员构成复杂。

工程项目具有如下特征：

1）唯一性。工程项目作为"项目"，当然具有独特性，每一项工程项目都是唯一的，具有明确的目标——提供特定的产品或者服务，这些产品或者服务是有别于其他类似的产品或服务的。

2）一次性。每个工程项目都有明确的起点和终点，因此说工程项目是一次性的。当一个工程项目的目标全部实现，或者已经明确知道该工程项目的目标不再需要或不可能实现时，该工程项目就达到了它的终点。

3）整体性。一个工程项目往往由多个单项工程或多个单位工程组成，彼此之间密切相关，必须结合在一起才能发挥工程项目的整体功能。

4）固定性。工程项目都包含一定的建筑或安装工程，都必须在固定的地点实施，因此必然受到当地资源、气候、地质等条件制约，接受当地政府和社会文化的干预。

5）不确定性。一个工程项目建设往往需要几年甚至更长的时间，建设过程中涉及面广、各种影响因素多，存在诸多不确定性。

6）不可逆性。工程项目实施完成后，通常情况下不可能推倒重来，否则将会造成重大损失，因此工程项目具有不可逆性。

1.2.2　工程项目管理

（1）项目管理

项目管理是指在一定的约束条件下（比如规定的时间、预算费用等），为达到项目目标要求的质量而对项目所实施的计划、组织、指挥、协调和控制的过程。一定的约束条件是制定项目目标的重要依据，也是对项目实施控制的重要依据。项目管理的目的就是保证项目目标的实现，对象是项目本身。根据美国项目管理协会（PMI）发布的项目管理标准和指南——《项目管理知识体系指南（PMBOK）》，将项目管理内容归纳为9个部分，如图1-1所示。

由于项目本身特点决定了项目管理必须以系统化的观点、理论和方法来实施。项目管理特征主要有：

1）每个项目具有特定的管理程序和管理步骤。项目的一次性、单件性决定了每个项目都有特定的目标，而其管理的内容和方法要针对项目目标而定，因此每个项目的管理程序或步骤也都不同。

2）项目管理以项目经理为中心。由于项目管理具有较大的责任和风险，其

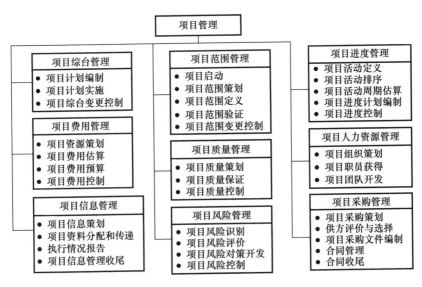

图 1-1　项目质量管理知识体系

涉及人力、技术、材料、资金等诸多方面因素，要更好地实现项目目标，必须实施以项目经理为中心的管理模式，在项目实施过程中及时协调处置各类问题和风险。

3）项目管理必须应用科学管理的方法和手段。现代项目更加复杂，面临的风险和问题也更多，因此在项目管理过程中必须综合运用现代管理的科学方法和技术，开展有效的项目管理。

4）项目管理过程中必须实施动态管理。面对日益快速变化的世界，要保证项目目标实现，就必须采用动态管理的方法监控项目的整个实现过程，及时采取措施纠正偏差，确保项目的实施结果逐步向最终目标靠近。

（2）工程项目管理的主要内容

工程项目管理，是指从事工程项目管理的企业，受工程项目业主方的委托，对工程建设全过程或分阶段进行专业化管理和服务活动。建设工程项目时间跨度长、外界影响因素多，受到投资、时间、质量等多种约束条件的严格限制，并且由多个阶段和部分有机组合而成，其中任何一个阶段或部分出问题，就会影响到整个项目目标的实现，增加项目管理的不确定因素。因此，工程项目管理内容多，管理难。通常来说，工程项目管理的主要内容包括进度管理、质量管理、安全管理、环境管理、采购管理、风险管理、信息管理、沟通管理、收尾管理等。建筑企业通常将工程项目管理的主要内容归结为"四控制、三管理、一协调"，即进度控制、质量控制、成本控制、安全控制、合同管理、信息管理、现场管理和组织协调。

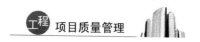

1）项目进度管理

为确保项目按时完成所需要的一系列过程，包括建立进度管理制度、制定进度目标和进度计划、落实责任、实施进度控制、编制和报送进度报告等。

2）项目质量管理

为确保项目达到其质量目标所进行的一系列活动，包括质量策划、质量控制与处置和质量改进等。管理组织应遵照《建设工程质量管理条例》和《质量管理体系》GB/T 19001 要求，建立持续改进质量管理体系。项目质量管理是工程项目管理的重要内容，对项目整体目标的实现有着重要影响。

3）项目安全管理

通过对项目实施过程中致力于满足职业健康和安全生产所进行的一系列管理活动。包括安全制度、技术措施、安全教育、安全检查、制定项目职业健康及安全生产事故应急预案、安全事故处理等。管理组织应遵照《建设工程安全生产管理条例》和《职业健康安全管理体系　要求》GB/T 28001 要求，坚持安全第一、预防为主和防治结合的方针，建立并持续改进职业健康安全管理管理体系。

4）项目环境管理

为合理使用和有效保护现场及周边地区而进行的管理活动，包括文明施工、环境保护和现场管理。管理组织应按《环境管理体系　要求及使用指南》GB/T 24001 要求，建立并持续改进环境管理体系。

5）项目采购管理

从项目主办机构之外获得工程、货物和服务采取的一系列方法和步骤，包括采购计划、采购准备、评审比较、谈判与签约等。管理组织应设置采购部门、制定采购管理制度、采购计划和工作程序，并依照相关的法律法规接受上级主管部门的监管。

6）项目合同管理

项目合同管理是项目管理的核心内容，是为保证项目合同的合理签订和顺利实施，旨在实现项目预期目标而采取的必要管理活动。合同管理的程序：合同的订立、实施计划、实施控制、合同的终止和评价。

7）项目费用管理

为确保完成项目的总投资不超过批准的预算所进行的一系列管理活动，包括工程项目费用构成、资源成本计划、费用估算、费用计划和费用控制等。管理组织应建立健全项目全面费用管理责任体系，包括项目决策层和项目执行层的管理。

8）项目风险管理

应建立风险管理体系，明确各层次管理人员的风险管理责任，减少项目实施过程中的不确定因素的不利影响。项目风险的过程包括风险识别、风险分析、风险对策、风险管理措施实施与评价等。

1.3 工程项目质量管理

1.3.1 工程项目质量

（1）工程项目质量概念

工程项目质量是指承建工程项目的使用价值，是工程项目满足社会需要所必须具备的质量特征。主要体现在工程的性能、寿命、可靠性、安全性和经济性五个方面。

1）性能。性能是指对工程使用目的提出的要求，即对使用功能方面的要求。性能可以从内在和外部两个方面来区别。内在质量多表现在材料的化学成分、物理性能、力学特征以及它们组合成一个整体后的隔热保温、遮风挡雨、避雷防晒等功能，外部质量则主要体现在外观尺寸、表面特征、功能特征等。

2）寿命。寿命是指工程正常使用期限的长短。

3）可靠性。可靠性是指工程在使用寿命周期和规定条件下完成工作任务能力的大小以及耐久程度，是工程抵抗风化、有害侵蚀、腐蚀等的能力。

4）安全性。安全性是指工程在使用周期内的安全程度，是否对人体或者周围环境造成危害等。

5）经济性。经济性是指效率、施工成本、使用费用、维护费用的高低，包括能否按照合同要求，按期或提前完工并交付使用，尽早发挥工程的经济社会效益。

（2）工程项目质量特点

工程项目的质量形成通常可以分为 6 个阶段，即可行性研究阶段、项目决策阶段、项目设计阶段、项目施工阶段、竣工验收阶段和项目维保阶段。由于工程项目一次性、整体性、高投入、高风险等特性，以及工程项目施工周期长，涉及部门和环节多的特点，影响工程质量的因素也比较多。据统计，工程质量问题中，由于设计造成的质量问题占 40.1%，由于施工原因造成的质量问题占 29.3%，由于材料原因造成的质量问题占 14.5%，由于施工不当造成的质量问题约占 9.0%，其他原因引起的约占 7.1%。

正是工程项目的一次性、工程质量形成过程复杂、影响因素多等特点，使得工程质量与其他产品质量有很大不同，具有如下特点：

1）质量波动性大。由于受到的影响因素特别多，因此容易出现工程质量的

波动和变异，造成工程质量的波动性变大。

2）质量隐蔽性强。工程建造过程有许多隐蔽工程和工序交接，因此只有对工程施工过程进行监控，强化生产和管理的接口检验和管理，才能保证工程质量。

3）终检局限性大。工程项目建成后，终检时不可能拆卸或者解体来检查内在的质量问题，因此有些内在的、隐蔽的质量缺陷就不能被发现，具有明显的局限性。

1.3.2　工程项目质量管理的必要性

正是由于工程质量具有波动性大、隐蔽性强、终检局限性大等特点，因此必须加强工程质量管理，提高工程质量水平。

（1）加强工程质量管理是市场竞争的需要

近年来，我国的工程质量总体水平在不断提高。一个企业要在激烈的市场竞争中站稳脚跟，就必须确保产品质量。因此，从战略角度来看，加强工程质量管理、提高建筑工程质量水平，是关系企业发展、行业兴衰的重要内容。

（2）加强工程质量管理是国家建设的需要

作为建设工程产品，工程项目投资和耗费的人工、材料、能源、资金等都十分巨大，要获得满意的产品，以期在使用周期内发挥作用，为国家和社会的经济建设、物质文化生活做出贡献，就必须有高质量的工程产品。工程质量的优劣直接影响国民经济的发展，不能不重视。

（3）加强工程质量管理是科技发展的需要

工程质量管理是施工企业既经济又节约地生产符合质量要求的工程项目的综合手段。随着生产技术水平的不断提高，对工程生产过程提出了更高的管理要求。因此，建筑施工企业必须加强工程质量管理，使之能够满足现代工程项目生产和发展的需要。

1.3.3　工程项目质量管理的主要内容

现代工程项目正在朝着大型化、规模化、现代化的方向发展，项目的复杂度较之以往呈指数级倍增，在建设投资力度不断增加的情况下，工程项目的质量需要通过更严格的监控和管理，才能得到保证。工程项目质量管理的主要目的是为项目的业主、用户或者项目的受益者提供高质量的工程和服务，令顾客满意。

工程项目质量的主要对象是工程实体质量，主要是指工程项目适合于某种规定的用途，满足人们要求所具备的质量特性的程度。除具有一般产品所共有的特性外，工程项目质量还应包括：工程结构设计和施工的安全性和可靠性；工程使用的材料、设备、工艺、结构等的耐久性和工程寿命；工程运行后，所建造的工程的质量满足工程的可用性、使用效果、产出效益以及运行的安全度和稳定性；工程的其他方面，如外观与周围环境的协调，对生产的保护和项目日常运行费用高低，以及项目的可维修性和可检查性等。

工程项目的质量管理主要包括质量策划、质量控制、质量改进等。

（1）项目质量策划

项目质量策划是指确定项目质量及采用的质量体系要求的目标和要求的活动，致力于设定质量目标并规定必要的作业过程和相关资源，以实现质量目标。项目质量策划是项目质量管理的前期活动，是对整个项目质量管理活动的策划和准备，项目质量策划的好坏对于整个项目质量管理活动的成功与否有着重要的影响。

（2）项目质量控制

项目质量控制是指为达到项目质量要求采取的作业技术活动。工程项目质量要求主要表现为工程合同、设计文件、技术规范等规定的质量标准。因此，工程项目质量控制就是为了保证达到工程质量标准而采取的一系列措施、手段和做法。根据工程建设项目工程质量控制的实施者，可以将质量控制分为：业主方的质量控制、政府方面的质量控制和承建商方的质量控制。

（3）项目质量改进

项目质量改进是指采取各项有效措施提高项目满足质量要求的能力，使得项目的质量管理水平和能力达到新的高度。在项目实施过程中，项目需要定期对项目质量状况进行检查、分析，识别质量改进的区域，确定质量改进目标，实施选定的质量改进方法。项目质量改进工作是一个持续改进的过程，通常需要运用先进的管理办法、专业技术和数理统计方法等。

2 项目质量策划

2.1 项目质量策划概述

2.1.1 项目质量策划的含义

项目质量策划是指确定项目的质量方针、目标以及如何落实、达到这些质量方针、目标的作业过程、资源措施等策划工作，是项目质量管理工作的一部分。

项目质量策划不仅是项目部的工作，也是企业各级组织的工作：企业的高层管理者应该制定质量方针和目标，并为质量方针和目标的实现提供各种配套资源；企业的中低层管理者应该依据企业总的质量方针和目标，确定部门的质量管理目标和工作，并为质量目标和工作的落实策划所需开展的各项活动和资源。

对项目质量策划的理解，关键有以下几点：

（1）质量策划是质量管理的一部分，是继确定质量方针后建立质量管理体系的重要组成部分；

（2）质量策划是质量管理过程中涉及企业管理各层级的一项内容，企业各层级管理者都应在质量策划工作中发挥相应的作用；

（3）质量策划的目的是设定质量目标，并确定必要的作业过程和所需要的相关资源；

（4）质量策划是确保质量管理体系的适宜性、充分性和完整性，使质量管理体系运行有效的重要活动；

（5）质量策划的结果应以文件形式固定下来，并形成质量计划等管理文件。

2.1.2 项目质量策划的内容

由质量策划要达到的目标，质量策划的主要内容一般包括：

（1）编制项目质量管理依据；

（2）编制质量目标和计划；

（3）必要的质量控制手段，施工过程、服务、检验和试验程序及相关的支持性文件；

（4）确保质量管理目标得以实现的相关保障性文件，即产品形成全过程的有关文件；

（5）在必要的情况下，更新质量控制、检验和试验技术，包括采用新的检测设备；

（6）确定在产品形成各阶段相应的质量验证，在设计、生产、采购等阶段均应设置适当的检验点（包括 H 点）、见证点（W 点）或评审点；

（7）对所有质量特性和要求均应明确接收（验收）标准；

（8）确定和准备质量记录，包括制定填写表格和说明填写要求；

（9）确定质量改进措施，更改和完善质量管理体系的程序。

此外，需要说明的是，质量策划可以针对产品进行，也可以针对管理和作业进行，两者的区别是：

（1）产品策划，对产品的质量特性进行识别、分类和比较，并建立质量目标、质量要求和约束条件；

（2）管理和作业策划，为实施质量管理做准备，包括组织设置和活动安排。

2.1.3 项目质量策划的依据

项目质量策划编制的主要依据有：

（1）法规对产品的要求；

（2）质量管理体系；

（3）企业的质量方针；

（4）顾客对产品的需求和期望；

（5）企业目前的质量水平；

（6）行业内质量管理的水平和未来的态势；

（7）目前存在的问题和需要改进的方面。

案例 2-1：某施工项目工程质量策划书（节录）

一、编制目的

为确保××××工程项目的执行情况满足规定的质量要求和项目施工合同要求，按照质量体系文件进行质量策划。

二、编制依据

（1）中华人民共和国《建筑法》、《合同法》、《建筑工程质量管理条例》及《工程建设标准强制性条文》；

（2）有关工艺标准、工法；

（3）工程图纸及设计文件：

① 公司与建设单位（××××有限公司）签订的《××××工程项目施工合同》。

② ××××设计咨询有限公司设计的"××××工程"工程施工图纸，设计修改通知。

③《××××工程施工图纸会审纪要》。

④ ××××编制的《××××岩土工程勘察报告（一次性详勘）(2012.10)》（工程编号：2012-244）。

（4）质量体系文件

① 公司质量手册、程序文件、管理文件、施工组织设计编制指导书、项目质量计划编制指导书、支持性文件。

② 企业技术质量和安全文明制度。

（5）现行国家、省、市、行业的一切有关工程建设标准、法规、规范的要求。

①《工程测量规范》GB 50026—2007

②《建筑桩基技术规范》JGJ 94—2008

……

（6）工程应用的主要法规

①《中华人民共和国建筑法》

②《中华人民共和国安全生产法》

③《建设工程质量管理条例》（国务院令第 279 号 2000-01-10）

④《中华人民共和国环境保护法》

（7）ISO9001 中《质量手册》和《控制程序文件》。

三、质量方针

我公司已于××××年通过 GB/T 19001—ISO9001 质量体系认证，本工程将严格按照 ISO9001 体系标准及程序文件对工程质量进行控制，使工程质量管理科学化、规范化、程序化，并保证工程质量在施工的全过程处于有效的控制状态。

质量方针：技术求精，工程求优；以人为本，重在预防；改善环境，保护健康；遵守法规，持续改进。

四、质量目标

工程质量目标：确保工程质量符合国家现行工程项目质量标准与规范，并达到"××杯"标准。为使本工程质量的总目标能够顺利实现，故划分为以下几项分目标：a) 分部、分项工程合格率100%；b) 分部、分项工程优良率85%；c) 杜绝重大质量事故。同时承诺：工程质量符合有关施工及验收规范的要求，符合设计的要求，实现零缺陷移交。

2.1.4 项目质量策划的步骤

开展项目质量策划工作，需要确定以下几个方面的工作：1）确定项目总体质量目标；2）确定所需匹配的资源；3）项目质量、进度目标的控制方法；4）质量管理与控制相关文件、资料的配备；5）确定质量验收标准；6）质量策划文件的确定与输出。

根据施工项目的特点和所需完成的主要工作，施工项目质量策划的步骤可分为总体策划和细节策划两个步骤。

（1）总体策划

总体策划一般由公司负责人主持进行，选聘有相应资格及工程施工管理经验的人员为项目经理、项目总工程师，并持证上岗。同时根据工程特点、施工规模、技术难度等情况确定项目部配备的人员及数量，确保项目部工作能够高效地运转；依据合同条款的要求，确定项目的总体质量目标。

（2）细节策划

是指项目经理组织项目总工程师、质量安全、成本核算、材料设备等方面的负责人根据总体策划所进行的细部策划，包括：

1）分部、分项工程策划。按国家标准的规定，统一划分分部分项工程，为质量目标分解、分项承包、成本核算等管理提供方便。

2）质量目标的分解。对工程分部、分项逐一确定质量等级，以便产生偏差时尽快调整和部署，确保项目总体目标实现。

3）项目质量、进度目标的控制方法。项目质量控制虽有质量体系文件规定，但其中有许多是概述性的内容，在策划时需要做出具体的规定，工程进度控制要在施工进度中，确定关键路线和关键工序，安排施工顺序，通过人力、物力的合理调动，保证进度符合规定的要求。

4）文件、资料的配备。与工程有关的标准、规范、质量体系文件是施工必备的文件，内部还需补充编制技术性文件和管理办法。

5）施工人员、材料和机械的配备。根据工期、成本目标及工程特点，策划出本项目各阶段的施工机械、劳动力和主要物资的详细需用量计划，提交项目部的上级主管部门，以便其提前为项目部配备各种资源。

（3）质量策划文件

通过项目质量总体策划和细节策划，最终将策划的结果形成项目管理文件，包括项目质量计划、施工组织设计、项目承包成本责任书、质量责任书、关键工序和特殊工艺的施工方案、冬雨季施工措施等。

2.1.5 项目质量策划的结果

通过质量策划应确定：

(1) 质量目标及相应的质量指标、验收标准；

(2) 质量管理体系的必需过程和要素；

(3) 所需的文件和记录；

(4) 所需的各类资源；

(5) 实施策划结果所需的职责分配、权限划分和人员的培训。

案例 2-2：苏州×××工程难点及施工部署

一、工程特点、难点

1. 项目部第二次与上市公司××集团合作，对其管理模式及工作流程已有了一些了解。从签订合同到正式开工挖土仅半个月的时间，目前正处于多雨的季节，前期准备时间不足，工期十分紧张，开工后容易出现后勤保障工作跟不上现场工作进度；施工现场因相互之间土方运输及车库整体施工等，与三期一标及二期二标之间无法形成有效围挡，不能做到封闭施工，使得在现场施工组织和文明施工上存在一定的难度。

2. 三期南侧规划路西接锦溪街，作为施工主要通道，只有一个施工出入口，在 30#楼北侧，交通运输及文明施工管理极为不便。

3. 主楼楼层高，间距小，现场施工场地十分有限，根据苏州当地土质，主楼及车库土方开挖可采用自然放坡加细石混凝土护坡的施工工艺，主楼与车库之间放坡坡度较小，采用土钉支护的方式。主楼与车库分布不规则，对现场的文明施工布置条件不利，且增加场内道路、电缆等设施费用。

4. 主楼标准层结构施工可复制性高，应充分发挥"样板领路"作用，严把过程关，真正实现做法传承，以此提高施工质量，降低返工率。同时充分考虑材料和劳务班组的施工流水，最大程度上实现施工各方面的复制，节约人工和材料成本。

二、施工部署

1. 施工区的划分

施工区的划分   表 2-1

施工区域	单位工程项目	单体栋数	建筑面积（m²）	结构形式
一区	25 号、27 号楼	2	39107	剪力墙结构
二区	30 号、31 号楼	2	26630	剪力墙结构
三区	地下汽车库、变电所5、6	3	18637	板柱剪力墙

2. 道路及入口

施工现场设置一个施工入口，施工通道全部硬化处理，具体详见总平面布置图（略）。

主体施工阶段各栋号加工场地布置和栋号通道设置进行硬化处理（浇筑100mm 厚 C20 混凝土），该范围区域和未加固车库顶板严禁重型车辆通行。

3. 施工用水、用电

用水：因采用商品混凝土，不需要搅拌用水，只需消防用水、养护用水、搅拌砂浆用水、机械用水、办公用水，由业主提供水源接入口，采用 φ100mm 镀锌管接至施工现场，现场采用两根 2φ51mm 沿四周布置并接至每栋楼处，过路时加设套管，接到每栋楼处并设置 3/4 寸水龙头。

用电：现场由业主提供一只 250kVA 箱变作为现场施工用电源，现场施工总电缆埋地敷设，分别通向各施工区域。

4. 现场临时设施布置

根据合同文件及现场情况，办公区（一栋两层阻燃岩棉板房）设置在建围墙内，距箱变有足够的安全距离。现场工具间和仓库等根据现场栋号布置。在施工入口两侧分别设置门卫室和沉淀池。

5. 生活区设置

生活区设置在后期待开发的地块上，根据施工高峰期劳务人员数量，共搭设12 栋两层的阻燃岩棉板房和两栋附属设施板房，全体人员宿舍采取限电措施，设集体食堂和统一锅炉供水，大食堂的餐厅采用装配式轻钢结构，可多次循环使用。

生活区域内所有场地均作硬化处理，100mm 碎石垫层，上浇 100mm 厚 C20 混凝土，设有一定的排水坡度。

2.2 项目质量计划

2.2.1 项目质量计划的概念

项目质量计划是指确定施工项目应该达到的质量目标和如何达到这些质量目标而做的项目质量计划和安排，包括实现质量目标所规定的必要的作业过程、配套的质量措施和匹配的相关资源等详细的计划工作。项目质量计划是质量策划的细化工作，也是其结果之一。它应明确指出所需开展的质量活动，并直接或间接通过相应程序或其他文件，指出如何实施和控制这些活动。由于质量计划就所需要的质量管理活动规定了具体的控制措施，以保证质量目标的实现，所以质量计

划就成为确保满足顾客需求和期望的重要依据。

2.2.2 项目质量计划的编制依据

项目质量计划编制的主要依据有：

（1）项目质量策划文件；

（2）工程项目承包合同、设计文件；

（3）企业《质量管理手册》及相应的程序文件；

（4）施工操作规程及作业指导书；

（5）各专业工程施工质量验收规；

（6）《建筑法》、《建设工程质量管理条例》、环境保护条例及法规；

（7）安全施工管理条例等。

2.2.3 项目质量计划的编写内容

工程项目的质量计划是针对具体项目的质量要求所编制的对设计、采购、施工/安装、试运行等活动的质量控制方案。

质量计划可以分为整体计划和局部计划两阶段来编制。整体计划是从项目总体上来考虑如何保证产品或项目质量的规划性计划，随着项目实施的进展，再编制各个阶段较详细的局部计划，如设计控制计划、施工控制计划、检验计划等。质量计划可以随项目的进展作必要的调整和完善。质量计划可以单独编制，也可以作为工程项目其他文件（如项目实施计划或施工组织设计、设计实施计划等）的组成部分。质量计划应与施工方案、施工措施相协调，并注意相互间的衔接。

质量计划的内容主要包括：

（1）编制的依据；

（2）项目概述；

（3）工程项目的质量目标，如特性或规范、可靠性、综合指标等；

（4）组织结构；

（5）项目各阶段职责、权限和资源的分配；

（6）质量控制及管理组织协调的系统描述；

（7）必要的质量控制手段，施工过程、服务、检验和试验程序及与其相关的支持性文件；

（8）实施中应采用的程序、方法和指导书；

（9）项目各阶段（设计、采购、施工、试运行等）适用的试验、检查、检验和评审大纲；

（10）完成质量目标的测量验证方法；

（11）随着项目的进展，质量计划修改和完善的程序；

（12）为了达到质量目标应采取的其他措施，如更新检验测试设备、研究新的工艺方法和设备、补充制定特定的程序、方法和其他文件等。

2.2.4 项目质量计划的编写要求

工程项目质量计划作为对外质量保证和对内质量控制的主要依据，既要包括工程项目从分项工程、分部工程到单位工程的质量过程控制，也要包括从资源投入到完成工程质量最终检验和试验的质量过程控制。工程项目质量计划编制的要求主要包括以下几个方面。

（1）质量目标方面。合同范围内全部工程的所有使用功能符合设计（或更改后的）图纸要求；分项、分部、单位工程质量达到既定的施工质量验收统一标准，合格率为100％。

案例2-3：某施工项目工程质量计划：质量目标分解表（表2-2）

某施工项目工程质量目标分解　　　　　　　　　　表2-2

序号	分部工程	质量目标	分项工程目标要求及负责人
1	地基基础	合格	• 基础分部所含分项工程质量必须满足GB 50202—2002质量验收规范的规定； • 分项工程合格率≥85％，单位工程合格率100％。 • 施工负责人：×××，质量负责人：×××
2	主体	合格	• 主体结构分部所含分项工程必须符合GB 50300—2001系列标准要求； • 主体结构合格，混凝土试块强度合格率100％； • 钢筋焊接及直螺纹连接合格率85％以上； • 分项工程合格率≥85％，单位工程合格率100％。 • 施工负责人：×××，质量负责人：×××
3	装饰装修	合格	• 按×××公司标准严格组织施工； • 所有分项工程必须全部合格； • 分项工程合格率≥85％，单位工程合格率100％； • 装饰每一道工序先做样板，验收合格后，方可大面积施工。 • 施工负责人：×××，质量负责人：×××
4	屋面	合格	• 所有分项工程必须符合GB 50207—2002质量验收规范的规定； • 分项工程合格率≥85％，单位工程合格率100％； • 屋面防水层施工完成后，对整个屋面进行蓄水试验，时间大于24小时，然后进行渗漏观察。 • 施工负责人：×××，质量负责人：×××
5	给排水采暖	优良	• 所有分项工程必须符合GB 50242—2002质量验收规范的规定； • 分项工程合格率≥85％，单位工程合格率100％。 • 施工负责人：×××，质量负责人：×××

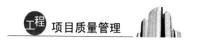
序号	分部工程	质量目标	分项工程目标要求及负责人
6	电气	优良	• 所有分项工程必须符合 GB 50303—2002 质量验收规范的规定; • 成套配电柜（盘）及动力开关柜安装，避雷针（网）及接地装置安装分项工程必须合格; • 分项工程合格率≥85%，单位工程合格率100%。 • 施工负责人：×××，质量负责人：×××
7	通风空调	优良	• 所有分项工程必须符合 GB 50243—2002 质量验收规范规定的合格要求; • 分项工程合格率≥85%，单位工程合格率100%。 • 施工负责人：×××，质量负责人：×××

（2）管理职责方面。项目经理是本工程实施的最高负责人，对工程符合设计、验收规范、标准要求负责，对各阶段、各工号按期交工负责；项目经理委托项目质量员负责本工程质量计划和质量文件的实施及日常质量管理工作，当有更改时，负责更改后的质量文件活动的控制和管理。

项目施工员对工程进度负责，调配人力、物力，保证按图纸和规范施工，协调同业主、分包商的关系，负责审核结果、整改措施和质量纠正措施和实施。

其他项目管理人员在项目经理的指导下，负责所管部位和分项施工全过程的质量，使其符合图纸和规范要求，有更改者符合更改要求，有特殊规定者符合特殊要求。

案例 2-4：某施工项目工程质量计划：岗位职责说明（节录）

质量部/质量工程师（×××）

（1）分管工程质量，协助项目经理进行工程质量管理，对项目的工程质量负有直接管理责任；

（2）认真执行有关工程质量的各项法律法规、技术标准、规范及规章制度；

（3）保证项目质量管理体系的各项管理程序在项目施工过程中得到切实贯彻执行；

（4）根据企业及合同质量目标组织编制质量策划；

（5）组织项目的质量检查，对质量缺陷组织整改并向项目经理报告；

（6）组织项目的质量专题会议，研究解决出现的质量缺陷或质量通病；

（7）组织工程各阶段的验收工作；

（8）组织对项目部人员的质量教育，提高项目部全员的质量意识；

（9）及时向项目经理报告质量事故，负责工程质量事故的调查，并提出处理

意见；

（10）负责开展创优质工程活动，协助项目经理严格管理，严格要求，采取有力措施，确保实现创优目标；

（11）积极组织全面质量管理活动，指导 QC 小组开展攻关活动；

（12）协助项目经理组织工程质量大检查，解决工程质量中的技术问题；

（13）协助项目经理组织质量事故的调查处理，提出质量返修加固处理方案，经上级有关部门同意后，组织实施。

（3）资源提供方面。规定项目管理人员及操作人员的岗位任职标准及考核认定方法。规定项目人员流动时进出人员的管理程序。规定人员进场培训（包括供方队伍、临时工、新进场人员）的内容、考核、记录等。规定对新技术、新结构、新材料、新设备修订的操作方法和操作人员进行培训并记录等。规定施工所需的临时设施（含临建、办公设备、住宿房屋等）、支持性服务手段、施工设备及通信设备等。

（4）工程项目实现过程控制。规定施工组织设计或专项项目质量的编制要点及接口关系。规定重要施工过程的技术交底和质量计划要求。规定新技术、新材料、新结构、新设备的计划要求。规定重要过程验收的准则或技艺评定方法。

案例 2-5：某施工项目工程质量计划：过程控制（节录）

（1）技术交底的控制

技术交底包括图纸会审交底、设计变更交底、各分部分项工程的交底、各隐蔽部位的交底，以及工程概况、工程特点、施工方案等内容进行交底。技术交底必须层层进行，由技术负责人对专业工长或班组长进行详细的交底，技术交底的交底人和被交底人必须履行签字手续。

（2）作业环境的控制

施工现场目视无扬尘，道路运输无遗撒，道路硬化达到 90%，道路采取洒水降尘措施，粉体材料进场进行归类封盖，施工作业尽量产生较小的噪声。

（3）施工机具的控制

施工机具使用单位必须按照操作规程、规范进行操作，在使用过程中对其进行保养维修。

（4）检验、测量器具的控制

计量室负责制定各种检验、测量工具的操作使用方法和保养维护方法，制定维修和保养计划，确保检验、测量工具保持较高准确度和精确度。

（5）特殊岗位人员能力资格的管理

特殊岗位人员必须持证上岗，且在资料员处做等级备案，无证不得上岗操作施工。

（5）材料、机械、设备、劳务及试验等采购控制。由企业自行采购的工程材料、工程机械设备、施工机械设备、工具等，须包含对供方产品标准及质量管理体系方面的要求，选择、评估、评价和控制供方的方法，以及特殊质量保证证据等方面的要求。

案例 2-6：某施工项目工程质量计划：物资管理

（1）采购计划

本项目将根据工程需要由材料员制定物资采购计划。材料员须列明采购要求及相应的检验和试验手段，对于特殊物资应按特殊物资规定进行检验和试验。

（2）供应商选择

材料设备部对物资供应商进行考核、评估，选择合格的供应商，初步选定的供应商应在合格供应商名册里。在采购时须对供应商进行考核和评估，并及时向材料设备部汇报。对于不符合要求的，依据程序文件的规定进行处理。

（3）样品/样本报批

对需提供样品的材料、物资应先提供样品，上报项目主管部门，经批准后按样品进行采购。

（4）进场物资的验证

本项目物资采购工作由材料设备部负责，库房管理由保管员负责，材料验收由保管员和质检员共同负责，确保项目所使用的材料和设备是合格的。

（5）对分包商采购物资的验证

由材料部门督促、检查分包商是否按合同要求组织相应的材料与设备进场，是否做好了检查验收记录。

（6）应完成的记录

建立材料台账，妥善储存、保管各种原材料、半成品和成品。建立设备台账，做好机械设备的管理和各级维修保养工作，不断提高机械设备的完好程度，做到正常运转，保证工程连续施工。

（6）施工工艺过程的控制。对工程从合同签订到交付全过程的控制方法做出规定。对工程的总进度计划、分段进度计划、分包工程的进度计划、特殊部位进度计划、中间交付的进度计划等做出过程识别和管理规定。

规定工程实施全过程各阶段的控制方案、措施、方法及特别要求等。主要包括下列过程：施工准备、土石方工程施工、基础和地下室施工、主体工程施工、设备安装、装饰装修、附属建筑施工、分包工程施工、冬雨期施工、特殊工程施工、交付。

规定工程实施过程需用的程序文件、作业指导书（如工艺标准、操作规程、工法等），作为方案和措施必须遵循的办法。

规定对隐蔽工程、特殊工程进行控制、检查、鉴定验收、中间交付的方法。

规定工程实施过程需要使用的主要施工机械、设备、工具的技术和工作条件，运行方案，操作人员上岗条件和资格等内容，作为对施工机械设备的控制方式。

规定对各分包单位项目上的工作表现及其工作质量进行评估的方法、评估结果送交有关部门、对分包单位的管理办法等，以此控制分包单位。

案例 2-7：某施工项目工程质量计划：工序过程控制（节录）

本项目关键工序有：测量放线、地基与基础、钢筋绑扎、模板安装、混凝土工程、钢筋焊接、砌体工程、屋面防水。特殊工序是：地下室底板混凝土、地下室防水。

除执行一般质量控制措施外，关键工序还需要进行旁站，监督其实施过程，着重过程控制，通过自检、互检、交接检来保证关键工序过程质量，且必须保证特殊工种持证上岗，增加班组自检频次。特殊工序质量的控制：除了执行上述要求外，在施工过程中项目技术人员，质量检查人员跟班作业检查，进行过程控制，并做详细的质量检查记录。

（7）搬运、贮存、包装、成品保护和交付过程的控制。规定工程实施过程中形成的分项、分部、单位工程的半成品、成品保护方案、措施、交接方式等内容，作为保护半成品、成品的准则。规定工程期间交付、竣工交付、工程的收尾、维护、验评、后续工作处理的方案、措施，作为管理的控制方式。规定重要材料及工程设备的包装防护的方案及方法。

案例 2-8：某施工项目工程质量计划：成品保护

成品保护包括施工过程的成品保护和竣工验收前的成品保护，如加工门窗、半成品钢筋、混凝土预制构件等，应分规格码放整齐，场地要平整、坚硬，下面要有垫木，保持水平位置上下一致，防止变形损坏。

（1）成品保护计划和保护措施由项目部工程技术部制定。

（2）成品保护要求：

① 钢筋绑扎成型的成品，在支模安装预埋件及混凝土浇筑时，不得随意将钢筋折弯或拆除，基础、梁、板绑扎成型的钢筋上不得堆重物，并按方案铺设马道或人行跳板，以防施工作业人员任意踩踏造成钢筋弯曲变形，支模时应防止隔离剂污染钢筋。

② 模板的成品保护：各种模板使用后要及时进行修理、清理、保证表面平整、清洁。模板支设完成后，在上面放置的材料不能超过模板的设计荷载，混凝土施工过程中，要有专人看管，发现有移位现象及时修理。楼梯模板支完后不能在侧模上行人，要搭设马道。

③ 混凝土的成品保护：混凝土终凝前不得上人作业，并按要求规定养护。冬、雨期施工时，应按冬、雨期施工措施进行覆盖保护，楼层混凝土上不得集中堆放材料和重物，材料应按作业程序分批上料，并均匀分布堆放，混凝土承重结构强度应达到规定要求后方可拆模，混凝土表面不得任意开槽、打洞或用重锤击打，如因故必须重新打洞时，应经施工员允许，按规定尺寸打洞，不能损伤混凝土中的主筋，必要时，应与设计人员商定处置方案。

④ 楼地面的成品保护：楼、地面在面层做好，未达到规定强度之前应设护栏，防止踩踏，楼梯间应进行封闭，必须在楼梯通道设置护板进行保护。楼地面施工完成后，不允许将带有棱角的硬材料及易污染的油、酸、漆之类物资置于其上，如需在楼地面上水平运输材料时，应垫好木板或其他相应的保护措施，防止损坏地面。

⑤ 地面成品保护措施：在进行下道工序或油漆施工前，应对地面进行覆盖保护，防止污染，搭设操作架时应注意轻置轻放，不得撞击地面，如需用电、气焊时，应用铁皮或其他材料对地面、墙面进行遮挡。

⑥ 已安装门窗的成品保护：

• 木门安装后应按规定设置拉挡，以防门框变形。运输车道，进出口的两边门框应钉槽形挡板，防止运输小车碰撞；

• 塑钢门窗框的塑料保护膜，不得随意拆除；

• 利用窗口进出料时，应对门窗进行覆盖保护。

⑦ 装饰成品的保护：

• 每一装饰面成活后，均应按规定清理干净，不得在装饰成品上随意涂写、刻划或敲击，作业架拆除时应轻置轻放，防止碰撞损坏；

• 门窗应及时关闭、开放，保持室内通风干燥，风雨天门窗应关严，防止雨水淋湿、发生霉变。

⑧ 屋面防水成品的保护：

• 屋面防水施工完毕后，应清理干净，不得在屋面用火、敲击，如因收尾工

程需要在防水屋面作业时，应先设置防护板或铁皮对表面进行覆盖保护；

- 在技术交底中要明确保护方法、措施和时间要求；
- 明确实施保护的人员及检查人员；
- 检验记录。

（8）安装和调试的过程控制。对工程水、电、暖、电信、通风、机械设备等的安装、检测、调试、验评、交付、不合格的处置等内容规定方案、措施、方式。由于这些工作同土建施工交叉配合较多，因此对于交叉接口程序、验证哪些特性、交接验收、检测、试验设备要求、特殊要求等内容要做明确规定，以便各方面实施时遵循。

（9）检验、试验和测量的过程控制。规定材料、构件、施工条件、结构形式在什么条件、什么时间必须进行检验、试验、复验，以验证是否符合质量和设计要求，如钢材进场必须进行型号、钢种、炉号、批量等内容的检验，不清楚时要进行取样试验或复验。

（10）检验、试验、测量设备的过程控制。规定要在本工程项目上使用所有检验、试验、测量和计量设备的控制和管理制度，包括：设备的标识方法，设备校准的方法，标明、记录设备状态的方法，并明确需要保存的记录。

（11）不合格品的控制。要编制工种、分项分部工程不合格产品出现的方案、措施，以及防止与合格品之间发生混淆的标识和隔离措施。规定哪些范围不允许出现不合格；明确一旦出现不合格哪些允许修补返工，哪些必须推倒重来，哪些必须局部更改设计或降级处理。编制控制质量事故发生的措施及一旦发生后的处置措施。

接收上述返工修补处理、降级处理或不合格处理时，通知方有权接受和拒绝这些要求；当通知方和接收通知方意见不能调解时，则由上级质量监督检查部门、公司质量主管负责人，乃至经理裁决；若仍不能解决时申请由当地政府质量监督部门裁决。

案例 2-9：某施工项目工程质量计划：不合格品处置

本项目按公司《不合格品控制程序》的要求，对所有物资、工序、分部分项工程出现的不合格品进行控制。保证施工中不使用不合格物资，保证施工过程质量达到规定要求。

编制各项分部施工技术交底，按照施工组织设计的方案，控制不合格品出现。物资方面的不合格控制由材料设备部负责，施工过程出现的不合格由工程技术部负责。

对不符合图纸和规范规定的分部分项工程报公司主管部门处理，一般不合格品由项目技术负责人处理。

一旦出现不合格品，相关部门要做好不合格记录，确定不合格范围，按等级划分为轻微不合格、一般不合格和严重不合格，对不合格品做出明显标识，对不能存放的不合格品应予以隔离，并按程序文件规定的权限对不合格品进行处理。

同时，编制质量计划时还应注意下列要求：

（1）与原有的质量管理体系相协调。如果企业已建立了文件化的质量管理体系，质量计划则应与质量管理体系的质量方针、目标、政策及其他质量管理体系文件协调一致；对于质量手册、程序文件中已有的规定，如果在质量计划中也适用，则只需在质量计划中直接引用，而不必重新规定。

（2）满足合同中所提出的质量要求。企业必须全部满足客户在合同中所提出的质量要求，为此在质量计划中应明确达到这些质量要求的具体控制措施、资源保证和活动顺序，并通过质量功能展开的方法，将客户要求逐步展开落实到产品形成的各个阶段，明确其控制措施和方法，以实现这些质量要求。

（3）质量计划应建立在周密的质量策划的基础上。根据 ISO 9001（2000）标准，质量策划是质量管理的一部分，致力于建立质量目标并规定实现质量目标所需的操作过程和相关资源；而质量计划是对某一特定情况所应用的质量管理体系要素和资源作出规定的文件。质量策划涉及建立质量管理体系，而质量计划只是针对特定情况确定要素和资源，并不一定是要建立一个完整的质量管理体系，所以制定质量计划只是质量策划活动的一部分，而这部分质量策划活动的结果（即质量策划活动的输出）就形成质量计划。因此，质量计划是以质量策划活动为基础的。

2.3　项目施工准备

工程项目施工准备是施工企业搞好工程施工的基础和前提条件，是整个工程施工过程的开始，只有做好施工准备工作，才能顺利地组织施工，并为保证和提高工程质量、加速施工进度、缩短建设工期、降低工程成本提供可靠的基础和保障。

项目施工准备工作的基本任务是：掌握施工项目的特点；了解对施工总进度的要求；摸清施工条件；编制施工组织设计；全面规划和安排施工力量；制定合理的施工方案；组织物资供应；做好现场"三通一平"和平面布置；兴建施工临时设施，为现场施工做好准备工作。

从对项目质量管理的影响程度来看，在项目施工准备阶段，需要重点关注三个方面的内容：项目资源配置、项目施工方案及项目策划交底。

2.3.1 项目资源配置

项目资源是项目中使用的人力资源、材料、机械设备、技术、资金和基础设施的总称。项目资源配置是对项目所需人力、材料、机械设备、技术、资金和基础设施所进行的计划、组织、指挥、协调和控制等配置与管理活动。

项目资源配置应以满足项目质量管理要求为前提条件。在施工准备阶段，为满足质量要求：首先，应在项目策划、项目实施计划及项目施工组织设计中体现项目质量管理的要求，并将相关要求贯彻在具体的资源配置方案中；其次，在资源配置的具体执行中，应严格把关，做好各类资源的质量检验和质量认定，确保满足质量要求的资源配置方案的落实。

案例 2-10：某公司施工项目资源配置管理方案（节录）

一、组织及人力资源配置管理（略）

二、劳务资源配置管理

（1）劳务队伍准备

① 劳务队伍选择

项目所需劳务队伍由项目部按照公司规定进行施工能力、业绩、信誉、价格等方面的调查，组织招标后确定。

② 劳务队伍配置

• 建立劳务管理机构花名册，劳务分包合同台账，劳务分包企业人员备案表及人员增减台账、劳务分包企业进场人员花名册、身份证、岗位技能证书、劳动合同等台账；

• 建立和规范劳务分包制度，落实劳务分包各级责任制和责任追究制；

• 定期检查和留存劳务企业的考勤表和工资发放表，发现问题及时纠正；敦促劳务企业依照有关规定，为订立《劳动合同》的农民工按期缴纳工伤保险和基本医疗保险；

• 对项目民工工资支付标准、支付项目、支付方式、支付周期和日期、加班工资计算基数、特殊情况下的工资支付及其他工资支付内容定期检查，及时处理；

• 全面落实执行劳务分包制度，实施现场科学有效管理。

（2）劳务队伍管理

对劳务队伍的管理，须满足以下几项要求：

① 劳务队伍进场前必须与之签订施工合同或协议，并按规定缴纳一定数额的履约保证金；

② 了解当地建管部门对劳务资质备案的要求，并据此要求承建分项工程的劳务队伍在签订合同前提供所需相关材料，与建设方协商办理相关手续；

③ 劳务队伍进场后，项目部应适时进行安全、文明施工以及环境管理教育和培训，特殊工种作业人员应持证上岗；

④ 对特殊工种作业人员应建立档案，上岗证要复印存档，日常检查中注意人证相符。

三、技术资源配置管理

（1）原始资料调查分析

由总工程师牵头，组织生产、技术、质量、测量等有关人员组成工作小组，完成以下工作：

① 认真审查图纸，组织图纸会审。了解设计意图和业主需要，掌握工程结构特点和采用的新材料、新工艺；

② 组织施工人员认真学习有关标准、规程及施工验收规范；

③ 对各级技术人员作好交底，对工程的重要分部和关键施工过程组织编写作业指导书。

（2）制定专项施工方案的编制计划

对主要施工部位，关键项目和特殊工序的质量控制，以及采用的新技术、新工艺、新材料及建筑物使用功能等编制专项施工方案。

（3）技术工具、仪器

针对工程占地面积较大的特点，我单位将选用 1 台全站仪、2 台经纬仪、2 台高精度电子水准仪、2 台高精度激光垂准仪等设备保障施工方案的实施。

满足质量要求的项目资源配置是整个项目达到质量要求的重要保障。为满足项目的质量要求，需要项目资源配置方案本身是合理的，能够在材料、机械设备、人力、技术方案等方面保障项目质量。满足质量要求的项目资源配置管理需要完善以下三个方面的工作：

（1）在项目策划阶段，项目资源配置方案的编制需要达到项目质量预期的要求，尤其需要关注人力资源与技术能力方面的因素，须充分保障人力资源满足项目质量要求，技术能力可以完成质量目标；

（2）在项目进程前后的施工准备阶段，项目资源配置方案须能得到充分的执行，并确保相关的材料、机械设备等满足计划要求；

（3）在项目施工过程中，各项资源的组织应是及时、有序的，保障施工工序

的正常进行。

2.3.2 项目施工方案

项目施工方案是指导施工的全面性技术、经济文件，其中一项重要内容即是保证工程质量的各项技术措施。施工方案是直接影响施工项目质量及进度、成本的关键，考虑不周往往会影响质量、拖延工期、增加投资。为此，在制定施工方案时，必须结合工程实际，从技术、组织、管理、经济等方面进行全面分析、综合考虑，以确保施工方案在技术上可行，有利于提高工程质量，在经济上合理，有利于降低工程成本。在选用施工方案时，应根据工程特点、技术水平和设备条件进行多方案的技术、经济比较，从中选择最佳方案。

在施工方案的质量保证方面，首先要保证施工方案符合工程实际情况，其本身是合理的。作为针对特定施工项目的实施方案，完整的施工方案在内容上应包括组织机构方案（各职能机构的构成、各自职责、相互关系等）、人员组成方案（项目负责人、各机构负责人、各专业负责人等）、技术方案（进度安排、关键技术预案、重大施工步骤预案等）、安全方案（安全总体要求、施工危险因素分析、安全措施、重大施工步骤安全预案等）、材料供应方案（材料供应流程、接保检流程、临时（急发）材料采购流程等）。此外，根据项目大小还有现场保卫方案、后勤保障方案等等。

在施工方案编制阶段，有以下几个方面的主要工作：

（1）签订承发包合同和总分包协议书；

（2）根据建设单位和设计单位提供的设计图纸和有关技术资料，结合施工条件编制施工组织设计；

（3）及时编制并提出施工材料、劳动力和专业技术工种培训，以及施工机具、仪器的需用计划；

（4）认真编制场地平整、土石方工程、施工场区道路和排水工程的施工作业计划；

（5）及时参加全部施工图纸的会审工作，对设计中的问题和有疑问之处应随时解决和弄清，要协助设计部门消除图纸差错；

（6）属于国外引进工程项目，应认真参加与外商进行的各种技术谈判和引进设备的质量检验，以及包装运输质量的检查工作。

此外，在编制施工方案时，应遵循以下几个原则：

（1）制订方案首先必须从实际出发，切实可行，符合现场的实际情况，有实现的可能性。制订方案在资源、技术上提出的要求应该与当时已有的条件或在一定时间能争取到的条件相吻合，否则是不能实现的，因此只有在切实可行的范围

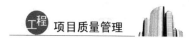

内尽量求其先进和快速。

（2）满足合同要求的工期，就是按工期要求投入生产，交付使用，发挥投资效益，这对国民经济的发展具有重大的意义。所以在制订施工方案时，必须保证在竣工时间上符合合同的要求，并能争取提前完成。为此，在施工组织上要统筹安排，均衡施工，在技术上尽可能地采用先进的施工技术、施工工艺、新材料，在管理上采用现代化的管理方法进行动态管理和控制。

（3）确保工程质量和施工安全。工程建设是百年大计，要求质量第一，保证施工安全是社会的要求。因此，在制订方案时应充分考虑工程质量和施工安全，并提出保证工程质量和施工安全的技术组织措施，使方案完全符合技术规范、操作规范和安全规程的要求。

（4）在合同价控制下，尽量降低施工成本，使方案更加经济合理，增加施工生产的盈利。从施工成本的直接费（人工、材料、机具、设备、周转性材料等）和间接费中找出节约的途径，采取措施控制直接消耗，减少非生产人员。

施工方案一般包括以下几项内容：

（1）编制依据。

（2）分项工程概况和施工条件，说明分项工程的具体情况，选择本方案的优点、因素以及在方案实施前应具备的作业条件。

（3）施工总体安排。包括施工准备、劳动力计划、材料计划、人员安排、施工时间、现场布置及流水段的划分等。

（4）施工方法工艺流程，施工工序，四新项目详细介绍。可以附图附表直观说明，有必要的进行设计计算。

（5）质量标准。阐明主控项目、一般项目和允许偏差项目的具体要求，注明检查工具和检验方法。

（6）质量管理点及控制措施。分析分项工程的重点难点，制定针对性的施工及控制措施及成品保护措施。

（7）安全、文明及环境保护措施。

（8）其他事项。

案例2-11：某工程项目施工方案目录

1　编制依据

1.1　有关部门审批的有效施工图

1.2　国家或地方现行规范、标准、图集

1.3　批准执行的施工组织设计

2　工程概况

2.1 工程概况

2.2 工程特点、难点分析及对策

3 施工部署

3.1 施工目标

3.2 施工组织机构

3.3 进度计划安排

3.4 资源配置计划（劳动力、机械、周转材料及主要材料用量计划）

4 施工准备工作

4.1 施工平面布置

4.2 现场作业条件准备

4.3 技术措施准备

5 施工方法及技术措施

6 质量保证管理及技术措施

7 安全文明施工管理及技术措施

8 环保施工管理及技术措施

9 其他应注意事项及措施（如降低造价、四新技术应用等）

2.3.3 项目策划交底

项目策划交底是技术交底的一部分，是对项目整体施工的一项完整的策划交底，内容全面，是技术交底的重要内容。在项目施工前或施工前期，一般由公司总工程师组织工程、技术、质量、安全等部门向参与项目的人员进行项目策划方面的交底工作。有效的策划交底工作要真正起到指导项目施工的作用。

质量策划是项目策划的一部分，在项目策划交底的过程中，质量策划的交底同时进行。满足要求的质量策划交底一方面要求质量策划方案本身是符合要求的，另一方面要求交底本身满足规范要求。在交底方面，作为技术交底，质量策划交底是三级交底，过程如下：

（1）一级交底：公司向项目部交底，公司总工程师组织公司技术质量部门向项目部总工程师、项目部技术质量部门进行质量交底；

（2）二级交底：项目部总工程师组织项目部技术质量部门向劳务队伍交底；

（3）三级交底：劳务队伍项目劳务工人交底。

此外，有效的质量策划交底还需要有针对性和操作性。质量策划交底的针对性要求需要明确质量策划交底的对象：即在三级交底过程中，最终的交底需要质量员向操作员工交底，保证一线操作的员工熟悉相关的技术方案及质量要求；质

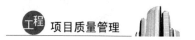

量策划交底的操作性指质量策划本身及交底活动都具有可操作性。

案例 2-12：某公司项目策划交底——质量管理策划交底

一、质量管理目标（略）

二、质量管理组织

项目经理是工程质量的第一责任人，项目部按要求成立以项目经理为组长的质量管理领导小组、工程创优领导小组、QC 活动小组，设技术质量部，配置土建、钢结构、水电安装、装饰装修等专业技术质量人员。

三、质量管理制度（略）

四、质量管理措施

（1）加强质量培训工作

项目部要制定详细质量培训计划，搞好导师带徒活动，全面开展质量教育和培训，提高全员质量意识。

（2）组织质量分析会议

项目部要确保每月召开一次质量分析会议，落实好质量隐患与问题的整改工作，对项目部的质量情况及时进行总结分析，同时进行质量考核评比，奖优罚劣。

（3）加强施工图审核和现场核对优化

施工图经咨询审核后方可用于施工，同时要严格进行施工图现场核对优化，未经核对的工程不得开工。

（4）加强施工工艺和质量控制方案审查

项目部对主体工程的施工工艺设计、施工质量控制方案要全面审查，对关键或重要工程的质量技术保证措施进行咨询，积极推广采用新技术、新工艺、新材料、新设备，保障工序质量，指导施工现场作业。

（5）严把原材料进场质量关，施行市场准入制度

材料采购须在合格供应商范围内进行招标。重要材料和半成品实行驻厂监造，加强地方材料的质量检验，严格执行材料进场检验验收制度，确保材料质量合格。

（6）加强质量的过程控制力度

严格执行工程质量"三检"制度（自检、互检、交接检），真实填写检查记录，及时报检以杜绝不合格工程进入下道工序。工班每周组织一次定期质量检查，项目部每月进行一次质量大检查。

（7）坚持样板引路

每项工程正式施工前，通过样板工程施工试验，总结技术参数和工艺标准，

召开现场经验交流会，统一标准、统一工艺、推广经验，全面提升施工质量。

五、质量通病预防（略）

六、质量资料管理

项目部须有专人负责质量内业资料管理，建立完整的质量管理资料台账，按要求完成公司质量数据输入，且与施工生产进度保持同步，及时向公司上报各种质量报表、汇报材料。

3 项目质量控制

3.1 质量控制概述

3.1.1 质量控制的概念

工程项目质量的影响因素极其复杂，对项目质量的控制是一项非常艰巨的任务。工程质量的好坏不仅关系到建筑施工企业能否在激烈的市场竞争中生存和发展，而且关系到工程交付后使用者的财产甚至生命安全。因此，提高建筑施工企业质量控制水平，进而更好地保证工程质量，避免因质量问题而给企业、社会带来损失，是建筑施工企业不断追求的终极目标。

工程项目质量控制是工程质量管理中非常重要的一部分，是指通过采取一系列的措施、方法和手段，对工程项目建设各个环节进行有效性控制，以保证工程项目质量满足工程合同、设计文件及相关的规范标准，是项目决策、项目施工及项目验收等各环节工作质量的综合表现。主要包括以下几个含义：

（1）工程项目质量控制是一系列有效管理活动的综合表现。通过对生产施工的各个过程进行有效管理，以满足合同、设计文件、法律法规等方面提出的质量要求，其目的是为工程项目的用户（顾客、项目的相关者）提供高质量的建筑工程和服务，令顾客满意。关键是建筑工程项目的过程和产品的质量必须满足建筑工程项目的目标。

（2）工程项目质量是实施动态控制的结果。质量控制活动要贯穿工程建造和管理体系运行的全过程，必须随时间、地点、客观条件、人的因素、物的因素的发展而不断变化。每一控制过程都由输入、相互作用和输出三个环节构成，通过有效控制每一个过程三个环节的实施，使工程项目质量的诸多影响因素一直处于受控状态下，最终提供符合质量要求的工程成品。

（3）工程项目质量控制活动是全方位的，包括所有方面的质量。所谓全方位，就是指在时间上，从项目启动到竣工交付使用的许许多多的子过程，以及子过程中的中间产品或服务都必须展开控制活动，让每一道工序都要满足工程质量要求，只有前一道工序保证了质量，才不会影响后续工序的正常进行；在空间上，有关工程建设的每一个部分、每一个子项目，直至每一个设备零件、材料单

件，每一项工作、技术和业务，都要保证工程质量标准，只有每一个零件、每一项小的项目达到要求，才能确保工程项目全系统的整体质量。

（4）工程项目质量控制的内容包括专业技术和管理技术两个方面。将预防为主和检验把关相结合，控制影响工程项目质量的人、机、料、法、环五因素，并对质量活动的结果进行及时检验，做到及时发现问题、查明原因并采取措施，防止不合格产品的出现。

按发展阶段将工程质量控制分为质量检验、统计质量控制和全面质量控制三个层次：

（1）质量检验

这种控制实质是事后检验把关的活动，通过一些科学测试手段，对工程建设活动各阶段的工序质量及建筑产品进行检查，不合格材料不许使用，不合格工序令其纠正，不合格产品不许出厂。

（2）统计质量控制

通常称其为狭义"质量控制"，在项目建设各阶段，尤其是施工阶段过程中，采用数理统计方法进行工序控制，分析、研究产品质量状况，防止质量事故的发生。

（3）全面质量控制

通常称全面质量控制为"全面质量管理"，指为满足规定的工程质量标准所进行的系统控制过程，强调以预防为主，全员参与，实施全过程控制，通过多种有效途径来提高人的工作质量，保证工序质量，以此来保证工程质量，达到全面提高社会经济效益的目的。

这三个层次的质量控制也是本书第 1 章介绍的质量管理发展的三个历史阶段。从片面到全面、狭义到广义，全面质量控制从更高层次上包括了质量检验和统计质量控制的内容，是实现工程项目质量控制的有力手段，是现代的、科学的质量控制。

按工程实体质量形成过程的时间阶段把施工阶段的质量控制分为以下三个环节：

（1）施工准备质量控制

包括开工前的施工准备和作业前的施工准备及季节性的施工准备。其准备内容主要有：建立质量管理体系、质量检验制度以及考核施工质量水平；编制施工方案；配备各类人员、机械设备；准备原材料、构配件；设计交底与图纸会审等。

（2）施工过程质量控制

是对投入的生产要素、作业技术活动的实施过程和产出结果进行控制，包括作业者的自控行为和管理者的监控行为。比如作业前进行技术作业交底、工序交

接、隐蔽工程检查与验收等。

（3）竣工验收质量控制

对完成的具有独立的功能和使用价值的单位工程或整个工程项目及有关方面（如质量资料）的质量进行认可的控制。

3.1.2　项目质量控制的目标

建筑企业实施工程项目质量控制的目标是提供满足合同及各种质量规范要求的工程产品，短期而言是为了满足客户，按时保质保量交付产品，从长远来看是为了做好企业品牌，提升企业声誉，为企业不断发展壮大奠定基础。无论是实现短期还是长期的目标，都不可能一蹴而就，是要企业全体员工共同努力，脚踏实地，一步一步走出来。

工程产品质量是指工程项目满足相关标准规定或合同约定的要求，包括在使用功能、安全及其耐久性能、环境保护等方面所有明显和隐含的能力的特性总和。工程产品质量控制目标可分解为：适用性、安全性、耐久性、可靠性、经济性和与环境协调性六项，是建筑工程质量必须要达到的基本要求。

（1）适用性是建筑工程满足使用目的的各种性能，包括理化性能（尺寸、规格、保温、隔热、隔声等物理性能；耐酸、耐腐蚀、防火、防风化、防尘等化学性能）、结构性能（地基基础牢固程度，结构的足够承载力、刚度、稳定性）、使用性能、外观性能（建筑物的造型、室内装饰效果协调性）等。

（2）耐久性是建筑工程在规定的条件下，满足功能要求规定使用年限，即工程竣工后的合理使用寿命周期。由于建筑物本身结构类型不同、质量要求不同、施工方法不同、使用性能不同的个性特点，目前国家对建设工程的合理使用寿命周期还缺乏统一的规定，仅在少数技术标准中，提出了明确的要求。如民用建筑主体结构耐用年限分为（15～30年，30～50年，50～100年，100年以上）四级；公路工程设计年限一般按等级控制在10～20年；城市道路工程设计年限，视不同道路构成和所用的材料，设计的使用年限也有所不同；工程组成部件（如屋面防水、电梯等）也规定了不同的耐用年限。

（3）经济性是建筑工程整个使用寿命周期内的成本和消耗的费用，包括从征地拆迁、勘察设计、采购、施工及配套设施等全过程的总投资以及工程使用阶段的使用维修费用，通过多方案的比较，判断工程的经济性是否符合要求。

（4）安全性是建筑工程在建成后的使用过程中，结构的安全性、人身和环境免受危害的程度。工程交付使用之后，须保证人身财产、工程实体都能不遭受工程结构上的破坏及外来危害的伤害，工程组成部件（如楼梯扶手、电梯等）也要保证使用者的安全。

（5）与环境的协调性是建筑工程与其周围生态环境、经济环境、已建工程等是否相协调，以适应可持续发展的要求。

3.1.3 项目质量控制的关键环节

工作质量不是靠质量检验检查出来的，而是通过提高工作的质量来保证建筑工程的质量，这就要求相关部门及有关人员精心准备，在施工过程中严加控制影响工程的各个因素。

（1）影响质量控制的因素

项目施工过程中质量问题表现的形式多种多样，诸如建筑结构的错位、变形、倾斜、倒塌、破坏、开裂、渗水、漏水、刚度差、强度不足、断面尺寸不准等。影响这些质量问题的因素，可归纳如下：

1）施工前期工作缺陷

施工前期工作缺陷包括地质勘测不准确和设计计算不合理。前者主要包括：未认真进行地质勘察，提供地质资料、数据有误；地质勘察时，钻孔间距太大，不能全面反映地基的实际情况，如当基岩地面起伏变化较大时，软土层厚薄相差亦甚大；地质勘察钻孔深度不够，没有查清地下软土层、滑坡、墓穴、孔洞等地层构造；地质勘察报告不详细、不准确等，均会导致采用错误的基础方案，造成地基不均匀沉降、失稳，使上部结构及墙体开裂、破坏、倒塌。设计方面的问题包括设计考虑不周，结构构造不合理，计算简图不正确，计算荷载取值过小，内力分析有误，沉降缝及伸缩缝设置不当，悬挑结构未进行抗倾覆验算等，都是诱发质量问题的隐患。

2）违背建设程序

如不经可行性论证，不作调查分析就拍板定案；没有搞清工程地质、水文地质就仓促开工；无证设计，无图施工；任意修改设计，不按图纸施工；工程竣工不进行试车运转、不经验收就交付使用等盲干现象，致使不少工程项目留有严重隐患，房屋倒塌事故也常有发生。

3）未加固处理好地基

对软弱土、冲填土、杂填土、湿陷性黄土、膨胀土、岩层出露、溶岩、土洞等不均匀地基未进行加固处理或处理不当，均是导致重大质量问题的原因。必须根据不同地基的工程特性，按照地基处理应与上部结构相结合，使其共同工作的原则，从地基处理、设计措施、结构措施、防水措施、施工措施等方面综合考虑治理。

4）建筑材料及制品不合格

诸如钢筋物理力学性能不符合标准，水泥受潮、过期、结块、安定性不良，砂石级配不合理、有害物含量过多，混凝土配合比不准，外加剂性能、掺量不符合要求时，均会影响混凝土强度、和易性、密实性、抗渗性，导致混凝土结构强度不足、裂缝、渗漏、蜂窝、露筋等质量问题；预制构件断面尺寸不准，支承锚固长度不足，未可靠建立预应力值，钢筋漏放、错位、板面开裂等，必然会出现断裂、垮塌。

5）施工和管理问题

许多工程质量问题，往往是由施工和管理所造成。例如：

不熟悉图纸，盲目施工，图纸未经会审，仓促施工；未经监理、设计部门同意，擅自修改设计。

不按图施工。把铰接作成刚接，把简支梁作成连续梁，抗裂结构用光圆钢筋代替变形钢筋等，致使结构裂缝破坏；挡土墙不按图设滤水层、留排水孔，致使土压力增大，造成挡土墙倾覆。

不按有关施工验收规范施工。如现浇混凝土结构不按规定的位置和方法任意留设施工缝；不按规定的强度拆除模板；砌体不按组砌形式砌筑，留直槎不加拉结条，在小于1m宽的窗间墙上留设脚手眼等。

不按有关操作规程施工。如用插入式振捣器捣实混凝土时，不按插点均布、快插慢拔、上下抽动、层层扣搭的操作方法，致使混凝土振捣不实，整体性差；又如，砖砌体包心砌筑，上下通缝，灰浆不均匀饱满，游丁走缝，不横平竖直等都是导致砖墙、砖柱破坏、倒塌的主要原因。

缺乏基本结构知识，施工蛮干。如将钢筋混凝土预制梁倒放安装；将悬臂梁的受拉钢筋放在受压区；结构构件吊点选择不合理，不了解结构使用受力和吊装受力的状态；施工中在楼面超载堆放构件和材料等，均将给质量和安全造成严重的后果。

施工管理紊乱，施工方案考虑不周，施工顺序错误。技术组织措施不当，技术交底不清，违章作业。不重视质量检查和验收工作等，都是导致质量问题的祸根。

6）自然条件影响

施工项目周期长、露天作业多，受自然条件影响大，温度、湿度、日照、雷电、供水、大风、暴雨等都能造成重大的质量事故，施工中应特别重视，采取有效措施予以预防。

（2）项目质量控制的关键环节

建筑工程项目不能只依靠终检来判断工程质量，竣工验收无法检验工程内在质量，发现其隐蔽缺陷。建筑工程质量是按检验批、分项工程、分部工程、单位工程进行检查评定与验收。所以，建筑工程项目的终检存在局限性，做到以预防

为主，防患于未然是工程质量控制的必要保证。通过上面对影响质量的几个重要因素的分析，项目质量控制的关键可以从以下几个方面进行：

1）人的控制。人是生产经营活动的主体，是工程项目建设的决策者、管理者、作业者、使用者，工程建设的全过程，如项目的规划、可行性研究、决策、勘察、设计、采购和施工，都是通过人来完成的。人员的素质，即人的文化水平、技术水平、决策能力、领导能力、管理能力、组织能力、作业能力、控制能力、身体素质及职业道德等，都将直接和间接地对项目规划、决策、勘察、设计、采购和施工的质量产生影响，而规划是否合理、决策是否正确、设计是否符合所需要的质量功能、施工是否满足合同、规范、技术标准需要等，都将对工程质量产生不同程度的影响，所以人员素质是影响工程质量的一个最关键因素。全面考核人的生理缺陷、思想素质、心理活动、技术能力等方面，对人展开控制。各类专业从业人员必须持证上岗，实施以前必须反复交底，提醒注意事项，避免产生错误行为和违纪违章等现象。例如高空作业、水下作业、危险作业、易燃易爆作业等，对人的身体（心理）素质有相应的要求；对技术难度大或精度要求高的作业（如重型构件吊装或多机抬吊，动作复杂而快速运转的机械操作，精密度和操作要求高的工序，技术难度大的工序等）应对人的技术水平均有相应的要求。

2）材料的控制。工程材料泛指构成工程实体的各类建筑材料、构配件、半成品等，它是工程建设的物质条件，是工程质量的基础。工程材料选用是否合理、产品是否合格、材质是否经过检验、产品防护、保管、使用是否得当等，都将直接影响建设工程的结构刚度和强度，影响工程外表及观感，影响工程的使用功能，影响工程的使用安全。因此，材料的质量和性能是直接影响工程质量的主要因素；尤其是某些工序，更应将材料质量和性能作为控制的重点。如预应力筋加工，就要求钢筋匀质、弹性模量一致，含硫量和含磷量不能过大，以免产生热脆和冷脆；N级钢筋可焊性差，易热脆，用作预应力筋时，应尽量避免对焊接头，焊后要进行通电热处理。又如，石油沥青卷材，只能用石油沥青冷底子油和石油沥青胶铺贴，不能用焦油沥青冷底子油或焦油沥青胶铺贴，否则，就会影响质量。

3）机械设备的控制。机械设备可分为两类：一是指组成工程实体及配套的工艺设备和各类机具，如烟气脱硫工程中泵机、除雾器、喷嘴、升压风机、通风设备、电梯等，它们构成了建筑设备安装工程或工业设备安装工程，形成完整的使用功能。二是指施工过程中使用的各类机具设备，包括大型垂直与横向运输设备、各类操作工具、各种施工安全设施、各类测量仪器和计量器具等，简称施工机具设备，它们是施工生产的手段。机具设备对工程质量也有重要的影响。工程机具设备的产品质量优劣，直接影响工程使用功能质量。施工机具设备的类型是否符合工程施工特点，性能是否先进稳定，操作是否方便安全等，都将间接影响工程项目的质量。因此，施工阶段必须综合考虑施工现场条件、建筑结构形式、施工工艺和方法、建筑技术经济等合理选择机械的类型和性能参数，合理使用机械设备，正确地操作。设备进场时，要按设备的名称、型号、规格、数量的清单逐一检查验收。设备安装要符合有关设备的技术要求和质量标准。操作人员必须认真执行各项规章制度，严格遵守操作规程，并加强对施工机械的维修、保养、管理。

4）工艺方法的控制。工艺方法是指施工现场采用的施工方案，包括技术方案和组织方案。前者如施工工艺和作业方法，后者如施工区段空间划分及施工流向顺序、劳动组织等。施工方案是否合理，施工工艺是否先进，施工操作是否正确，都将对工程质量产生重大的影响。在工程施工中，往往由于施工方案考虑不周而拖延进度，影响质量，增加投资。如升板法施工中提升差的控制问题，预防群柱失稳问题；液压滑模施工中支承杆失稳问题，混凝土被拉裂和坍塌问题，建筑物倾斜和扭转问题；大模板施工中模板的稳定和组装问题等。因此，制定和审核施工方案时，必须结合工程实际，从技术、管理、工艺、组织、操作、经济等方面进行全面分析、综合考虑，力求方案技术可行、经济合理、工艺先进、措施得力、操作方便，有利于提高质量、加快进度、降低成本。

5）施工过程的控制。注重施工过程的控制，主要关注对施工顺序、关键施工操作、技术参数和技术间隙的控制。

① 施工顺序的控制。有些工序或操作，必须严格控制相互之间的先后顺序。如冷拉钢筋，一定要先对焊后冷拉，否则，就会失去冷强。屋架的固定，一定要采取对角同时施焊，以免焊接应力使已校正好的屋架发生倾斜。升板法施工的脱模，应先四角、后四边、再中央，即先同时开动四个角柱上的升板机，时间控制为 10s，约升高 5～8mm 为止，然后按同样的方法依次开动四边边柱的升板机和中间柱子上的升板机，这样使板分开后，再调整升差，整体同步提升，否则，将会造成板的断裂。或者采取从一排开始，逐排提升的办法，即先开动第一排柱上的升板机，约 10s，升高 5～8mm 后，再依次开动第二排、第三排柱上的升板机，以同样的方法使板分开后再整体同步提升。升板脱模是升板法施工成败的关键，若不遵循脱模的顺序，一开始就整体提升，则因板间的吸附力和粘结力过大，必然造成板的破坏。

② 关键施工操作的控制。如预应力筋张拉，在张拉程序中，要进行超张拉和持荷 2min。超张拉的目的，是为了减少混凝土弹性压缩和徐变，减少钢筋的松弛、孔道摩阻力、锚具变形等原因所引起的应力损失。持荷 2min 的目的，是

为了加速钢筋松弛的早发展，减少钢筋松弛的应力损失。在操作中，如果不进行超张拉和持荷 2min，就不能可靠地建立预应力值；若张拉应力控制不准，过大或过小，亦不可能可靠地建立预应力值，这均会严重影响预应力的构件的质量。

③ 技术参数的控制。有些技术参数与质量密切相关，亦必须严格控制。如外加剂的掺量，混凝土的水灰化，沥青胶的耐热度，回填土、三合土的最佳含水量，灰缝的饱满度，防水混凝土的抗掺等级等，都将直接影响强度、密实度、抗渗性和耐冻性，亦应作为工序质量控制点。

④ 技术间隙控制。施工过程中，许多工序之间的技术间歇时间性很强，如不严格控制亦会影响质量。如分层浇筑混凝土，必须待下层混凝土未初凝时将上层混凝土浇入；卷材防水屋面，必须待找平层干燥后才能刷冷底子油，待冷底子油干燥后，才能铺贴卷材。砖墙砌筑后，一定要有 6～10d 时间让墙体充分沉陷、稳定、干燥，然后才能抹灰，抹灰层干燥后，才能喷白、刷浆等。

6) 新材料、新工艺、新技术的控制。当新工艺、新技术、新材料虽已通过鉴定、试验，但施工操作人员缺乏经验，又是初次进行施工时，也必须对其工序操作作为重点严加控制。

7) 施工环境条件的控制。环境条件是指对工程质量特性起重要作用的环境因素，包括：工程技术环境，如工程地质、水文、气象等；工程作业环境，如施工环境作业面大小、防护措施、通风照明和通信条件等；工程管理环境，主要指工程实施的合同结构与管理关系的确定，组织体制及管理制度等；周边环境，如工程邻近的地下管线、建（构）筑物等。工程自然环境，如夏季高温作业，冬季作业，雨天作业，洪涝灾害等，都会直接或间接影响工程施工质量。环境条件往往对工程质量产生特定的影响。加强环境管理，改进作业条件，把握好技术环境，辅以必要的措施，是控制环境对质量影响的重要保证。

因此，在有经验的工程技术人员及有关人员充分讨论的基础上，根据质量特性的要求，准确、有效进行质量控制点的选择，选择质量控制的重点因素、重点部位和重点工序作为质量控制点，继而进行重点控制和预控，这是质量控制的最有效方法。质量控制点的一般位置如表 3-1 所示。

房建工程施工质量控制要点 表 3-1

分项工程	质量控制要点
工程测量定位	标准轴线桩、水平桩、定位轴线、标高、龙门板
地基、基础（含设备基础）	基坑尺寸、标高、土质、地基承载力，基础垫层标高，基础位置、尺寸、标高、预留孔洞、预埋件的位置、规格、数量，基础标高、杯底弹线
砌体	砌体轴线，皮数杆，砂浆配合比，预留孔洞、预埋件的位置、数量，砌块排列
模板	模板强度及稳定性，模板内部清理及润湿情况位置、尺寸、标高、预埋件的尺寸、位置

分项工程	质量控制要点
钢筋混凝土	砂石质量，水泥品种、强度等级，外加剂掺量，混凝土配合比，混凝土振捣，钢筋规格、品种、尺寸、搭接长度、钢筋焊接，预留孔洞及预埋件质量、尺寸、规格、位置
吊装	吊具、索具、地锚、吊装设备起重半径
钢结构	放大样、翻样图
焊接	焊接条件、焊接工艺
装修	视具体情况而定

3.1.4 项目质量控制的系统过程

项目质量控制是一件非常复杂且庞大的系统工程，工程项目质量控制的关键是施工阶段的质量控制，施工阶段是使业主及工程设计意图最终实现并形成工程实物的阶段，也是最终形成工程实物质量的系统过程，所以施工阶段的质量控制也是一个经由对投入的资源和条件的质量控制进而对生产过程及各环节质量进行控制，直到对所完成的工程产出品的质量检验与控制为止的全过程的系统控制过程。这个过程可以根据在施工阶段工程实体质量形成的时间阶段不同来划分；也可以根据施工阶段工程实体形成过程中物质形态的转化来划分；或者是将施工的工程项目作为一个大系统，对其组成结构按施工层次加以分解来划分。

（1）根据施工阶段工程实体质量形成过程的时间阶段划分

施工阶段的质量控制可以分为以下三个阶段的质量控制：

1）事前控制

即施工前的准备阶段进行的质量控制。它是指在各工程对象正式施工活动开始前，对各项准备工作及影响质量的各因素和有关方面进行的质量控制。

2）事中控制

即施工过程中进行的所有与施工过程有关各方面的质量控制，也包括对施工过程中的中间产品（工序产品或分部、分项工程产品）的质量控制。

3）事后控制

它是指对于通过施工过程所完成的具有独立的功能和使用价值的最终产品（单位工程或整个工程项目）及其有关方面（如质量文件审核与建档）的质量进行控制。

上述三个阶段的质量控制系统过程及其所涉及的主要方面如图 3-1 所示。

（2）按工程实体形成过程中物质形态转化的三阶段划分

由于工程对象的施工是一项物质生产活动，所以施工阶段的质量控制的系统过程也是一个经由以下三个阶段的系统控制过程。

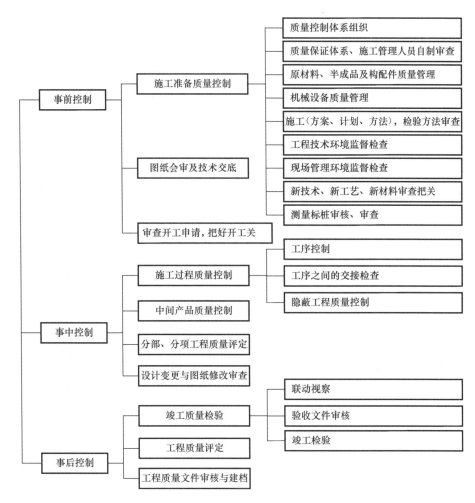

图 3-1　三阶段质量控制系统过程图

1) 对投入的物质资源质量的控制

重点是对材料、构配件、半成品、机械设备的质量控制。主要依据有：有关技术标准及规程；有关试验、取样、方法的技术标准；有关材料验收、包装、标志的技术标准，质量说明书；涉及新材料时，应该有权威的技术检验部门关于其技术性能的鉴定书或相应级别的技术鉴定。

2) 施工及安装生产过程质量控制

即在使投入的物质资源转化为工程产品的过程中，对影响产品质量的各因素、各环节及中间产品的质量进行控制。

3) 对完成的工程产出品质量的控制与验收

依据是施工及验收规范、质量评定标准。

在上述三个阶段的系统过程中，前两阶段对于最终产品质量的形成具有决定性的作用，而所投入的物资资源的质量控制对最终产品质量又具有举足轻重的影响。所以，质量控制的系统过程中，无论是对投入物资资源的控制，还是对施工及安装生产过程的控制，都应当对影响工程实体质量的五个重要因素方面，即对施工有关人员因素、材料因素、机械设备因素、施工方法因素以及环境因素等进行全面的控制。

（3）按工程项目施工层次结构划分的系统控制过程

一个工程项目通常由几个单位工程所组成，一个单位工程又由几个分部工程所组成，一个分部工程又由几个分项工程所组成，而一个分项工程又是由几道工序所组成的。通常任何一个大中型工程建设项目可以划分为若干层次。例如，对于建筑工程项目按照国家标准可以划分为分项工程、分部工程和单位工程等层次。各组成部分之间的关系具有一定的施工先后顺序的逻辑关系。从工程项目组成的意义上来说，由工序质量形成分项工程质量，由分项工程质量形成分部工程质量，由分部工程质量形成单位工程质量，由单位工程质量形成项目工程质量。通常，一个单位工程中包含了建筑施工（项目的土建施工部分）和设备安装施工，所以单位工程的质量又包含了建筑施工质量、安装施工质量和材料设备质量三部分。显然，工序施工的质量控制是最基本的质量控制，它决定了有关分项工程的质量；而分项工程的质量又决定了分部工程的质量。各组成部分及层次间的质量控制系统过程如图 3-2 所示。

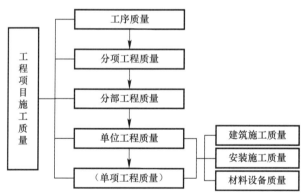

图 3-2　按施工层次结构划分的质量控制系统过程图

以上是通过不同的方式将质量控制的系统过程进行分类阐述，对于每一种分类，整个系统过程可分为多个子过程，子过程还可以再往下分，最终到达具体的操作环节。然而每个操作环节之间，甚至子过程之间往往并不是孤立的，是相互联系，甚至是因果关系。因此，项目质量控制系统过程不能简单视为若干子系统的合并。

3.2　项目质量控制方法

3.2.1　数理统计基本知识

（1）总体和样本

把所研究的对象的全体称为总体，也叫做母体，通常总体的单位数用 N 来表示，样本单位数称为样本容量，用 n 来表示。相对于 N 来说，n 则是个很小的数。它可以是总体的几十分之一乃至几万分之一。

（2）数据特征值

数据特征值是数据分布趋势的一种度量。数据特征值可以分为两类：

1）表示数据集中趋势的特征值

① 频数。计算各个值反复出现的次数，或归为某一区域的数据个数称之为频数。

② 算术平均值。如果产品质量有 n 个测量数据 x_i（$i=1,\ 2,\ \cdots,\ n$），平均值为：$\bar{x} = \dfrac{1}{n} \sum\limits_{i=1}^{n} x_i$

③ 中位数。排在数列中间的那个数称为中位数。当数据总数为奇数时，中位数去最中间的数；当数据总数为偶数时，中位数为中间两个数据的平均值。

④ 众数。是一组测量数据中出现次数（频数）最多的那个数值，一般用 M_e 表示。

2）表示数据离散程度的特征值

① 极差。极差是一组测量数据中的最大值和最小值之差。通常用于表示不分组数据的离散度，用符号 R 表示。则有：

$$R = x_{\max} - x_{\min}$$

② 均方根偏差。均方根偏差是测量数据与平均值之差的平方和被总测数平均，然后再求其开方值，用 σ 表示。用均方根偏差作为度量，可以直接比较两组数据的均方根偏差，其大小就可看出两组数据的离散程度。

$$\sigma = \sqrt{\frac{1}{n} \sum_{i=1}^{n} (x_i - \bar{x})^2}$$

③ 标准偏差。测量数据分布的离散最重要的度量是标准偏差，用 S 表示。对于大量生产的产品来说，不可能对全部产品进行检验，通常只对其中一部分产品（样本）进行检验。当把有限数量产品测量数据按标准方差的公式求得的样本方差和总体方差作一比较，会发现这个估计值将偏小。因此，必须用因子 $n/n-1$ 乘上样本方差来修正，则样本标准方差 S^2 为：

$$S^2 = \frac{1}{n-1}\sum_{i=1}^{n}(x_i - \overline{x})^2$$

把样本标准方差开平方后，可得样本标准偏差为：

$$S = \sqrt{\frac{1}{n-1}\sum_{i=1}^{n}(x_i - \overline{x})^2}$$

当计算样本标准偏差时，随着样本大小 n 增大，便愈接近，则标准偏差估计值的误差将会缩小。

（3）数据的修整

过多的四舍五入会造成误差过大，可采取进位和舍弃机会均等的修整方法：

1）位数＞5，则：进位并舍去后面的数。

2）位数＜5，则：舍去，及后面的数。

3）位数＝5，则：

① 后面的数为0或无数字，5前面的数为奇数进一、偶数舍去。

② 后面的数不全为零，5前面的数进一、舍去5和以后的数。

4）不得连续进行修整。

举例见表3-2。

数据修整（举例）   表3-2

序号	平均数	四舍五入后的平均数	数值修整后的平均数
1	12.43	12.43	12.42
2	12.55	12.55	12.55
3	12.48	12.48	12.48
4	12.50	12.50	12.50
5	12.40	12.40	12.40
6	12.38	12.38	12.38
7	12.63	12.63	12.62
8	12.65	12.65	12.65
9	12.48	12.48	12.48
10	12.45	12.45	12.45
合计	124.925	124.95	124.93
总平均	12.4925	12.495	12.493

（4）最常见的概率分布——正态分布

连续随机变量最重要的分布正态分布，表达形式为：

$$f(x) = \frac{1}{\sigma\sqrt{2\pi}}e^{-(x-\mu)^2/2\sigma^2}$$

其中，μ 为总体的算术平均值；σ 为总体的标准偏差。如果令 $Z=(x-\mu)/\sigma$，

那么我们可以得到正态密度函数标准化形式为：

$$f(Z) = \frac{1}{\sigma\sqrt{2\pi}}e^{-z^2/2}$$

如图 3-3 所示。面积是全体变量的 68.26% 落在 $\mu\pm\sigma$ 的范围之内；95.46% 的变量是落在 $\mu\pm2\sigma$ 界限之内；99.73% 的变量落在 $\mu\pm3\sigma$ 界限之内。

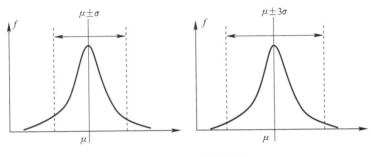

图 3-3　正态分布示例

3.2.2　项目质量统计及数据收集方法

（1）质量统计概念

质量统计就是用统计的方法，通过收集、整理质量数据，帮助分析发现质量问题从而及时采取对策措施，纠正和预防质量事故。

（2）数据在质量控制中的作用

在质量控制过程中，需要有目的地收集有关质量数据，并对数据进行归纳、整理、加工、分析，从中获得有关产品质量或生产状态的信息，从而发现产品存在的质量问题以及产生问题的原因，以便对产品的设计、工艺进行改进，以保证和提高产品质量。

（3）质量数据的类型

质量数据是指由个体产品质量特性值组成的样本的质量数据集，在统计上称为变量；个体产品质量特性值成变量值。一般分为计量数据和计数数据。

1）计量数据。可以用测量工具具体测读出小数点以下数值的数据就叫做计量数据。如长度、直径、重量、电流、温度、寿命、强度、硬度、速度、化学成分等。测量结果的数据可以是连续的，也可以是不连续的。

2）计数数据。凡是不能连续取值的，或者说即使用测量工具也得不到小数点以下数值，而只能得到 0 或 1，2，3…等自然数的这类数据。如产品废品数、次品数、合格品数、破损数、污损数、气孔数、疵点数等。计数数据还可细分为计件数据和计点数据。计件数据一般服从二项式分布，计点数据一般服从泊松

分布。

数据具有波动性（数据不是一个固定的数值，是波动的）和规律性（数据既有波动又常具有规律性是客观存在的事实，用统计方法可从有波动的数据中找出其中的规律性）。

（4）质量数据收集方法

1）全数检验

全数检验是对总体中的全部个体逐一观察、测量、计数、登记，从而获得对总体质量水平评价结论的方法。

2）随机抽样检验

抽样检验是按照随机抽样的原则，从总体中抽取部分个体组成样本，根据对样品进行检测的结果，推断总体质量水平的方法。

抽样检验抽取样品不受检验人员主观意愿的支配，每一个体被抽中的概率都相同，从而保证了样本在总体中的分布比较均匀，有充分的代表性；同时它还具有节省人力、物力、财力、时间和准确性高的优点；它又可用于破坏性检验和生产过程的质量监控，完成全数检测无法进行的检测项目，具有广泛的应用空间。

抽样的具体方法有：

① 简单随机抽样：又称纯随机抽样、完全随机抽样，是对总体不进行任何加工，直接进行随机抽样，获取样本的方法。

② 分层抽样：又称分类或分组抽样，是将总体按与研究目的有关的某一特性分为若干组，然后在每组内随机抽取样品组成样本的方法。

③ 等距抽样：等距抽样又称机械抽样、系统抽样，是将个体按某一特性排队编号后均分为 n 组，这时每组有 $K＝N/n$ 个个体，然后在第一组内随机抽取第一件样品，以后每隔一定距离（K 号）抽选出其余样品组成样本的方法。如在流水作业线上每生产 100 件产品抽出一件产品做样品，直到抽出 n 件产品组成样本。

④ 整群抽样：一般是将总体按自然存在的状态分为若干群，并从中抽取样品群组成样本，然后在中选群内进行全数检验的方法。如对原材料质量进行检测，可按原包装的箱、盒为群随机抽取，对中选箱、盒做全数检验；每隔一定时间抽出一批产品进行全数检验等。由于随机性表现在群间，样品集中，分布不均匀，代表性差，产生的抽样误差也大，同时在有周期性变动时，也应注意避免系统偏差。

⑤ 多阶段抽样：又称多级抽样。上述抽样方法的共同特点是整个过程中只有一次随机抽样，因而统称为单阶段抽样。但是当总体很大时，很难一次抽样完成预定的目标。多阶段抽样是将各种单阶段抽样方法结合使用，通过多次随机抽

样来实现的抽样方法。如检验钢材、水泥等质量时，可以对总体按不同批次分为 R 群，从中随机抽取 r 群，而后在中选的 r 群中的 M 个个体中随机抽取 m 个个体，这就是整群抽样与分层抽样相结合的二阶段抽样，它的随机性表现在群间和群内有两次。

3.3 工程材料的质量控制

3.3.1 工程材料质量控制的一般方法

工程材料（包括原材料、成品、半成品、构配件）是工程施工的物质条件，是工程质量的物质基础，材料不符合质量标准，工程质量就不会符合要求。因此，工程用的所有材料进场时，必须严格按有关规范规定和验收标准检查验收，按规定要求进行标识，作好可追溯性记录，不符合要求的坚决不用。项目部成员对材料、半成品、构配件、砂浆及混凝土的配比试验进行全面检测、监督和控制。加强材料质量控制，是创造正常有序的施工条件，实现三大目标（投资、进度、质量）控制的必要前提。

（1）材料的分类

1）工程材料按化学组成可分为无机材料、有机材料两大类，以及它们之间的复合。无机材料可分为金属材料和无机非金属材料（如水泥、石、混凝土等）；有机材料可分为天然植物质材料（如木材、漆、竹等）、高分子材料、沥青材料以及有机材料与无机材料复合的材料（如聚合物混凝土等）。

2）工程材料按使用目的可分为结构材料、装饰材料。装饰材料包括建筑物内外墙、地面的装修材料，如瓷砖；其他功能用建筑材料，指隔声、隔热、防潮、防水、防火等多种功能用材料。

3）按材料的重要性可分为主要材料、辅助材料。

此外，还可有多种建筑材料分类方法，如按工程类别分类，按其制造的领域分类等。实际工程中多采用按化学组成分类的方法。

（2）控制方法

质量控制方法可分为四类：试验方法、检查验收方法、管理技术方法、多单位控制方法。

1）试验方法：这是材料质量控制最重要的方法，该方法通过各种技术手段与试验检测，对建筑工程材料的技术性能进行检测，确定材料的质量，从而得出科学可信的试验结果。

2）检查验收方法：该方法是材料质量控制的基础，主要通过一些直观、简

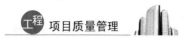
单的方法和工具，检测材料的数量、重量、外观质量、尺寸偏差及确定是否变质等。

3）管理技术方法：该方法主要应用于材料进场后放置、保存阶段，通过科学的操作管理制度和进行一些简单的技术处理，以达到防潮、防锈，降低或减缓材料腐蚀、变质、混号、遗失等目的，减少非必要的损失。

4）多单位控制法：该方法需要设计单位、施工单位、监理单位实行协作，从各自的经济、管理、技术角度对材料质量进行控制。

（3）工程材料质量控制的基本程序

1）施工准备阶段的工程材料控制

首先，了解材料性能、适用范围（如红色大理石或带色纹的大理石不宜用做外装修）、质量标准和对施工的要求以便慎重选择和使用有关材料。其次，掌握供货信息，优选供货商。全面了解供货商材料价格、质量、供货能力等方面的信息，在各同类供货商中，进行横向比较，货比三家，严格评审。选择供应商时应坚持"质量合格、费用最低，费用相同、质量选优"的原则。也可以采用招标的形式确定供应商，做到采购工作公开、公正、公平。加强供应商信息管理是确保供应、降低价格的重要手段。优选好的供货厂家，尽可能地在确保材料质量的前提下节约成本，既要保证工程质量，又要降低工程造价。由业主单位提供的材料，应及时了解信息；由承包单位供应的材料，要及时进行建筑材料的审检论证，报业主同意后方可选择。再次，施工企业应制定合理科学的材料、加工、运输的组织计划，掌握相应的材料信息，建立严密的计划、调度、管理体系，确保材料的周转速率，减少材料的占用时间，确保工程的质量。

2）工程材料进场检验

为了控制工程材料的质量，严把材料进场检验关是一个重要措施。工程所使用的主要材料、成品、半成品、配件、器具和设备必须具有中文质量合格证明文件，规格、型号及性能检测报告应符合国家技术标准或设计要求。进场时应做检查验收，并经监理工程师核查确认。如主要材料（如钢材）进场时必须具备正式的出厂合格证和材质化验单，经验证合格后方可使用；各种构件（如钢筋混凝土和预应力混凝土构件）必须具备厂家批号和出厂合格证，各种构件必须按规定的要求进行抽样检验，对运输、安装等原因造成的构件质量问题，经研究分析及处理鉴定后方能使用。对质量保证资料有怀疑、与合同规定不符合的一般材料，标志不清或认为质量有问题的材料，或受工程重要程度决定应进行一定比例试验的材料，或需要进行追踪检验以控制和保证其质量的材料等进行抽样检验；对进口材料、设备及重要工程或关键部位所使用的材料，则应进行全数检验；按建筑材料质量标准与管理的相关规程，对材料进行质量抽样和检验。抽样的结果能反映该

批材料的整体质量性能。对于重要构件或非匀质的材料，还应适当增加采样数量。

3）工程材料进场后质量控制

对于审批合格后，经监理以及业主批准进入施工现场的建筑材料，首先必须根据种类、生产厂家或者品种型号分别堆放保管，需要设专人管理。采用新材料前必须通过试验检测，代用材料必须通过科学分析研究，必须符合结构构造要求。在建筑施工作业过程中，结合工程实际进度，做好进场材料的补充工作，建筑工程材料的补充，必须执行严格的质量检验标准，确保建筑工程重要结构施工部位建筑原材料的同一性。尽可能地避免造成使用混淆的现象发生，也有利于工程质量跟踪监测，或者作为出现质量事故时的调查依据。

4）材料使用过程的质量控制

现场配置的材料（如混凝土、砂浆、防水材料、防腐材料、绝缘材料等）的配合比，应先进行试配，经试配检验合格后方能使用。必须通过试验和鉴定方可对新材料进行应用，替代的材料必须经过设计单位计算和充分的论证并要符合结构的要求，方可替换。材料检验不合格时，不许用于工程施工。有些合格的材料如遇某种原因预计会变质时（如过期受潮的水泥、锈蚀的钢筋），需结合工程的特点进行复检，决定是否可用或降级使用，但不准用于重要的工程部位。

3.3.2 建筑材料质量控制的内容

（1）材料的质量标准

材料质量标准是衡量材料质量好坏的依据，也是材料质量检验及验收的依据，不同的材料有不同的质量标准，只有掌握各种材料的质量标准，才能对材料和工程质量进行可靠的质量控制。

（2）材料质量的检验

通过一系列的检验手段，将获得的材料质量数据与材料的质量标准相比较，以此作为判断材料质量的可靠性、能否用于施工的依据，与此同时，材料质量检验还有利于掌握材料质量方面的信息。材料质量检验有四种方法：

1）书面检验

材料质量保证资料、试验（检验）报告等审核通过后方可使用。

2）外观检验

通过对材料品种、规格、标志、外形尺寸等方面进行直观检查，判断其是否存在质量问题（如钢筋是否应平直、是否有无损伤、表面是否有无裂纹等）。

3）理化检验

通过借助试验设备（仪器）科学地对材料样品进行化学成分、机械性能等鉴定。例如钢筋出现显著不正常现象（如脆断，焊接不良或力学性能等）应对该批

钢筋进行化学成分分析等专项检验。

4）无损检验

利用超声波、X射线、表面探伤仪等在不破坏材料样品的前提下进行检测，判断材料质量是否符合质量标准。

（3）材料质量检验程度

根据材料提供的信息和保证资料，材料质量检验程度分三种：

1）免检

免除质量检验过程，产品经实践证明质量长期稳定、质量保证资料齐全或有足够证据证明有质量保证的一般材料，或是质量检验人员很难对内在质量再作检验，只有通过严格监控施工过程某些施工质量，可考虑采取免检。

2）抽样检验

通常大多工程产品由于数量大，故大多采取抽样检验。从一批材料（产品）中，随机抽取一定比例的样品进行检验，并根据对样品及其数据统计分析的结果，来判断该批产品的质量状况。抽样检验的检验数量少、比较经济、所需时间少，适合一些需要进行破坏性试验（如检验混凝土抗压强度）的检验项目。

3）全数检验

对于关键工序部位或隐蔽工程（如检验模板的稳定性、刚度、强度等）以及在技术规程、质量检验验收标准或设计文件当中有明确规定应进行全数检验的对象。

（4）材料质量检验项目

材料质量的检验实际上是对各项指标的检测，检验应依据各项有关的技术标准、规范和技术规定。这些技术条令，是材料检验必须遵循的法规。我国目前的材料质量标准主要有国家标准、行业标准和地方标准。由于各种标准相互引用渗透，一种材料的检验要涉及多个标准和规定，所以给质量检测带来了一定的复杂性。在实际检验中，只能根据材料的性能、被使用的部位有针对性地进行检测。材料质量检验项目分为："一般试验项目"，为通常进行的试验项目；"其他试验项目"，如表3-3所示，为常用材料试验项目。

常用材料试验项目　　　　　　　　　　　　　　　　表3-3

序号	名　称	一般试验项目	其他试验项目
1	通用水泥	胶砂强度（3d 或 7d，28d），标准稠度安定些、凝结时间、细度	烧失量、碱含量、MgO、SO_3
2	钢筋	屈服强度、抗拉强度、伸长率、冷弯	化学分析 C、Si、S、P 等
3	冷拔低碳钢丝、碳素钢丝和刻痕钢丝	拉力、反复弯曲	冲击、硬度等

续表

序号	名 称	一般试验项目	其他试验项目
4	砂	颗粒级配、含泥量、泥块含量、有机物含量	表观密度、堆积密度、坚固性
5	碎石或卵石	颗粒级配、含泥量、泥块含量、针片状含量、压碎指标、有机物含量	表观密度、堆积密度、坚固性、碱骨料反应
6	砌筑砂浆	配合比设计、抗压强度	抗冻性、收缩
7	粉煤灰	细度、烧失量、需水量比、三氧化硫含量	
8	混凝土	稠度（坍落度或维勃稠度）、水灰比、水泥含量及均匀性、抗压强度	耐久性（抗冻性、抗渗性、抗侵蚀性）、含气量、抗折强度
9	石油沥青	针入度、软化点、延度	
10	砖	烧结普通砖：抗压强度 蒸养砖：抗压强度、抗折强度 烧结多孔砖和空心砖：抗压强度	抗冻性、吸水率、石灰爆裂、泛霜
11	保温材料	密度、含水率、导热系数	抗折、抗压强度
12	石膏	标准稠度、凝结时间、抗压和抗折强度	
13	石灰	产浆量、活性氧化钙和活性氧化镁含量	细度、未熟化活粒含量
14	回填土	干重度、含水率、最佳含水率和最大干重度	
15	灰土	含水率、干重度	
16	沥青玛蹄脂	耐热度、柔韧性、粘结力	
17	混凝土搅拌用水	pH 值、不溶物、可溶物、氯化物、硫酸盐及硫化物含量	
18	金属止水材料	厚度、抗拉强度、延伸率	
19	橡胶止水材料	拉伸强度、扯断伸长率、硬度、撕裂强度、老化	

（5）材料质量检验的取样

质量检验的取样要有代表性。为防止送检材料与实际施工用料质量不一致而造成质量事故，建设部要求各地推行《见证取样送检制度》：在业主或监理人员见证下，由施工人员在现场取样，送至试验室进行试验。见证人和送检单位对送检试样的真实性和合法性负法定责任，见证人需制作见证记录，并列入工程施工档案。材料的试验可以在管理方监督下由施工单位现场进行，也可以由乙方和管理方同时进行试验。无论采用哪一种方法，重要的是保证试验数据的准确可靠。材料质量检验所采集样品的质量应能真实代表该批材料的质量。在采集样本时，必须按规定的部位、数量及采选的操作要求进行。如表 3-4 所示为常用材料取样方法。

常用材料取样方法

表 3-4

序号	材料名称		取样单位	取样数量	取样方法
1	通用水泥		同生产厂、同品种、同强度等级、同编号水泥。散装水泥≤500t/批；袋装水泥≤200t/批。存放期超过3个月必须复试	≥12kg	1. 散装水泥：在卸料除或输送机上随机取样； 2. 袋装水泥：在袋装水泥堆场取样
2	钢筋混凝土用钢筋	热轧带肋钢筋	钢筋、钢丝、钢绞线均按批检查，每批由同一厂家、同一炉罐号、同一规格、同一交货状态、同一进场时间组成≤60t/批	拉伸2根 冷弯2根	1. 试件切取时，应在钢筋或盘条的任一段截去500mm； 2. 凡规定取2个试件的均从任意两根中分别切取； 3. 低碳钢热轧盘条冷弯试件应取自同盘的两端； 4. 试件长度：拉力（伸）试件 $L \geq 5d/(10d)+200mm$；冷弯试件 $L \geq 5d+150mm$； 5. 化学分析试拌可利用力学试验的余料钻取
		热轧光圆钢筋		拉伸2根 冷弯2根	
		低碳钢热轧圆盘条		拉伸1根 冷弯2根	
		余热处理钢筋		拉伸2根 冷弯2根	
3	冷轧带肋钢筋		按批检验，每批由同一牌号、同一外形、同一规格、同一生产工艺和同一交货状态组成	拉伸逐盘1个 冷弯每批2个	
4	冷拉钢筋		同一级别、同一直径的冷拉钢筋组成一批≤20t/批	拉伸1根 冷弯2根	从任意两根分别切取，每根钢筋上切取一个拉伸试件、一个冷弯试件

3.3.3 几种主要工程材料的质量控制

（1）混凝土的质量控制

混凝土是由水、水泥、掺合料、外加剂、砂、石六大原料组成的。新拌混凝土的工作性能、硬化混凝土的强度、耐久性能很大程度上取决于原材料质量。同时因原材料质量变化，如粉煤灰细度、需水量比变化、外加剂减水率变化、混凝土的配合比等也要作相应调整，并没有通用的固定配合比。因此原材料的检测是试验室的日常工作，是确定配合比的依据，是生产控制的依据。

对于原材料的检测，国家有相应的标准规范，试验室必须及时掌握标准的修订情况，同时注意到原材料某个项目可能在不同标准中有不同的检验方法，如GB/T 1596《用于水泥和混凝土中的粉煤灰》，GB/T 18736《高强高性能混凝土用矿物外加剂》两个标准都有粉煤灰需水量比试验方法，GB/T 1596 的方法较为繁琐。有时使用者需对原材料进行快速检测来控制生产，或比较几个产品的优劣，需要有可行的检验方法，采取的方法未必是国家标准。

① 生产混凝土用水一般使用洁净的地下水或自来水，应注意其有害离子（氯离子、硫酸根离子）不能超标。

② 石子的粒形和级配对混凝土的和易性影响较大。初次使用某个石场的石子应测定其压碎值，压碎值大的石子不能用于生产高强度等级混凝土。针片状多、级配不好的石子孔隙率大，导致混凝土可泵性差，需要较多砂和水泥填充，经济性差，应避免使用。采用同一石场的石子，平时应重点检测其级配，注意针片状含量。

③ 砂应尽量使用Ⅱ区中砂，目测其中有无泥块，及泥块的多少。一般泥块多的砂含泥量也大，若使用则会影响混凝土的强度和耐久性，含泥量多的湿砂用手搓，手上会有较多泥粉。使用粗砂和细砂应调整砂率和粉煤灰掺量，平时重点检测砂的级配。

④ 混凝土的强度是由水泥和水反应形成的水化产物，及活性掺合料的二次水化产物而逐步发展而成。水泥强度的高低直接影响混凝土强度的高低。按水灰比公式 $C/W = f_{cu}/(f_{ce} \times 0.46) + 0.07$，可知水灰比一定时混凝土强度 f_{cu} 与水泥强度 f_{ce} 成正比。如原设计混凝土强度 34.5MPa（C30 等级），采用 P·O42.5 级水泥拌制，水泥强度 48MPa，可知水灰比 $C/W = 1.63$，若因管理不善，误用 32.5 级水泥，水泥强度 38MPa，水灰比不变，混凝土强度为 27.3MPa，混凝土强度不合格。一般 P·O42.5 级水泥强度在 45MPa～52MPa 之间波动，混凝土强度波动在设计强度等级范围内。可见预知水泥强度等级可有效控制混凝土质量。由于水泥强度要到 28 天才知道，这就要求试验室按批复试水泥强度，还要通过大量试验数据积累，建立早期（1 天，3 天）强度与 28 天强度的关系式，就能避免使用不合格水泥。据笔者经验，32.5 级水泥 3 天强度小于 20MPa，P·O42.5 级水泥 3 天强度 25MPa 左右，由此可大致判断水泥强度等级，另外在检测水泥强度前，先测量水泥胶砂流动度，可初步判断水泥需水量多少。

⑤ 粉煤灰掺入混凝土中可显著改善混凝土的和易性和流动性，大量用于制备大体积混凝土、泵送混凝土。值得一提的是，不同厂家、不同粉煤灰因煤种不同、生产工艺不同，导致粉煤灰需水量不一样，不同厂家的粉煤灰检测以需水量比指标为标准。同一厂家的粉煤灰一般细度越大，需水量比越大，可以以细度指标为标准。细度小、活性大、需水量小的粉煤灰掺入混凝土中可节约水泥，节约外加剂用量，而需水量大的粉煤灰会向混凝土中引入大量水，造成水灰比过大，强度下降，若使用则要增加外加剂用量，往往得不偿失。有条件的搅拌站应做到每车取样检测细度，掌握粉煤灰质量波动情况，对因粉煤灰细度变化引起混凝度坍落度、强度变化应足够重视。粉煤灰需水量比检测方法建议采用 GB/T 18376 标准采用的方法，采用 GB/T 1767 规定的胶砂测定对比胶砂的流动度，测定试验胶砂在达到对比胶砂流动度时用水量。也可测定试验胶砂在用水 225mL 时流动度大的粉煤灰需水量小，反之粉煤灰需水量大。GB/T 1596 的方法测定粉煤灰

需水量比有 3 个不便，一是标准砂采用 GB/T 17671 规定的 0.5～1.0mm 的中级砂，需要对 GB/T 17671 标准砂进行筛分，较为烦琐，且因称量误差、筛子误差导致检测不准；二是对比胶砂在用水 125mL 时，其流动度未必在 130～140mm 范围之间，对比胶砂用水可能要多次调整；三是试验胶砂流动度达到 130～140mm 之间用水也要多次调整，可见 GB/T 1596 的方法达不到准确快速检验的目的。

⑥ 混凝土的许多性能由外加剂来调节，水泥的需水量与初凝时间相比，外加剂减水率与缓凝时间对混凝土性能的影响小得多。减水率差的外加剂用于混凝土，为使坍落度不变，需增加用水量或调整外加剂掺量。测量外加剂净浆流动度一般能反映外加剂减水率高低，但有时会引起误判，陈化时间较长的水泥，其正电性较小，适应性较好，初始净浆流动度较大，1h 净浆流动损失很小。多次试验表明，用同样批次的外加剂测量新鲜水泥的净浆流动度为 163mm，1h 后流动度为 68mm，该水泥陈化 21d 再测净浆流动度达 240mm，差距很大。所以检测外加剂用水泥应为新鲜并冷却至室温的水泥，总之，检测外加剂注意水泥的时效性，比较准确的是拌制混凝土，但较费时，我们一般检测外加剂砂浆减水率。测定一定掺量外加剂胶砂达到基准胶砂流动度时用水量。

试验室必须准确快捷地检测原材料质量，将隐患处理在苗头之中，及时调整配合比以稳定生产。水泥的 1d、3d 强度，粉煤灰细度，外加剂净浆流动的检测可作为快速控制原材料的方法。

下面以净浆流动度试验检验水泥、粉煤灰、外加剂之间相互适应性为例。

试验方法：GB 50119 附录 A 外加剂对水泥适应性检测方法，$W/C=0.29$，P·O42.5 级水泥和 P·O32.5 级水泥❶为华新水泥，外加剂为 TH-Yl，粉煤灰矿来自两个厂家。试验结果分析如下：

① 据试验号 0304、0305、0310、0311、0313、0319、0320、0323，对该外加剂适应性 P·O42.5 级水泥优于 P·O32.5 级水泥❶，使用不同水泥的混凝土要达到同等坍落度外加剂掺量并不相同。

② 据试验号 0301、0302、0303、0304、0306、0307、0308、0316、0317，P·O42.5 水泥中掺入不同细度粉煤灰，胶凝材料对外加剂适应性明显恶化，提高外加剂掺量适应性改善，且因外加剂批号不同改善程度不同（试验号 0308、0322）粉煤灰细度越粗，胶凝材料适应性越差。

③ 据试验号 0303、0304、0308、0309、0312、0314、0315、0318、0321、0323，不同电厂粉煤灰因煤种与工艺不同，相同细度的粉煤灰掺入水泥中，胶凝

---

❶ 2000 年起我国普通硅酸盐水泥（P·O）的强度等级最低值为 42.5 级——编者注。

材料对外加剂适应性并不相同。因此笔者认为检验粉煤灰品质不能仅以细度为指标，而应以细度和掺粉煤灰的水泥的净浆流动度 2 个因素为指标。劣质粉煤灰掺量减少后，胶凝材料适应性改善，而优质粉煤灰掺量大，胶凝材料适应性稍降低。外加剂掺量提高后，胶凝材料适应性明显改善。

④ 据试验号 0313、0319、0320、0323，陈化时间长的 P·O42.5 级水泥对外加剂适应好，但掺量再提高，净浆流动度增加不大，较新鲜水泥外加剂掺量提高，适应性明显改善。

总之，细度大的粉煤灰对混凝土性能有副作用，粉煤灰品质不能仅以细度为指标，外加剂对胶凝材料有一个最佳掺量，对不同品种的水泥、不同胶凝材料体系掺量不同，水泥混合材掺量大对外加剂适应性变坏。需要指出的是，净浆试验方便快捷，但净浆试验结果与胶砂试验、混凝土试验相比因胶凝材料用量及内部比例、骨料用量及内部比例影响，指标有放大或缩小的趋势，最终结果应以一定配比混凝土试验为准。

案例 3-1：普通混凝土配合比计算书

一、混凝土配制强度计算

混凝土配制强度应按下式计算：

$$f_{cu,0} \geqslant f_{cu,k} + 1.645\sigma$$

式中　σ——混凝土强度标准差（N/mm²），取 $\sigma = 5.00$（N/mm²）；

　　$f_{cu,0}$——混凝土配制强度（N/mm²）；

　　$f_{cu,k}$——混凝土立方体抗压强度标准值（N/mm²），取 $f_{cu,k} = 20$N/mm²；

经过计算得：$f_{cu,0} = 20 + 1.645 \times 5.00 = 28.23$N/mm²。

混凝土强度标准差参考值　　　　　　　　　　表 3-5

强度等级（MPa）	低于 C20	C20～C35	高于 C35
标准差 σ（MPa）	4.0	5.0	6.0

二、水灰比计算

混凝土水灰比按下式计算：

$$W/C = \frac{A f_{ce}}{f_{cu,0} + AB f_{ce}}$$

式中　A，B——回归系数，由于粗骨料为碎石，根据规程查表取 $A = 0.46$，取 $B = 0.07$；

　　f_{ce}——水泥 28d 抗压强度实测值，取 48.00N/mm²；

经过计算得：$W/C = 0.46 \times 48.00 / (28.23 + 0.46 \times 0.07 \times 48.00) = 0.74$。

规程表（部分）   表 3-6

集科类别	回归系数	
	α_a（A）	α_b（B）
碎石	0.46	0.07
卵石	0.48	0.33

三、用水量计算

每立方米混凝土用水量的确定，应符合下列规定：

1. 干硬性和塑性混凝土用水量的确定：

1）水灰比在 0.40～0.80 范围时，根据粗骨料的品种、粒径及施工要求的混凝土拌合物稠度，其用水量按表 3-7 选取：

塑性混凝土的用水量（kg/m³）   表 3-7

拌合物稠度		卵石最大粒径（mm）				碎石最大粒径（mm）			
项目	指标	10	20	31.5	40	16	20	31.5	40
坍落度（mm）	10～30	190	170	160	150	200	185	175	165
	35～50	200	180	170	160	210	195	185	175
	55～70	210	190	180	170	220	205	195	185
	75～90	215	195	185	175	230	215	205	195

2）水灰比小于 0.40 的混凝土以及采用特殊成形工艺的混凝土用水量应通过试验确定。

2. 流动性和大流动性混凝土的用水量宜按下列步骤计算：

1）按表 3-7 中坍落度 90mm 的用水量为基础，按坍落度每增大 20mm 用水量增加 5kg，计算出未掺外加剂时的混凝土的用水量；

2）掺外加剂时的混凝土用水量可按下式计算：

$$m_{wa} = m_{w0}(1 - \beta)$$

式中　m_{wa}——掺外加剂混凝土每立方米混凝土用水量（kg）；

　　　　m_{w0}——未掺外加剂时的混凝土的用水量（kg）；

　　　　β——外加剂的减水率，取 $\beta = 5\%$。

3）外加剂的减水率应经试验确定。

混凝土水灰比计算值 $m_{wa} = 0.74 \times (1 - 5\%) = 0.703$

由于混凝土水灰比计算值 $= m_{wa} = 0.703$，所以用水量取表中值 $= 195kg$。

四、水泥用量计算

每立方米混凝土的水泥用量可按下式计算：

$$m_{c0} = \frac{m_{w0}}{\dfrac{W}{C}}$$

经过计算，得 $m_{c0} = 185.25/0.703 = 263.51 \text{kg}$。

五、粗骨料和细骨料用量的计算

合理砂率按表3-8的确定。

合理砂率参考表（%） 表3-8

水灰比 （W/C）	卵石最大粒径（mm）			碎石最大粒径（mm）		
	10	20	40	16	20	40
0.40	26～32	25～31	24～30	30～35	29～34	27～32
0.50	30～35	29～34	28～33	33～38	32～37	30～35
0.60	33～38	32～37	31～36	36～41	35～40	33～38
0.70	36～41	35～40	34～39	39～44	38～43	36～41

根据水灰比为0.703，粗骨料类型为：碎石，粗骨料粒径：20mm，查表3-8，取合理砂率 $\beta_s = 34.5\%$。

粗骨料和细骨料用量的确定，采用体积法计算，计算公式如下：

$$\frac{m_{c0}}{\rho_c} + \frac{m_{g0}}{\rho_g} + \frac{m_{s0}}{\rho_s} + \frac{m_{w0}}{\rho_w} + 0.01\alpha = 1$$

$$\beta_s = \frac{m_{s0}}{m_{g0} + m_{s0}} \times 100\%$$

式中 m_{g0}——每立方米混凝土的基准粗骨料用量（kg）；

        m_{s0}——每立方米混凝土的基准细骨料用量（kg）；

        ρ_c——水泥密度（kg/m³），取3100kg/m³；

        ρ_g——粗骨料的表观密度（kg/m³），取2700kg/m³；

        ρ_s——细骨料的表观密度（kg/m³），取2700kg/m³；

        ρ_w——水密度（kg/m³），取1000kg/m³；

        α——混凝土的含气量百分数，取 $\alpha = 1.00$。

以上两式联立，解得 $m_{g0} = 1290.38$（kg），$m_{s0} = 679.67$（kg）。

混凝土的基准配合比为：水泥：砂：石子：水 = 264：680：1290：185

或重量比为：水泥：砂：石子：水 = 1.00：2.58：4.9：0.7。

（2）钢筋的质量控制

① 进场钢筋质量的验收。检查进场钢筋生产厂家是否具有产品生产许可证；检查进场钢筋的出厂合格证或试验报告与产品是否配套；按照炉罐号、批号及直径对钢筋的标志、外观等进行检查。进场钢筋的表面或每捆均应有标志，且标明炉罐号或批号。按照产品标准和施工规范要求，按炉罐号、批号及钢筋直径分批

61

抽取试样做力学性能试验。试验结果应符合国家有关标准的规定。当钢筋在运输、加工过程中发现脆断、焊接性能不良或力学性能显著不正常等现象，根据国家标准对该批钢筋进行化学成分检验或其他专项检验。钢筋的抽样复试要符合见证取样送检的有关规定。对于冷拉钢筋的质量验收，除了遵守上面所述的检查项目外，还要做以下检查：钢筋表面不能有裂纹和局部颈缩现象，当用作预应力筋时，应逐根检查；由不大于20t的同级别、同直径冷拉钢筋为一批，进行分批验收钢筋质量；从每批冷拉钢筋中抽取2根钢筋，每根取2个试样分别进行拉力和冷弯试验。当有一项试验结果不符合规定时，取加倍数量的试样重新试验，当仍有一个试样不合格时，这批冷拉钢筋为不合格品。

② 进场钢筋的保存。为防止钢筋锈蚀，应设立干燥、通风、屋面不漏雨的专门仓库保存钢筋；不同品种、型号的钢筋应当分别堆放，并用标牌加以明确标示。标牌书写项目、内容齐全。

③ 钢筋的焊接要求。进场钢筋绝大多数用于工程使用以前，均要进行如焊接、成形、张拉等现场加工。钢筋验收合格后，管理方可通知施工单位进行加工。在施工之前，要求施工单位提供其内部质量保证体系、技术措施交底、质量监控程序等，管理方进行审核，并要求施焊人员必须具有焊工上岗证，杜绝无证人员上岗施焊。对待有焊接操作上岗证的人员，要求对不同品种、不同焊接工艺的钢筋接头，先做焊接试件，试件经检验合格，方可施焊。对焊接成品的质量检查是管理工作的重点，除施焊前对试件进行合格试验之外，对成品的质量管理要按管理方确认的监控程序进行。具体做法是：目测和检测相结合，首先从外观上，对如轴线位移、弯折角度、裂纹凹坑、烧伤等进行检查，随后作随机抽样，坚持每200根接头取一组样品进行试验，并且始终坚持抽测时间与材料加工进度基本吻合，发现不合格焊接头，退回施工单位，并分析原因，改进技术措施，然后重新焊接，使之全部达到规范、标准的要求，并严格按《质量验收规范》进行验收。

3.4　施工过程的质量控制

施工过程是工程项目质量控制的重点。由于施工过程是由一系列相互关联、相互制约的工序构成，因此对施工过程的质量控制必须落实在每项具体的工序质量控制上。

施工过程的质量控制任务是繁重的。质量工程师应按照施工阶段质量控制的基本原理，切实依靠自己的质量控制系统，根据工程项目质量目标要求，加强对施工现场及施工工艺的监督管理，加强工序质量控制，督促施工作业人员严格按图纸、按工艺、按标准和操作规程，实行检查认证制度；在关键部位，项目经理及质量工程师必须实行旁站监督；实行中间检查和技术复核，对每个分部分项工程均进行检测验收并签证认可，防止质量隐患。质量工程师还必须做好施工过程记录，认真分析质量统计数字，对工程质量水平的变化趋势作出预测；对不符合质量要求的施工操作应及时采取相应的纠正和纠正措施，并提出相应的报告。

3.4.1　工序质量监控

（1）工序质量与工序管理

1）工序和分部分项工程

① 工序的概念

工序（process）是生产和检验原材料和产品的具体阶段，也是构成生产制造过程的基本单元，从质量管理角度看，工序是人、机械、材料、工艺、环境五大因素对产品质量发生影响和发挥综合作用的过程。

建筑施工项目的工序质量是指工序满足工程施工要求的程度。而满足程度的高低（工序质量水平高低）取决于上述五大因素在工程施工过程中的综合效果。

② 分部、分项工程

分项工程。工程项目施工的分项工程按主要工种工程划分，如土方工程、砌体工程、钢筋工程、混凝土工程、钢结构制作工程、抹灰工程、卷材屋面及防水工程等；安装工程的分项工程按用途、种类、输送不同介质的物料，以及设备组别划分，如给水管道安装、排水管道安装、电力变压器安装、低压电器安装等。

分部工程。工程项目施工的分部工程按工程的主要部位划分，如地基基础工程、主体工程、装饰工程等。安装工程的分部工程按工程种类划分，如管道工程、通风工程、机械安装工程、自动化仪表安装工程等。

工程项目施工中，每个工种的施工活动都有若干道工序组成，例如钢筋工程包括钢筋的调直、除锈、下料、制作、绑扎等，一系列反复进行的的工序构成了钢筋工程这一分项工程；如果将一个分项工程也看作是一道工序，那么多个分项工程组成一道更大的工序即分部工程。而整个单位工程是由多个分部工程组成的。因此，控制施工质量的关键是分项工程中的每一道"工序"。为了保证工序质量水平沿着人们的期望方向发展，处于人们期望的范围，就必须对五大因素进行一系列质量控制活动。这些活动的全体，称之为工序质量控制。施工现场的分部分项工程质量控制的水平如何，将反映工程产品能否达到规定的质量标准。

案例 3-2：城镇道路工程单位、分部、分项工程划分表（表3-9）

城镇道路工程单位、分部、分项工程划分表　　　　　表3-9

单位（子单位）工程		每个标段划分为一个单位工程或子单位工程
分部工程	子分部工程	分项工程
路基	—	土方路基、石方路基、路基处理、路肩
基层	—	石灰土基层、石灰粉煤灰稳定砂砾（碎石）基层、石灰粉煤灰钢渣基层、水泥稳定土类基层、级配砂砾（砾石）基层、级配碎石（碎砾石）基层、沥青碎石基层、沥青贯入式基层
面层	沥青混合料面层	透层／粘层／封层、热拌沥青混合料面层、冷拌沥青混合料面层
	沥青贯入式与沥青表面处治面层	沥青贯入式面层、沥青表面处治面层
	水泥混凝土面层	水泥混凝土面层（模板、钢筋、混凝土）
	铺砌式面层	料石面层、预制混凝土砌块面层
广场与停车场	—	料石面层、预制混凝土砌块面层、沥青混合料面层、水泥混凝土面层
人行道	—	料石人行道铺砌面层（含盲道砖）、混凝土预制块铺砌人行道面层（含盲道砖）、沥青混合料铺筑面层
人行地道结构	现浇钢筋混凝土人行地道结构	地基、防水、基础（模板、钢筋、混凝土）、墙与顶板（模板、钢筋、混凝土）
	预制安装钢筋混凝土人行地道结构	墙与顶部构件预制、地基、防水、基础（模板、钢筋、混凝土）墙板、顶板安装
	砌筑墙体钢筋混凝土顶板人行地道结构	顶部构件预制、地基、防水、基础（模板、钢筋、混凝土）、墙体砌筑、顶部构件、顶板安装、顶部现浇（模板、钢筋、混凝土）
挡土墙	现浇钢筋混凝土挡土墙	地基、基础、墙（模板、钢筋、混凝土）、滤层、泄水孔、回填土、帽石、栏杆
	装配式钢筋混凝土挡土墙	挡土墙板预制、地基、基础（模板、钢筋、混凝土）、墙板安装（含焊接）、滤层、泄水孔、回填土、帽石、栏杆
	砌筑挡土墙	地基、基础（砌筑、混凝土）、墙体砌筑、滤层、泄水孔、回填土、帽石
	加筋土挡土墙	地基、基础（模板、钢筋、混凝土）、加筋挡土墙砌块与筋带安装、滤层、泄水孔、回填土、帽石、栏杆
附属构筑物	—	路缘石、雨水支管与雨水口、排（截）水沟、倒虹管及涵洞、护坡、隔离墩、隔离栅、护栏、声屏障（砌体、金属）、防眩板

2）工序质量的波动和工序能力

建筑工程产品在形成过程中，由于施工操作者和管理者（人）、施工机械设备（机）、建筑材料和半成品（料）、施工方案和施工工艺（法）、施工环境的温度湿度日照雨雪等变化（环）等因素的影响，其质量的形成处于不稳定的波动状态。不过，这种波动有些是工程质量标准所允许的，这属于正常波动；有些波动超出了质量标准的允许范围，便属于异常波动。也就是说，产生质量波动的原因有两大类：

一是随机因素，是对产品质量经常起作用的因素，其引起的质量波动称为正常波动，如机床固有的振动、刀具正常磨损等；

另一类是系统因素，是不经常发生的因素，其引起的质量波动称为不正常波动，如设备故障、配方错误等。

当过程只出现随机因素引起的波动时，过程处于统计稳定状态。

一旦过程出现系统因素，则产品特性值的分布必然要发生变化，或者分布形态不同；或者形态相同；或者中心位置偏移；或者分布形态、中心位置均发生变化。

正常波动是工程产品质量的特性值在标准允许范围内的质量波动。造成这种质量波动的原因是由不可避免的因素引起的，称为偶然性原因。例如，同类材料在性质上的微小差别、施工人员精力体力的消耗带来的疲劳、检验器具的磨损等。这类因素往往不易被察觉，有时甚至是难以消除或去除的。

异常波动是工程产品质量的特性值在质量标准允许偏差之外的质量波动。这是由系统性原因或可以避免的异常因素引起的，这类因素在施工现场不常发生但却会使质量发生显著变化。例如，不同标号水泥混用、设备带病运转、施工人员违反操作规程等。这类因素在施工现场不难被察觉和识别，并能采取措施加以避免。因而，在施工现场能经常地、及时地消除这类因素，就能使施工过程处于稳定状态，即受控状态。

3）工序能力指数

研究工序能力，就是研究工序质量的实际水平，因此它是工序质量控制的一项最基本、最基础的工作。它的基本思想是：第一，只有工序能力强的工艺才可能生产出质量好、可靠性水平高的产品；第二，工序能力指数是一种表示工艺水平高低的方便方法，其实质作用是反映工艺成品率的高低；第三，"6σ设计"是在工序能力指数分析基础上对生产工艺水平的新要求，其实质作用也是反映工艺成品率的高低。

① 工序能力

通常工艺参数服从正态分布 $N(\mu, \sigma^2)$（图3-4）。

正态分布标准偏差 σ 的大小反映了参数的分散程度。绝大部分数值集中在 $\mu \pm 3\sigma$ 范围内，其比例为 99.73%。

通常将 6σ 称为工序能力。6σ 范围越小，表示该工序加工的工艺参数越集中，

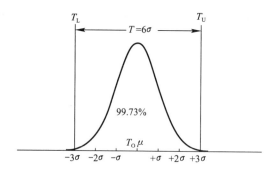

图 3-4　工艺参数服从正态分布示意

则生产出成品率高、可靠性好的产品的能力越强，即固有能力越强。

② 潜在工序能力指数 C_p

为了综合表示工艺水平满足工艺参数规范要求的程度，生产中广泛采用下式定义的工序能力指数：

$$C_p = (T_U - T_L)/6\sigma = T/6\sigma$$

通过积分可得工艺成品率为：

$$\eta = \int_{T_L}^{T_U} F(X)\mathrm{d}x$$

可得工序能力指数与成品率之间的关系如表 3-10。

工序能力指数与成品率之间的关系　　　　　　　　　　　　表 3-10

规范范围	C_p	工艺成品率	不合格品率
±3σ	1	99.73%	2700PPM
±6σ	2	99.9999998%	0.002PPM

结论：工序能力指数越高，成品率也越高。

C_p 与工艺不合格品率 PPM 的关系如表 3-11。

C_p 与工艺不合格品率 PPM 的关系　　　　　　　　　　　表 3-11

C_p	成品率	工艺不合格品率（PPM）
0.50	86.64%	133614
0.67	97.73%	22750
0.80	98.36%	16395
0.90	99.31%	6934
1.00	99.73%	2700
1.10	99.9033%	967
1.20	99.9682%	318

C_p	成品率	工艺不合格品率（PPM）
1.30	99.9904%	96
1.33	99.9968%	32
1.40	99.9973%	27
1.50	99.99932%	6.8
1.60	99.99984%	1.6
1.67	99.999971%	0.29
1.70	99.999966%	0.34
1.80	99.999994%	0.06
2.00	99.99999982%	0.0018

传统产品生产对工序能力的要求如表 3-12。

传统工业生产对工序能力的要求　　　　表 3-12

C_p	≥1.67	1.33～1.67	1～1.33	0.67～1	≤0.67
评价	过剩	充分	尚可	不足	严重不足

③ 实际工序能力指数 C_{pk}

生产中，采用闭环工艺控制的情况并不多，大多为"间接"工艺控制，很难使两者重合。对于这种"间接"控制的工艺，工艺参数分布中心值 μ 与规范中心值偏移的程度一般为 1.5σ（如图 3-5 所示）。

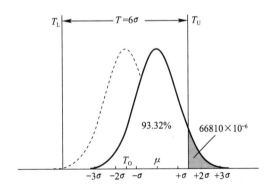

图 3-5　实际工序能力示意

实际工艺能力指数 C_{pk} 计算公式：

$$C_{pk} = \frac{T}{6\sigma}(1-K) = \frac{(T_U - T_L)}{6\sigma}\left[1 - \frac{[\mu - (T_U + T_L)/2]}{(T_U - T_L)/2}\right]$$

偏离为 1.5σ 情况下 C_{pk} 与 C_p 的关系：若工艺参数分布的中心值与规范中心

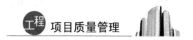

值偏移的程度为 1.5σ，即：$(\mu-(T_U+T_L)/2)=1.5\sigma$，由上式可得：

$$C_{pk} = C_p - 0.5$$

即工艺参数分布的中心值 μ 与规范中心值偏移为 1.5σ 的情况下，C_{pk} 要比 C_p 小 0.5。如果 $C_p=2$，C_{pk} 只有 1.5。因此，有时将 C_p 称为潜在工序能力指数，将 C_{pk} 称为实际工序能力指数，简称为工序能力指数。

④ 单侧规范值情况的工序能力指数 C_{PL} 和 C_{PU}

如果要求参数大于某一下限值 T_L，无上限要求，工序能力指数应按下式计算：

$$C_{PL} = (\mu - T_L)/3\sigma$$

若 $\mu < T_L$，则取 C_{PL} 为零，说明该工序完全没有工序能力。

如果参数规范只规定了上限值 T_U，无下限要求，则工序能力指数应按下式计算：

$$C_{PU} = (T_U - \mu)/3\sigma$$

若 $\mu > T_U$，则取 C_{PU} 为零，说明该工序完全没有工序能力。

正态分布工艺的工序能力指数 C_{pk} 和相应的不合格品率（PPM）的关系见表 3-13。

正态分布工艺的工序能力指数 C_{pk} 和相应的不合格品率的关系　　表 3-13

C_{pk}	不合格品率（PPM）	
	单边规范	双边规范（$\mu = T_L$）
0.50	66807	133614
0.80	8198	16395
0.90	3467	6934
1.00	1350	2700
1.10	484	967
1.20	159	318
1.30	48	96
1.40	14	27
1.50	3.4	6.8
1.60	0.79	1.6
1.70	0.17	0.34
1.80	0.03	0.06
2.00	0.0009	0.0018

⑤ C_p 和 C_{pk} 的常规计算方法

计算 C_p 和 C_{pk} 的关键是计算母体正态分布的均值和标准偏差。计算方法如表 3-14。

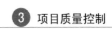

C_p 和 C_{pk} 的常规计算方法	表 3-14

双侧公差	单侧规格
1. 当质量分布中心 $\overline{X}$ 与规格中心 X_0 重合，即：$\overline{X}=(T_U+T_L)/2=X_0$ 工序能力指数 $C_p=\dfrac{\text{质量特性规格界限}}{\text{工序能力}}=\dfrac{T}{6\sigma}$ 其中 $T=T_U-T_L$	1. 只给定规格上限 T_U，如规定某一参数不得大于一个值： 工序能力指数 $C_p=(T_U-\overline{X})/3\sigma$ 当 $\overline{X}>T_U$ 时，C_p 为 0
2. 当质量特性分布中心 $\overline{X}$ 与规格中心 X_0 不重合时 修正后的工序能力指数 $C_{pk}=(1-k)C_p$ 式中偏移系数 $k=2\varepsilon/T$，而 $\varepsilon=\lvert\overline{X}-X_0\rvert$	2. 只给定规格下限 T_L，如规定某一参数不得小于一个值： 工序能力指数 $C_p=(\overline{X}-T_L)/3\sigma$ 当 $\overline{X}<T_L$ 时，C_p 为 0

对于工序能力的处置措施，详见表 3-15。

工序能力指数的应用	表 3-15

范围	状态	措施
$C_p>1.67$	工序能力过高	为提高质量，对关键或主要部位，再次缩小公差范围；或为提高效率、降低成本而放宽波动幅度，降低设备精度等级；简略检查
$1.67\geqslant C_p>1.33$	工序能力充分	当不是关键部位或主要项目时，放宽波动幅度；降低对原材料的要求；简化质量检验，采用抽样检查或减少检验频次
$1.33\geqslant C_p>1$	工序能力尚可	必须用控制图或其他方法对工序进行控制和监督，以便及时发现异常波动；对产品按正常规定进行检查
$1\geqslant C_p\geqslant 0.67$	工序能力不足	分析分散程度大的原因，制定措施加以改进，在不影响产品质量的前提下放宽公差范围，加强质量检验；全数检验或增加检验频次
$C_p<0.67$	工序能力严重不足	应停止施工，找出原因，改进工艺，提高 C_p 值，否则全数检验，挑出不良品

由上表可看出，C_p（或 C_{pk}）值越大，越说明工序状态好，即工序的质量保证力强。

4）强化工序管理的必要性和重要性

强化工序管理是质量管理向精细化发展的必要措施。工序质量管理是一门管理科学，注重工序管理可以使质量管理工作分解细化到施工过程的最基本单元，是施工精细化管理的一个重要途径。

强化工序管理是实现质量管理的基础和关键。建筑产品的形成过程是一系列施工工序的完成过程，质量诸要素必须在工序管理的基础上得到应有的控制。工序管理的质量控制效果不仅决定着本工序的质量，也影响着下一道工序或其他工序的质量。随着工序的进展，工程质量朝着一定趋向发展，由每个工序的质量效果，构成整个工程的质量结果。只有强化工序管理，才能使工程质量的发展处于层层受控和及时受控状态。

强化工序管理有利于发挥全员、全过程的质量管理因素的作用，实现工程质量管理的精细化。建筑工程质量验收的基本单位是分项工程（检验批仅是将分项工程再划分成若干子分项，性质上仍属于分项工程），而分项工程由一系列的工序组成，如果质量验收细化到工序，就可以实现所有工种的操作者在每个施工部位、每个作业步骤的质量控制，这也就真正实现了工程质量管理的精细化。

总之，加强工序管理是工程项目质量管理最直接、最及时、最有效、最关键的环节，具有管理目标明确、计划控制性强、管理对象具体等特点，是行之有效的质量管理方法。

（2）工序质量控制

1）工序质量监控的工作内容

施工过程质量控制强调以科学方法提高人的工作质量，以此保证工序质量，通过工序质量保证工程项目实体的质量。工序质量控制的主要内容如图 3-6 所示。

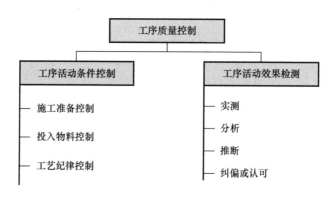

图 3-6　工序质量控制

① 工序活动条件控制

工序活动条件控制是指对影响工序质量的方法、技术、手段、对象及环境条件的控制，包括施工准备控制、投入物料控制、工艺过程控制等。

施工准备工作不仅仅体现在开工之前，而且贯穿于整个施工过程中。包括各工序、各工种的质量保证活动及质量控制活动的计划准备工作。如对施工方案的审查，上岗人员技术资质认定，工序间交接检查等。

投入物料控制是指对工序所涉及的材料、机械等物质条件的监督控制。如进场建筑材料的复试、现场监测混凝土温度和坍落度等。

工艺过程控制是指工序活动的实施进程中，使用目测、实测实量、旁站监督等方法，督促、控制施工人员按标准、按图纸、按工艺进行施工。

② 工序活动效果检测

工序活动效果检测是指采用一定的检测手段，通过对工序活动产品或工序活动过程的样本进行检测，从而推断整个工序的活动效果，进而实现对工序的质量控制。

工序活动效果检测通常分为四个步骤进行：

第一步，实测。即采用必要的检测手段对抽取出来的样本进行质量检测。

第二步，分析。即对检测所得的数据进行分析，使用抽样技术找寻这些数据所表现的规律。

第三步，推断。即根据数据分析提供的信息，对整道工序的质量作出科学的推断，确定其是否达到规定的质量标准。

第四步，纠偏或认可。发现不符合质量标准的工序活动，立即加以纠偏，按质量控制制度办理；若工序质量已达到规定质量水平，则填写相应记录，签字认可。

2）工序质量控制的实施要则

工序质量控制的实施是件繁杂的工作，但关键应抓住主要矛盾和技术关键，依靠组织制度及职责划分，完成工序活动的质量控制。一般来说，要掌握如下的实施要则：

① 确定工序质量控制计划

工序质量控制计划是建立在质量检查制度及质量体系的基础上。它一方面要求针对不同的工序活动，订立专门的质量技术措施、作出物料投入及活动顺序的专门规定。这些措施及规定通常应通过质量保证活动来落实。如质量自检、互检和交接检制度等；另一方面，工序质量控制计划须规定质量控制的工作流程、质量检查制度等，这些制度、流程是施工人员应共同遵循的原则。

② 对工序活动实行动态跟踪控制

影响工序质量的因素可区分为随机性因素和系统性因素两类。当工序活动仅在随机性因素作用下时，其质量特征的统计数据基本是稳定的，大致呈不变均值及方差的正态分布，此时的工序质量是稳定的，工序活动状态可称为稳定状态；反之，当工序活动在系统性因素作用下，其质量特征的统计数据呈现显著的、系统性的差异，此时的工序质量是不稳定的，工序活动状态可称为异常状态。

以上两种影响质量的因素的根本区别是随机性因素是不易确定的，普遍存在的，对质量的影响是微小的、偶然的。如在采用自然养护法养护混凝土时，临近的不同地点空气中存在的温度和湿度差别，就可视为随机性因素。一般来说，对随机性因素是不易控制也无须加以控制的。系统性因素则相反，它为数不多，较容易确定，对产品质量的影响是较大的，必然的。如在配制混凝土时，使用了不合质量要求的水泥，是造成混凝土质量显著下降的系统性原因。系统性原因一般能够控制且必须加以控制。

采用科学方法控制工序质量，首先要通过样本的检验判定工序活动状态，若工序活动处于异常状态，则需要查找影响质量的原因，排除系统性因素的干扰，使工序活动恢复到稳定状态。这种控制方法必须在整个工序活动过程中连续不断地进行，通常称其为动态跟踪控制。

③ 加强对工序活动条件的主动控制

工序活动条件涉及施工准备控制，投入物料监控及工艺过程监控等诸多复杂内容，只有运用多种科学的方法，从众多影响因素中找出对特定工序具有重要影响的主要因素加以控制，采取主动的预防性措施避免问题的发生，才能保证达到工序质量控制的目的。

（3）质量控制点

对施工过程中需要重点控制的质量特性、工程关键部位或质量薄弱环节，在一定时期内、一定条件下强化管理，使工序处于良好的控制状态，称为"质量控制点"。

确定质量控制点的作用，不仅在于强化工序质量管理、控制，防止和减少质量事故的发生，而且还要求本工序的质量特性值波动小、质量稳定，为下道工序的质量稳定打好基础，从而保证整个产品质量的稳定。

1）设置质量控制点的考虑因素

设置质量控制点的目的，是根据工程项目活动的具体特点，抓住影响工序质量的主要因素，对工序活动中的重要部位及薄弱环节，从严控制。就一个单位工程来说，究竟应该设多少个质量控制点，设在何处，本质上是个由实践决定的问题。一般来说，应考虑如下因素：

① 施工工艺：施工工艺复杂者多设，不复杂者少设；

② 施工难度：施工难度大者多设，难度不大时少设；

③ 建设标准：建设标准高者多设，标准不高少设；

④ 施工人员：技术过硬者少设，否则多设。

2）质量控制点的选择原则

针对工程对象确定设置质量控制点的原则是根据工序的重要度——各工序（或质量特性值）对整个工程的适用性的影响程度来确定。工序的重要度一般分为三级，其具体划分如表3-16所示。

工序重要度   表 3-16

重要度	符号	对性能的影响
关键	a	影响显著
主要	b	影响较显著
一般	c	影响不显著

凡是符合下列条件之一者，均可设置：

① 重要度为 a、b 的项目和关键的部位；

② 工艺上有特殊要求，或对下道工序有较大影响的部位；

③ 质量信息反馈中发现质量问题较多的项目和部位；

④ 隐蔽工程；

⑤ 采用新工艺、新材料、新技术的部位或环节，应设置质量控制点；

⑥ 项目部无足够把握的工序或环节。

对于一项工程或一个专业工种，到底要设多少个质量控制点，应进行认真研究，召集有关人员对各工序进行评价，然后按轻重主次有计划、有系统、有组织、有领导地建立，并认真开展活动，取得成效。

3）质量控制点一般设置的位置

现将一般房屋建筑中质量控制点设置的一般位置，按分项工程给出，见表 3-17。

房屋建筑工程质量控制点的设置位置   表 3-17

分项工程	质量控制点
工程测量定位	标准轴线桩、水平桩、龙门板、定位轴线、标高
地基、基础（含设备基础）	基坑（槽）尺寸、标高、土质、地基耐压力，基础位置、尺寸、标高、基础垫层标高，预留洞孔、预埋件位置、规格、数量、基础墙皮数杆及标高、杯底弹线
砌体	砌体轴线、皮数杆、砂浆配合比、预留洞孔、预埋件位置、数量、砌块排列
模板	位置、尺寸、标高、预埋件位置，预留洞孔尺寸、位置，模板强度及稳定性，模板内部清理及湿润情况
钢筋混凝土	水泥品种、强度等级、砂石质量，混凝土配合比，外加剂比例，混凝土振捣，钢筋品种、规格、尺寸、搭接长度，钢筋焊接，预留洞孔及预埋件规格。数量、尺寸、位置，预制构件吊装或出场（脱模）强度，吊装位置、标高、支承长度、焊缝长度
吊装	吊装设备起重能力、吊具、索具、地锚
钢结构	翻样图，放大样
焊接	焊接条件、焊接工艺
装修	视具体情况而定

案例 3-3：某钢结构公司质量控制点设置（表 3-18）

某钢结构公司质量控制点设置 表 3-18

控制过程	控制环节		控制要点	责任人	控制内容	控制依据	见证
施工准备过程	1 设计交底	(1)	图纸自审	各专业工程师	图纸资料是否齐全、是否满足施工	图纸技术文件	自审记录
		(2)	设计交底	各专业工程师	了解设计意图提出问题	图纸技术文件	设计交底记录
		(3)	图纸会审	各专业工程师	对图纸的完整性、准确性、合法性、可行性进行会审	图纸技术文件	图纸会审记录
	2 制定施工工艺文件	(4)	施工组织设计	技术负责人	编制施工组织设计并报业主、监理审批	图纸规范	批准的施工组织设计
		(5)	专项施工方案	各专业工程师	编制施工组织设计并报雇主、监理审批	图纸规范	施工方案
	3 项目班子建设	(6)	项目班子配备	项目经理	懂业务、懂技术、会管理	项目法管理文件	任命文件
	4 现场布置	(7)	施工平面	生产经理	水、电线、临设、材料堆放、工程测量控制网	施工总平面规划	按平面规划布置临设、材料、机具堆放场地
	5 材料机具准备	(8)	项目提出需用量计划	商务部工程管理部	编制、审核、报批	图纸文件定额	批准材料机具计划
	6 材料选用及验收	(9)	设备开箱检查	工程管理部	核对规格型号、检查配件是否齐全、随机文件是否齐全	供货清单产品说明书	材料验收单
		(10)	材料验收	工程管理部	审核质保书、清查数量、检验外观质量、检验和试验	材料预算	材料验收登记
		(11)	材料保管	工程管理部	分类存放、进账、立卡	设备材料计划	进料单
		(12)	材料发放	工程管理部	核对名称、规格、型号、材质、合格证书	材料预算	领料单

续表

控制过程	控制环节	控制要点		责任人	控制内容	控制依据	见证
施工准备过程	7 开工报告	(13)	确认施工条件	项目经理	三通一平、人员上岗、设备材料机具进场	施工文件	批准的开工报告
	8 技术交底	(14)	各工种技术交底	各专业工程师	图纸规范操作规程	图纸、评定标准	交底记录
施工过程	9 测量定位	(15)	轴线、标高控制	测量工程师	复核±0.00以下柱轴线，对±0.00以上工程测量定位	业主、设计院提供的有关图纸	测量定位记录
	10	(16)	钢结构制作	钢结构工程师	钢材原材料复试，构件加工、焊接与涂装质量	设计图纸、有关规范钢结构深化设计图	分项工程、检验批质量验收表
	11	(17)	钢结构基础构件安装	钢结构工程师	轴线、标高、间距等	设计图纸有关图集、规范	检验批质量验收表、隐蔽验收记录
		(18)	钢结构安装	钢结构工程师	主体结构尺寸、构件轴线、标高、垂直度（空间三维坐标）与侧弯曲等	设计图纸、施工方案	自检记录、检验批质量验收表
	12	(19)	钢结构现场焊接	焊接工程师	焊接材料复检、焊接工艺评定、预热与后热、焊缝表面与感观质量、内部缺陷等	焊接专项方案与有关规范	焊接记录探伤检测报告检验批质量验收表
		(20)	钢结构防腐涂装	涂装工程师	涂装材料质量、表面处理、涂层厚度、外观质量	设计图纸有关规范	自检记录、检验批质量验收表
	13 设计变更	(21)	设计变更合理	各专业工程师	确认下达执行设计变更的合理性	设计变更单	批准后设计变更通知单
	14 材料代用	(22)	材料代用合理	技术负责人	代用文件代用，申请审批	材料代用通知单	变更后的材料预算
	15 隐蔽工程验收	(23)	分项工程	各专业工程师	隐蔽内容质量标准	图纸规范	隐蔽工程记录
	16 质量验收	(24)	分项工程	专职质量工程师	主控项目、一般项目	验收规范	验收记录

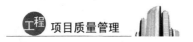

续表

控制过程	控制环节		控制要点	责任人	控制内容	控制依据	见证
施工过程	16	质量验收	(25) 分部工程	专职质量工程师	各分项工程资料	验评标准	验收记录
	17	最终检验和试验	(26) 最终检验和试验	项目经理技术负责人	交工前的各项工作	图纸规范标准合同	各种检验资料
交工验收过程	18	成品保护	(27) 成品保护措施得力	质量总监技术负责人	竣工工程作好看守、保护措施，确保美观	图纸和合同	成品无损坏、污染
	19	资料整理	(28) 资料整理齐全	技术负责人、各专业工程师技术部	所有质保资料、技术管理资料、验评资料齐全	图纸、规范标准档案馆有关文件	各种见证资料
	20	工程交工	(29) 办理交工	项目经理等组成交工领导小组	组织工程交工、文件资料归档、办理移交手续	图纸合同	交工验收记录、竣工验收证明书
	21	工程回访	(30) 质量情况	项目经理、技术负责人	了解用户意见，提出组织实施		整改报告
	22	料具盘点	(31) 料具盘点	工程管理部	对未用完的材料和设备清退出场	材料对账单	材料盘点报表
	23	竣工决算	(32) 竣工决算	商务部	按图纸、合同、变更、材料代用等依据进行决算	合同	竣工决算书

3.4.2 技术交底与复核制度

技术交底与复核制度是施工阶段技术管理制度的一部分，也是工程质量控制的经常性任务。它要求在各个分项工程施工前，由有关部门对各项技术工程进行交底与复核，严格把关，发现问题及时纠正。

（1）技术交底的内容和要求

技术交底是施工企业极为重要的一项技术管理工作，其目的是使参与工程施工的技术人员和工人熟悉和了解所承担工程项目的特点、设计意图、技术要求、施工工艺和应注意的问题。根据工程施工的复杂性、连续性和多变性的固有特点，各级施工组织应严格贯彻施工技术交底责任制，加强施工质量检查、监督和管理，以达到提高工程质量的目的。

技术交底应分层次进行，一级交底是项目技术负责人对项目部施工员（工长）的交底，涉及工程概况、合同工期和质量要求；主要施工方法和施工任务的划分；施工依据的规范、操作规程和质量标准；合同节点工期要求；保证质量、安全、精度和降低成本的措施；二级交底是项目部施工员（工长）对施工劳务队（组）长的交底，其内容是：施工任务、施工图纸、施工工艺、操作规程、工序质量控制要求、质量标准、安全要求等；三级交底是施工劳务队（组）长对操作工人的交底。三级交底中，对操作工人的交底最为重要，因为操作工人是直接的劳动者，是他们在落实施工设计，将工程从图纸变为现实的工程实物，是否满足设计要求，是否符合验收标准，主要依靠工人的操作。但实践中，操作工人系由劳务公司聘用并以施工队（组）的方式派到施工现场进行劳务作业的，对他们的技术交底可能是由他们的队（组）长在接受了项目部的交底后再"转卖"给操作工人的，为了防止他们"克扣"交底内容，往往是二级交底同三级交底合并进行，但操作工人并不由项目部施工员（工长）调遣，因此，有可能造成接受了交底的工人干活时不在本现场，在本现场干活的工人没有接受交底。解决这个难题一是靠现场劳务工人的实名制管理，二是交底在作业前即时进行，三是加强作业过程的监督控制。

技术交底的基本要求有如下几点：

1）技术交底必须符合相关规范、技术操作规程、工艺标准、质量检验评定标准的相应规定。

2）技术交底必须执行国家各项技术标准，包括计量单位和名称。还应当执行企业内部标准，如分项工程施工工艺标准、混凝土施工管理标准等等。

3）技术交底应本着实现设计施工图中的各项技术要求，特别是当设计图纸中的技术要求和技术标准高于国家验收规范时的相应要求，应作更详细的交底和说明。

4）应符合和体现上一级技术交底中的意图和具体要求。

5）应符合和实施施工组织设计或施工方案的各项要求，包括技术措施和施工进度等要求。

6）对不同层次的施工人员，其技术交底深度和详细程度不同，也就是说对不同人员进行交底的内容深度和说明的方式要有针对性。

7）技术交底应全面、明确，并突出要点，应详细说明怎么做，执行什么标准、其技术要求如何、施工工艺与质量标准和安全注意事项等应分项具体说明，不能含糊其辞。

8）在施工中应用的新技术、新工艺、新材料，应进行详细交底，并交代如

何作样板等具体事宜。

案例 3-4：××小区二期 6#楼一般抹灰技术交底

1. 材料要求

（1）水泥：一般采用 32.5 级矿渣硅酸盐水泥。应有出厂证明或复试单，当出厂超过 3 个月按试验结果使用。

（2）砂：中砂，平均粒径为 0.35～0.5mm，使用前应过 5mm 孔径筛子。不得含有杂物。

（3）石灰膏：应用块状生石灰淋制，必须用孔径不大于 3mm×3mm 的筛过滤，并贮存在沉淀池中。熟化时间，常温下一般不少于 15d；用于罩面时，不应少于 30d。使用时，石灰膏内不得含有未熟化的颗粒和其他杂质。

2. 主要机具

一般应备有搅拌机、5mm 的筛子、大平锹、抹灰常用工具等。

3. 作业条件

（1）首先必须经有关部门进行结构工程验收，合格后方可进行抹灰工程。

（2）抹灰前，应检查门窗框安装位置是否正确，与墙连接是否牢固。连接处缝隙应用 1∶1∶6 水泥混合砂浆分层嵌塞密实。

（3）应将过梁、梁垫、圈梁及组合柱等表面凸出部分剔平，对蜂窝、麻面、露筋等应剔到实处，刷素水泥浆一道，紧跟用 1∶3 水泥砂浆分层补平；脚手眼应堵严实，外露钢筋头、铅丝头等要清除净，窗台砖应补齐。

（4）管道穿越墙洞和楼板洞应及时安放套管，并用 1∶3 水泥砂浆或豆石混凝土填嵌密实；电线管、消火栓箱、配电箱安装完毕，并将背后露明部分钉好钢丝网；接线盒用纸堵严。

（5）砖墙等基体表面的灰尘，污垢和油渍等应清除干净，并洒水湿润。

4. 操作工艺

工艺流程：顶板勾缝→墙面浇水→贴灰饼→抹水泥踢脚板→做护脚→抹水泥窗台板→墙面冲筋→抹底灰→修抹预留孔洞、电气箱、槽盒→抹罩面灰。

（1）顶板勾缝：剔除灌缝混凝土凸出部分及杂物，然后用刷子蘸水把表明残渣和浮尘清理干净，刷水泥浆一道，紧跟抹 1∶0.3∶3 混合砂浆将顶缝抹平，过厚处应分层勾抹，每遍厚度宜在 5～7mm。

（2）墙面浇水：墙面应用细管自上而下浇水湿透，一般应在抹灰前一天进行（一天浇两次）。

（3）贴灰饼：一般抹灰按质量要求室内砖墙抹灰层的平均总厚度不得大于 20mm。

抹水泥踢脚板：用清水将墙面洇透，污物冲洗干净，接着抹1：3水泥砂浆底层，表面用大杠刮平，木抹子搓毛，常温第二天便可抹面层砂浆，面层用1：2.5水泥砂浆压光，要按照设计要求施工。

（4）做水泥护角：室内墙面、柱面的阳角和门窗洞口的阳角，应用1：3水泥砂浆打底与贴灰饼找平，待砂浆稍干后再用素水泥膏抹成小圆角，宜用1：2水泥砂浆做明护角，其高度不应低于2m，每侧宽度不小于50mm。

（5）修抹预留孔洞、电气箱、槽、盒：当底灰抹平后，应即设专人先把预留孔洞、电气箱、槽、盒周边5cm的石灰砂浆清理干净，改用1：1：4水泥混合砂浆把洞、箱、槽、盒抹成方正、光滑、平整。

（6）抹灰罩面：当底子灰六、七成干时，即可开始抹罩面灰。罩面灰应二遍成活动，厚度约2mm，最好两人同时操作，一人先薄薄刮一遍，另一人随即抹平。按先上后下顺序进行，再赶光压实，然后用钢板抹子压一遍。

（7）抹灰的具体做法：

① 顶棚1：厨房、卫生间粉刷采用水泥砂浆做法：

钢筋混凝土板底面清理干净

7mm厚1：3水泥砂浆

5mm厚1：2水泥砂浆压光

表面罩石灰膏

顶棚2：卧室、客厅、餐厅、楼梯间、地下室粉刷采用混合砂浆做法：

钢筋混凝土板底面清理干净

7mm厚1：1：4水泥砂浆

5mm厚1：0.5：3水泥砂浆

表面罩石灰膏

② 内墙1：卫生间、厨房粉刷采用水泥砂浆做法：

砖墙面清理干净

15mm厚1：3水泥砂浆拉毛

内墙2：卧室、客厅、餐厅、楼梯间、地下室粉刷采用混合砂浆做法：

砖墙面清理干净

15mm厚1：1：6水泥石灰砂浆

5mm厚1：0.5：3水泥石灰砂浆

表面罩石灰膏

③ 地面：所有地面为1：2水泥砂浆拉毛（地下室地面为水泥砂浆压光）

④ 踢脚：卧室、客厅、楼梯间、地下室采用水泥砂浆做法：

15mm厚1：3水泥砂浆

10mm 厚 1∶2 水泥砂浆抹面压光

踢脚高 150mm，与抹回墙面平齐

5. 质量标准

（1）主控项目：材料的品种、质量必须符合设计要求和材料标准的规定；各抹灰层之间、抹灰层与基体之间必须粘结牢固、无脱层、空鼓、面层无爆灰和裂缝等缺陷。

（2）一般项目：

① 表面：表面光滑、洁净、接槎平整，线角顺直清晰。

② 孔洞、槽、盒、管道后面的抹灰表面：尺寸正确、边缘整齐、光滑；管道后面平整。

③ 门窗框与墙体缝隙填塞密实，表面平整。护角材料、高度符合施工规范规定，表面光滑平顺。

（3）允许偏差项目（见表 3-19）：

一般抹灰允许偏差项目 表 3-19

项次	项目	允许偏差（mm）	检验方法
1	立面平直	5	用 2m 托线板检查
2	表面平整	4	用 2m 靠尺楔形塞尺检查
3	阴阳角垂直	4	用 2m 托线板检查
4	阴阳角方正	4	2m 方尺及楔形塞尺检查格

技术交底应以书面和讲解的形式交底到施工班组长，并以讲解、示范或者样板引路的方式交底到全体施工作业工人。施工班组长和全体作业工人接受交底后均签署姓名及日期，其中全体作业工人签名记录，应根据当地主管部门、企业和项目经理部的规定，存放于项目经理部或施工队。

班组长在接受技术交底后，应组织全班组成员进行认真学习，根据其交底内容，明确各自责任和互相协作配合关系，制定保证全面完成任务的计划，并自行妥善保存。在无技术交底或技术交底不清晰、不明确时，班组长或操作人员可拒绝上岗作业。

技术交底记录的格式应符合当地要求，如当地建设主管部门要求统一采用当地工程技术资料管理软件时，应积极使用。当地无要求时应采用企业颁布的格式。

施工技术交底书面资料至少一式四份，分别由项目技术负责人、项目专业工

长（交底人）、施工班组保存，另一份由项目资料员作为竣工资料归档（资料员可根据归档数量复制）。

当设计图纸、施工条件等变更时，应由原交底人对技术交底进行修改或补充，经项目技术负责人审批后重新交底。必要时回收原技术交底记录。

案例 3-5：某集团公司技术交底管理标准

1　引言

（略）

2　技术交底的内容与要求

2.1　技术交底的内容

2.1.1　设计意图、施工图要求、构造特点、施工工艺、施工方法、技术安全措施、执行的规范规程和标准、质量标准和材料要求等。

2.1.2　对工程某些特殊部位、新结构、施工难度大的分项工程以及推广与应用新技术、新工艺、新材料、新设备的工程，在交底时应全面、明确、具体详细。

2.1.3　技术交底实行分级交底制度，在不同层次，其交底的内容与深度也不同。

2.2　技术交底的要求

2.2.1　技术交底除领会设计意图外，必须满足设计图纸和变更的要求，执行和满足施工规范、规程、工艺标准、质量评定标准和工程承包合同的要求。技术交底的资料作为工程施工中重要的技术资料，均需列入工程技术档案。

2.2.2　在技术交底前，应先熟悉施工图纸与设计文件、规范规程、工艺标准、质量标准等。

2.2.3　技术交底必须满足设计图纸的技术要求，凡须修改设计均应通过设计单位和建设单位签证。

2.2.4　技术交底必须满足施工规范、技术操作规程的要求，施工质量必须达到规范规定，不得任意修改、删除规范中的内容，不得降低施工质量标准。

2.2.5　整个工程施工，各分部分项工程均须作技术交底。对一些特殊的关键部位、技术难度大和隐蔽工程，更应认真作技术交底。

2.2.6　对易发生质量事故与安全事故的工序与工程部位，在技术交底时，应着重强调各种事故的预防措施。

2.2.7　企业内部的技术交底都必须填写《技术交底书》，技术交底内容字迹清楚、完整。有交底人、接受人的签字。

2.2.8　技术交底是分部分项工程施工前的准备工作，必须在施工前进行。

3 技术交底的程序

3.1 施工组织（总）设计（施工方案）经批准后，公司（分公司）分管项目的副总经理和总工程师组织生产、技术、经营、物资等部门同项目经理部进行施工总交底。

3.1.1 工程概况一般性介绍

（1）工程所在位置、占地面积、建（构）筑物规模（面积、层数、高度、跨度、里程、生产能力）、建（构）筑物等级、与邻近建筑物的关系等；

（2）地形、地貌、工程水文地质、气象、地震情况介绍；

（3）工程合同条款内容，包括进场日期、开工日期、工程质量、工期等；

（4）城市市政部分与绿化要求；

（5）业主提供物资的情况，临建工程设置的位置；

（6）当地普通建材，如水泥、砂石、砖等供应情况，劳动力来源，交通运输与电力供应等。

3.1.2 工程特点及设计意图

（1）建筑群平面布置（如城市小区）及相互关系；

（2）建筑设计思想与特点，包括建筑物平面布置、立面处理、装饰要求及其他特殊要求；

（3）结构设计特点，包括地基处理、结构形式（如框架、剪力墙、网架、悬挂等）及受力方式、填充墙种类及做法等；

（4）水、暖、电、通风等对施工安装的要求。

3.1.3 施工方案

（1）介绍配备在本项目上的施工机械和技术力量（包括技术人员与技术工人），施工措施对邻近建筑物影响以及预定的施工工期；

（2）介绍施工方案的比较情况，最后确定施工方案的依据，该施工方案的优缺点，介绍技术经济指标以及施工顺序，流水施工段划分及组织形式，主要分部分项工程施工方法及主要施工工艺标准要求，各分包单位协作与关系情况，各工种交叉作业具体问题，在施工中质量标准要求，安全施工技术措施等。

3.1.4 施工准备工作计划和要求

3.1.5 施工注意事项，包括地基处理、主体施工、装饰工程、工期、质量、安全等。

3.2 项目技术负责人对工长（或施工员）进行技术交底

3.2.1 技术交底可分批分期或按工程分部、分项进行。在单位工程施工组织设计编制完成后，为保证施工方案实施，应进行技术交底，技术交底必须要早，应在单位工程开工前按施工顺序、分部分项工程要求、不同工种特点分别作

出书面技术交底，一式四份，由项目技术负责人审核，分批分期根据施工进度及时下达。

3.2.2 下达内容包括：

（1）设计图纸具体要求，建筑、结构、水、暖、电、通风等专业细节及相互关系；

（2）施工方案实施具体技术措施、施工方法；

（3）土建与其他专业交叉作业时施工协作关系及注意事项；

（4）各工种之间协作与工序交接质量检查；

（5）施工组织设计对各分项工程工期要求；

（6）设计要求及规范、规程、工艺标准、施工质量与检查方法；

（7）隐蔽工程记录、验收时间与标准；

（8）施工安全技术措施；

（9）工程变更交底。

3.3 工长（施工员）对班组技术交底

3.3.1 这是各级技术交底的关键，必须向班组长及全体人员或有关人员反复细致地进行。

3.3.2 交底内容主要有：

（1）结合具体施工工程，贯彻落实公司以下各级有关技术交底的要求；

（2）提出施工图纸必须注意的尺寸、方位、轴线、标高以及预留孔洞、预埋铁件的位置大小、数量等；

（3）提出对使用的材料的品种、等级、配合比、质量要求等；

（4）根据各施工组织设计交代的施工方法、施工顺序、工种配合、工序搭接等的具体要求；

（5）交代并协助班（组）长制定具体保证质量、安全、节约、进度的措施；

（6）在特殊情况下，为了引起操作人员的高度重视，对应知应会的要求，也需要进行交底；

（7）向有关班（组）长交代工程变更和材料代换；

（8）向有关班（组）长交代工程质量要求，需达到的标准。

3.4 班（组）长向工人技术交底

3.4.1 班（组）长应结合承担的具体任务，组织全体班（组）人员讨论研究，同时向全班（组）交代清楚关键部位、质量要求、操作要点，明确自然及相互配合应注意的事项，以及制订保证全面完成任务的计划。

3.4.2 班（组）长应向工人进行安全操作交底。

3.4.3 班（组）长对新工人应进行详细的质量操作交底。

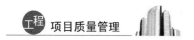

附：技术交底记录（表3-20）

技术交底记录 表3-20

编号：

工程名称		施工单位	
分部工程、部位及范围		交底日期	年 月 日
分项工程（作业）名称			
交底内容：			
项目技术负责人：	交底人：		接受交底人： 年 月 日

（2）技术复核的内容

项目部技术负责人除对技术交底负责外，还应负责技术复核工作，一方面在分项工程施工前指导、帮助施工班组和施工人员正确掌握技术要求，另一方面是在施工过程中再次督促检查施工人员是否已按施工图纸、技术交底及操作规程施工，避免发生重大差错。就一般土建工程而言，其复核内容可参照技术交底或前述质量控制点确定（见表3-17）。

3.4.3 施工质量职责同监理的衔接

我国已实行工程监理制度多年，工程监理的任务是在项目实施阶段为业主进行投资目标、质量目标、进度目标的监督和控制。自国务院《建设工程质量管理条例》界定了监理单位的安全责任后，施工中的安全管理也被列入了工程监理范围。在一项工程项目的施工过程中，监理工程师的质量监控系统和施工企业的质量保证系统协调配合，实现工程项目既定的质量目标。

那么，施工企业的项目部同监理公司的监理部双方的质量职责划分与衔接如何确定呢，一般情况下，可参照表3-21执行。

部分分部分项工程质量职责划分与衔接关系 表3-21

项 目		监理方	施工方	备 注
暂设工程	暂设计划	提出建议	编制计划	
	放线	现场检查	实施、检查	业主代表到场
	水准点	现场检查	实施、检查	
	龙门板	现场检查	实施、检查	
土方工程	施工方案	提出建议	编制计划	
	挡土管理	确认	实施、检查	
	基槽挖方	出席例会	实施、检查	强度试验
	回填土	出席例会	实施	

项　目		监理方	施工方	备　注
	施工方案	研究确认	编制计划	
地基基础工程	桩的材料 预制桩 灌注桩 二次材料	确认 确认 确认	检查、打桩 提出资料 提出资料	检查记录表 试验报表
	荷载试验 计划通知书 试验 报告书	研究认可 现场检查 确认	编写计划 进行试验 编写试验报告	检查记录表 试验报表 （有无设计变更）
	打试桩 预制桩 灌注桩	现场检查 现场检查	进行试验 进行试验	试验报表（有无设计变更） 试验报表（有无设计变更）
	正式打桩	现场检查	打桩	
	桩头处理	确认	处理桩头	
	施工报告书	确认	编写报告	
钢筋工程	施工要领书	研究确认	编写计划	
	材料	研究确认	提出资料（样品）	质量证明文件
	钢筋加工图	研究确认	制图	
	配筋检查 自检 配筋检查	— 进行检查	进行检查 接受检查	自检报告 配筋检查记录
	气压焊的检查	出席例会	进行检查	作业检查标准
模板及混凝土工程	施工方案	研究确认	编制计划	
	混凝土施工图	研究确认	绘图（或学习、会审）	
	材料	研究确认	提出资料（样品）	质量证明文件
	混凝土配合比及制作	确认	提出配比	调查商品混凝土厂家
	配比计划表	研究确认	编制计划	
	混凝土试样	出席例会	养护、送检	
	浇筑计划	研究认可	编制计划	
	新浇筑混凝土检查	出席例会	进行检查	现场检查
	施工人员自我检查	—	进行检查	自我检查报告
	浇筑	出席例会	进行浇筑	
	模板施工图	确认	绘图（或学习、会审）	
	模板拼装检查	出席例会	进行检查	检查记录
	拆模	确认	实施	施工记录
	混凝土浇筑检查 自我检查 浇筑检查	— 进行检查	进行检查 进行检查	自我检查记录 检查记录
	施工报告书	确认	编写报告	

项 目		监理方	施工方	备 注
模板及混凝土工程	施工要领书	研究确认	编写文件	主要材料质量证明文件和使用说明书
	施工图	研究确认	绘图（或学习、会审）	
	底层处理检查	出席例会	进行检查	检查记录
	试验	确认	进行试验	试验记录
	施工检查 施工人员自我检查 施工检查	— 进行检查	进行检查 进行检查	自我检查报告 检查报告

3.5　常见的质量问题与对策

3.5.1　土方工程

道路土方工程常见的质量问题主要有：标高误差大，路床积水，填方出现橡皮土，填方边坡塌方或被雨水冲刷，填方干土质量密度达不到要求等。

（1）标高误差大

1）检查方法：用水准仪检查。

2）控制措施：

① 虚铺厚度按要求保持厚薄一致均匀。

② 按规定的顺序和方法碾实，保证碾压遍数。

③ 及时检查纠正。

（2）路床积水

1）检查方法：观察检查。

2）控制措施：

① 做好排水设施。

② 土方摊铺平整，碾压坚实。

（3）填方出现橡皮土

1）检查方法：观察检查。

2）控制措施：

① 路床基底处理必须符合设计要求和规范的规定。

② 控制土料的含水率。

③ 对已出现橡皮土的范围进行换填碾实处理。

（4）填方边坡塌方或被雨水冲洗

1）检查方法：观察检查。

2）控制措施：

① 按图纸和规范控制边坡坡度。

② 确保填方边坡的碾压密实。

③ 路基宽度在设计宽度的基础上每边增加 20～30cm，待路面做好后种植草皮前刷坡。

（5）填方干土质量密度达不到要求

1）检查方法：观察检查和灌砂法试验。

2）控制措施：

① 填方土料场必须符合设计和有关规定的要求。

② 土方应分层进行，每层虚铺厚度不超过施工规范的规定。

③ 碾压机具和工艺要符合施工组织设计的规定，必要时由试验确定。

3.5.2 桩基工程

桩基工程常见的质量问题有：孔深未达到设计要求；孔底沉渣过厚；坍孔；孔径不足；钻孔漏浆；钢筋笼位置、尺寸、形状不符合设计要求；混凝土浇筑中非通长的钢筋笼上浮；桩身混凝土蜂窝、孔洞、缩颈、夹泥、断桩等质量问题。

（1）孔深未达到设计要求

1）检查方法：实测检查和检查施工记录。

2）控制措施：

① 检查岩样，并防止误判。

② 根据钻进速度变化和钻进工作状况判定。

③ 根据钻头和钢丝绳的长度进行控制。

（2）孔底沉渣过厚

1）检查方法：实测检查和检查施工记录。

2）控制措施：

① 选用合适的清孔工艺。

② 测量实际孔深与钻孔深度比较。

③ 清孔、下钢筋、浇灌混凝土连续作业。

（3）坍孔

1）检查方法：观察检查和检查施工记录。

2）控制措施：

① 松散砂土或流砂中钻进速度不宜太快。

② 选用优质泥浆，其视密度、黏度、胶体率均应取较大值。

③ 保证施工连续进行。

（4）孔径不足

1）检查方法：观察检查。

2）控制措施：

① 选用合适的钻头直径。

② 流塑性地基土变形造成缩孔时，宜采用上下反复扫孔办法，以扩大孔径。

（5）钻孔漏浆

1）检查方法：观察检查和检查施工记录。

2）控制措施：

① 加大泥浆视密度或倒入黏土。

② 护筒防护范围内，封闭接缝，稳住水头。

（6）钢筋笼位置、尺寸、形状不符合设计要求

1）检查方法：观察和尺量检查。

2）控制措施：

① 钢筋笼较大时，应设 $\phi16$ 或 $\phi18$ 加强箍，间距 2～2.5m。

② 钢筋笼过长时应分段制作或吊放。

③ 设置足够的环状混凝土或砂浆垫块控制保护层厚度。

（7）混凝土浇筑中非通长的钢筋笼上浮

1）检查方法：观察和尺量检查。

2）控制措施：

① 浇灌混凝土导管不能埋得太深，使混凝土表面硬壳薄些，钢筋笼容易插入。

② 将 2～4 根竖筋加长至桩底。

③ 保持合适的泥浆视密度，防止流砂涌入托起钢筋。

（8）桩身混凝土蜂窝、孔洞、缩颈、夹泥、断桩

1）检查方法：

① 开挖检查。

② 钻芯检查。

③ 动测检查。

2）控制措施：

① 严格控制混凝土的坍落度和和易性。

② 连续浇筑，每次浇筑量不宜太小，成桩时间不能太长。

③ 导管埋入混凝土不得小于 1m，导管不准漏水，导管第一节底管长度应

≥4m。

④ 钢筋笼主筋接头焊平，导管法兰连接处罩以圆锥形铁皮罩，防止提管时挂住钢筋笼。

3.5.3 砌石工程

砌石工程常见的质量问题主要有：

(1) 石料质量差：石材强度等级和规格不符合设计要求、尺寸形状偏差过大。控制措施：

1) 选用符合要求的料场，进料前对料场进行调查。

2) 严格按照设计要求和施工规范的规定，加强石料的验收与保管工作。

3) 外形尺寸不合格的石料应重新加工修整，合格后方准验收和使用。

(2) 砂浆品种和强度达不到设计要求和施工规范规定。控制措施：

1) 检查砂浆配合比，严格按配合比配料。

2) 设计规定用水泥砂浆砌筑时，未经许可不准掺加气硬性胶凝堵料（如石灰）等。

3) 施工中如用水泥砂浆代替水泥混合砂浆，应按《砌体结构设计规范》(GB 50003) 有关规定执行。

(3) 毛石基础第一批石料未坐实或坐稳，砂浆不饱满等。控制措施：

1) 认真清理基底。

2) 先铺灰坐浆后砌石。

3) 每一层石料应选用块体较大的，砌筑时，大面朝下，对于较大缝隙应用小石块填充。

(4) 毛石基础大放脚上下层未压砌。控制措施：

1) 仔细选用石料，认真错缝搭砌。

2) 下台阶的上层石块压入上台阶内不少于 1/2 石长。

(5) 墙体垂直通缝。控制措施：

1) 正确选用石料，砌筑中注意左右、上下、前后的错缝搭接。

2) 对不符合要求的石料，经修凿改形后方可砌筑。

3) 墙角处用块料较大、形体较完整的石料。

(6) 墙体内外搭砌不良，形成里外两层皮。控制措施：

1) 大小石块搭配使用，每砌一块要与上下、左右错缝搭接。防止平面上四块石块形成十字缝。

2) 每层石砌筑时，每 0.7m² 墙面丁砌一块拉结石，该石长应等于墙厚，当墙厚＞40cm 时，拉结石可同两块石料内外拉结。

（7）石砌体厚度误差过大。控制措施：

1）随砌随检查纠正。

2）乱毛石砌体应防止砌筑速度过快，造成新砌墙体变形。

（8）砌体尺寸、位置、外形的偏差过大。控制措施：

1）认真检查抄平放线，经校核无误后，方准砌筑。

2）砌体施工，应设置皮数杆。对于外形不规则的复杂砌体，在砌筑前应按其外形尺寸用木方制作控制架；施工前应检查是否正确，设置是否牢固，位置是否正确。

3）应按施工规范规定随时检查并校正。

4）随砌随检查，要防止第一步架出现垂直偏差后不校正，在上一步架调整，而在两步架交接处出现明显凹凸不平。

5）砌石应挂线，挂线长度超过 15m 时，应加腰线，防止挂线下垂过大。

（9）墙面勾缝粘结不牢。控制措施：

1）正确选用砂浆品种和配合比，并严格执行。

2）勾缝前应检查，有孔洞应用石块修补并先洒水、湿缝，刮缝深度应大于2cm。

3）勾缝方法按操作规程进行。

4）勾缝后适当养护。

（10）挡土墙泄水孔不通畅。控制措施：

1）按设计要求正确留设墙后的滤水层。

2）在砌泄水孔上石块前将泄水孔道清理干净。

3.5.4 钢筋工程

钢筋工程常见的质量问题主要有：

（1）钢筋严重锈蚀。控制措施：

1）对颗粒状或片状老锈必须清除。

2）钢筋除锈后仍留有麻点者，严禁按原规格使用。

（2）钢筋弯曲不直。控制措施：

1）采用调直机冷拉或人工等方法调直。

2）对严重曲折的钢筋，尤其是曲折处圆弧半径较小的"硬弯"，调直后应检查有无裂纹。

3）对矫正后仍不直的钢筋，不准用作受力筋。

（3）钢筋脆断，包括钢筋冷加工中或运输装卸中脆断，以及电弧点焊后脆断。控制措施：

1) 钢筋冷加工工艺应正确，冷加工的工艺参数（如弯曲时的弯心直径等）应符合施工规范的规定。

2) 运输装卸方法不得造成钢筋剧烈碰撞和摔打。

3) Ⅱ、Ⅲ级和进口钢筋用电弧点焊必须经过试验鉴定后方可采用。

（4）冷拉钢筋或冷拔钢丝的机械性能达不到设计要求和施工规范的规定。控制措施：

1) 抽检钢筋母材的质量，以确定其是否适合于冷拉或冷拔。根据检验结果，确定工艺参数，如冷拉率、冷拔的总压缩率等。

2) 严格控制冷加工工艺。

3) 冷拉和冷拔钢筋的检查验收应符合施工规范的规定。

（5）钢筋品种、规格、尺寸、形状、数量、间距不符合设计要求和施工规范的规定。控制措施：

1) 提高操作人员素质，严格按图施工。

2) 加强质量检验工作，控制允许偏差项目不超过质量检验评定标准中的有关规定。

（6）钢筋接头的连接方法和接头数量及布置不符合设计要求和施工规范的规定。应严格遵守下述规定：

1) 轴心受拉和小偏心受杆件中的钢筋接头、轴心受压和偏心受压杆件中的受压钢筋直径大于 32mm 时的接头均应用焊接。

2) 合理配料，防止接头集中。

3) 正确理解规范中规定的同一截面的含义。

4) 分不清钢筋是受拉还是受压时，均应按受拉要求施工。

（7）钢筋绑扎时缺口、松扣多，导致钢筋网或钢筋骨架变形。控制措施：

1) 控制缺口、松扣的数量不超过应绑扣数的 10％～20％，且不应集中。

2) 钢筋网或骨架的堆放场地平整，运输安装方法正确。

（8）弯钩朝向不正确，弯钩在小构件中外露。控制措施：

1) 弯钩朝向应按照施工规范的有关规定执行。

2) 对薄板等构件弯钩安装后，如超过板厚，应将弯钩放斜，以保证有足够的保护层。

（9）箍筋端头弯钩形式不符合要求和施工规范规定。控制措施：

1) 箍筋的弯钩角度和平直段长度严格执行施工规范的规定。

2) 绑扎钢筋骨架时，防止将箍筋接头重复交搭于一根或两根纵筋上。

（10）钢筋绑扎接头的做法与布置不符合施工规范的规定。控制措施：

1) 绑扎接头的搭接长度应符合施工规范的规定，其最低要求为搭接长度不小于规定值的 95%。

2）受拉区Ⅰ级钢筋绑扎接头应做弯钩。

（11）钢筋网中主副钢筋放反，在板类构件中往往造成计算高度明显减少，从而引起承载能力不足。控制措施：

1）认真看清图纸，并向操作人员进行书面技术交底，复杂部位应附有施工草图。

2）加强质量检查，认真办理隐蔽工程检验记录。

（12）钢筋安装位置偏差过大，或垫块设置等固定方法不当，造成钢筋严重错位。控制措施：

1）认真按照施工操作规程及图纸要求施工，并加强自检、互检、交接检。

2）控制混凝土的浇灌、振捣成型方法，防止钢筋产生过大变形和错位。

（13）钢筋少放或漏放。控制措施：

1）加强配料工作，按图核对配料单和料牌。

2）钢筋绑扎和安装前认真熟悉图纸和配料单，确定合理的绑扎顺序。

3）如混凝土浇土筑后发现漏筋，应及时提请有关人员分析处理。

（14）钢筋代换不当，又未征得设计单位同意，造成结构构件的性能下降。控制措施：

钢筋代换除了满足强度要求外，还应满足设计规定的抗裂、刚度、抗震以及构造规定等要求，钢筋代换必须征得设计和监理工程师的同意。

（15）对进口钢筋物理、力学、化学性能不清楚，盲目用于工程造成张拉断裂，弯曲和焊接后发生脆断等问题，有的还造成质量事故。控制措施：

1）必须有该种进口钢筋的技术标准和材质证明，按相应规定使用。

2）按国别、型号和批量抽样复验，并严格按国别、型号分别堆放。

3）需先经化学分析和焊接试验，并符合有关规定后方可使用。

4）不同国家和型号的钢筋不准混用。

5）注意进口钢筋虽来自同一国家和同一型号，但因炉号、批量不同，机械性能、化学成分差异也较大。

（16）钢筋焊接接头的机械性能达不到设计要求和施工规范的规定。控制措施：

1）焊接材料、焊接方法与工艺参数，必须符合设计要求及施工组织设计的规定。

2）焊工必须有考核合格证，并只准在规定范围内进行焊接操作。

3）焊接前必须根据施工条件试焊，合格后方可在工程中施焊。

（17）品种、牌号、性能不符合要求。控制措施：

1) 按照与钢筋母材等强度原则选用焊条，但对绑条焊或搭接焊可以采用比母材强度低一级的焊条。

2) 焊件刚性大，钢筋母材中碳、硫、磷含量偏高或施焊温度较低时，宜用碱性焊条，防止焊件裂纹。

3) 在满足设计要求和操作性能的前提下选用酸性焊条，以改善焊工劳动条件，提高效率和降低成本。

(18) 接头尺寸偏差过大，包括绑条长度不足、纵向位置偏移、焊接长度不足等。控制措施：

1) 绑条长度符合施工规范的规定：绑条沿接头中心线纵向位移不大于 $0.5d$（d 是钢筋直径，下同）接头处弯折不大于 4°；钢筋轴线位移不大于 $0.1d$ 且不大于 3mm；为此要求钢筋下料和组对由专人进行，合格后可焊接。

2) 焊缝长度应沿绑条或搭接长度满焊，最大误差 $0.5d$。

(19) 焊缝尺寸不足。控制措施：

1) 按照设计图的规定进行检查。

2) 图上无标注和要求时，检查焊件尺寸，焊缝宽度不小于 $0.7d$，允许误差 $0.1d$；焊缝厚度不准小于 $0.3d$；允许误差 $0.05d$。发现尺寸不足，应清除焊渣后及时补焊。

(20) 咬边焊缝与钢筋交接处有缺口。控制措施：

1) 选用合适的电流，防止电流过大。

2) 焊弧不可拉得过长。

3) 控制焊条角度和运弧方法。

(21) 电弧烧伤钢筋表面，造成钢筋断面局部削弱，或对钢筋产生脆化作用。控制措施：

1) 防止带电金属与钢筋接触产生电弧。

2) 不准在非焊区引弧。

3) 地线与钢筋接触要良好牢固。

(22) 焊缝中有气孔。控制措施：

1) 焊条受潮、药皮开裂、剥落以及焊芯锈蚀的焊条均不准使用。

2) 焊接区应洁净。

3) 适当加大焊接电流，降低焊接速度，使焊缝金属中气体完全外逸。

4) 雨雪天不准在露天作业。

(23) 闪光焊接头变折和两根钢筋的轴线错位过大。控制措施：

1) 防止焊接端头歪斜。

2) 电极外形应正常，安装位置正确。

3）焊机夹具不能产生过大晃动。

4）对焊完成稍冷却后，再小心搬移钢筋。

（24）闪光焊接头未焊透，接头处有横向裂纹。控制措施：

1）选择适当的对焊工艺，焊机功率较小或钢筋级别较高，直径较大时，不宜用连续闪光焊。

2）重视预热作用，掌握预热操作技术要点。扩大加热区域，减小温度梯度。

3）选择合适的对焊参数和烧化留量，采用"慢→快→更快"的加速烧化速度。

（25）对焊接头脆段。控制措施：

1）当钢筋化学成分中碳含量为 $0.55\% \sim 0.65\%$ 时，宜采用"闪光-预热-闪光"对焊工艺。且预热频率和焊接规范均用较低值，以减缓加热和冷却速度。

2）对于难焊的Ⅲ级钢筋，焊后应进行热处理；处理中应正确控制加热温度，并防止加热和冷却速度过快。

3.5.5 混凝土工程

混凝土工程常见的质量问题有：

（1）混凝土和易性不良。主要表现为拌合物松散，坍落度或工作度不符合要求，混凝土离析等。控制措施：

1）控制水泥强度等级与混凝土强度等级之间的合理比值，严格遵守施工规定的最大水灰比和最小水泥用量。

2）严格按试验确定的配合比施工。

3）配料准确，并保证足够的搅拌时间。

4）选用正确运输方法，控制运输时间不过长。

5）测定拌制地点和浇筑处的坍落度，控制后者的数值符合施工规范的规定。

（2）外加剂的品种和数量用错，导致混凝土长时间硬化，或强度低下。控制措施：

1）严格按配合比单配料。

2）防止不同品种外加剂混杂堆放。

3）粉状外加剂受潮结块后，应烘干、碾碎、过筛后再使用。

（3）施工缝位置留错，施工缝处理不当，出现缝中夹有杂物。控制措施：

1）按图施工，对不准留设施工缝者应采取相应的技术组织措施。

2）严格执行施工验收规范关于施工缝留置位置的规定，连续浇筑混凝土的规定，以及施工缝处理的要求。

（4）混凝土强度达不到设计要求或强度离散和匀质性差。控制措施：

1）控制原材料质量。

2）按照施工规范要求和施工水平确定配制强度。

3）配合比设计应遵守国家现行标准的规定，配料误差不超过施工规范规定。

4）控制混凝土施工工艺中各个环节的质量。

5）试块应标准养护。

（5）混凝土表面蜂窝麻面。控制措施：

1）控制混凝土配合比和搅拌时间。

2）防止运输中漏浆、离析和运输时间过长。

3）控制浇筑时有符合要求的坍落度。

4）采用合适的浇筑顺序和方法，控制自由下落高度不超过 2m。

5）浇筑应分层进行，分层厚度根据捣实方法按照施工规范要求确定。

6）采用正确的振捣方法，防止漏振和过度振捣。

7）随时检查模板及支架的变形情况，发现问题及时修理，尤应防止漏浆。

（6）混凝土出现孔洞。控制措施：

1）按合理的施工顺序，分层、分段浇筑。

2）骨料直径不得超过钢筋间最小净距的 3/4。

3）运输和浇筑中防止离析。

4）采用正确振捣方法，严防漏振；局部机械振实有困难时，应配合人工振捣。

5）预留孔洞处两侧应同时下料，有时还应在侧面预留浇灌口。

（7）结构或构件错位超过施工规范规定。控制措施：

1）抄平放线要正确无误。

2）模板固定要牢固、稳定，浇筑过程中设专人看管模板，及时修整。

3）混凝土浇灌方法应对称均匀地进行，自由下落高度符合施工规范规定。

4）不准用振动器碰撞模板。

（8）结构或构件变形，超过施工规范规定，包括柱与墙垂直度、梁板类构件挠度、各类构件歪斜凹凸等。控制措施：

1）模板、支架应有足够的强度、刚度和稳定性。

2）浇筑时认真检查模板尺寸、形状、垂直度、边接构造等，发现问题及时处理。

3）避免下料过多，过分集中。

4）控制施工荷载。

（9）混凝土结构或构件缺棱掉角。控制措施：

1）拆模不宜过早，非承重模板宜在混凝土强度达到 1.2MPa 后拆除。

2）模板支设和拆除方法正确。

3）加强成品保护，防止碰撞早龄期的混凝土。

（10）混凝土裂缝（表面裂缝）。控制措施：

1）检查水泥出厂合格证；不清楚时应作安定性检验，合格后方可使用。

2）砂、石质量应符合有关标准规定，石子含泥量高时应冲洗，抗裂要求高时不宜采用细砂。

3）对于温度影响的裂缝应采用低热水泥，合理选用骨料和配合比，以降低水泥用量。

3.5.6　路面工程

路面工程常见的施工质量问题有：

（1）水泥稳定土的施工质量达不到设计要求。控制措施：

1）新完成的底基层或路床必须经验收合格；凡是不合格的路段，必须采取措施，使其达到标准后方可铺筑水泥稳定土。

2）用做水泥稳定土的土块尽可能粉碎。

3）经过试验确定正确的配合比。

4）采用路拌法施工时，水泥必须摊铺均匀；集中搅拌的水泥稳定土必须拌和均匀。

5）严格控制抄平放线，掌握基层的厚度、宽度，其路拱横坡应与面层一致。

6）应在混合料处于或略大于最佳含水量时进行碾压，直到要求的压实度。

（2）水泥稳定土裂缝。控制措施：

1）选择好适宜做水泥稳定土的原材料。

2）确定正确的配合比，严格按配合比配料，要特别控制好水泥剂量。

3）选用正确的碾压工艺和适合的碾压机械，严密组织，采用流水作业法施工，尽可能缩短从加水拌合到碾压终了的延迟时间，一般不超过 4h。

4）碾压终了后，必须保湿养生，不使稳定土层表面干燥，也不应忽干忽湿。

5）水泥稳定土基层上未铺封层或面层时，不应开放交通。当施工中断，临时开放交通时，也应采取保护措施。

（3）石灰稳定土施工质量达不到设计和规范要求。控制措施：

1）在石灰稳定土施工前应对石灰稳定土的下承层进行检查验收，合格后方可进行施工。

2）选用合适的原材料。

3）细料土尽可能粉碎。

4）石灰应在使用前 7～10d 充分消解，且宜过孔径 1cm 的筛，并尽快使用。

5）按设计规定的配合比准确配料。

6）严格控制抄平放线，掌握石灰稳定土的厚度、宽度和横坡度。

7）采用路拌法施工时，石灰必须摊铺均匀。

8）洒水、拌合均匀。

9）用 12t～15t 的压路机在混合料处于或略小于（1%～2%）最佳含水量时进行碾压，直到要求的密实度。

10）石灰土混合料拌合后，应在 3～4d 内完成碾压，碾压好后必须保湿养生，不使稳定土层干燥，但也不应过分潮湿。

11）石灰稳定土层上未铺土封层时，不应开放交通。

（4）水泥稳定砂砾底基层和水泥稳定碎石砂基层施工质量达不到设计和规范要求。控制措施：

1）选择符合设计和规范要求，监理认可，颗粒级配良好的原材料。

2）施工前应对下承层进行检查，合格后方可进行施工。

3）按确定的配合比正确地配料。

4）保证塑性指数符合规定的要求。

5）控制抄平放线，掌握好厚度、宽度和横坡度。

6）混合料必须拌和均匀，没有粗细颗粒离析的现象。

7）掌握好在最佳含水量时进行碾压，直到要求的密实度；在桥和其他结构物接头处压路机碾压不到的地方，要用蛙式打夯机或人工夯实。

8）控制从拌合到碾压终了的延迟时间 2～4h。

9）施工缝应对接。

10）碾压终了后保湿养生时间不少于 7d。

（5）透层油和粘层油不均匀，油厚等质量问题。控制措施：

1）透层油和粘层油应在铺沥青路面前至少 24h 施工。

2）采用压力喷洒机在喷嘴打开的同时按适当的洒布速度行驶。

3）在每段接茬处用铁板或施工用纸横铺在洒点前已洒好部分及本段未洒沥青的终点处以保证接茬处喷洒整齐，而无重叠。

4）喷洒过程中把过量的沥青及时刮掉，漏洒或少洒的地区及时补上。

5）在沥青材料充分渗入前，如果需要在洒了透层油的表面上开放交通时，为防止车轮粘油，应撒铺适当数量的砂，作为吸油材料，以覆盖住未完全吸收的沥青。

（6）沥青、碎石、石屑等原材料不符合设计和规范要求。控制措施：

1）沥青在进料前，应进行取样试验，各种技术指标符合有关规定后，才许进货；且进货后应进行复验，合格后方才能使用。

2）要求运载沥青的容器清洁无杂物。

3）对粗细集料的采料场要经过严格的考察和选择，并报监理工程师认可。

4）各种粗细集料的质量应坚硬、清洁、干燥、无风化、无杂质。粗集料含水量应小于3％，含泥量应小于1％，并有良好的颗粒形状，以接近立方体、多棱体为宜；细集料应具有适当级配，泥土含量应小于1％。

5）各种原材料应分规格堆放，严禁掺混。

（7）沥青混凝土的标高、厚度、宽度和平整度达不到设计和规范要求。控制措施：

1）热铺沥青前检查基层的标高和平整度，对不符合要求的部位应进行修整；合格后至少提前1天洒透层油。

2）按设计要求进行抄平放线，严格控制沥青路面的标高、厚度、宽度和横坡度。沥青的摊铺宽度应比设计宽度每边宽3～5cm，待安装路缘石时按设计宽度进行切割。

3）沥青摊铺机司机要严格掌握好摊铺机的行进速度，保证摊铺厚度均匀平整；对于摊铺时粗料集中的部位，应进行人工处理。

4）选用正确的碾压工艺顺序进行碾压。

5）沥青混凝土每段接茬处应放置与路面等厚度的木方，且沥青混凝土应铺过木方1m左右，再次施工时拿去木方，并将多铺的1m左右的沥青混凝土处理后再继续作业，以确保接茬处平整。

（8）沥青混凝土路面压实度不符合设计和规范要求，路面裂缝问题等。控制措施：

1）经过试验确定符合设计和规范要求的配合比，并严格按照配料单配料。

2）控制各种材料和沥青混合料的加热温度和出厂温度，沥青混合料的出厂温度应控制在140～160℃（指石油沥青混合料，煤沥青混合料应控制在90～120℃）。

3）拌合后的沥青混合料应均匀一致，无花白、无粗细料分离和结团成块等现象。

4）运输沥青混合料的车辆上应有覆盖设施，控制运至摊铺地点的温度，石油沥青混合料不宜低于130℃，煤沥青混合料不宜低于90℃。

5）控制摊铺温度，石油沥青混合料不应低于100℃，煤沥青混合料不应低于70℃。

6）控制开始碾压的温度，石油沥青混合料应为100～120℃，煤沥青混合料不高于90℃；碾压终了温度，石油沥青混合料不低于70℃，煤沥青混合料不低于50℃；初压、复压、终压三种不同压实段接茬不宜在一个断面上。

7）严格按照试验段确定的压路机和碾压工艺顺序进行碾压。

8）施工气温在5℃以下或冬季气温虽在5℃以上，但有大风时，运输沥青混合料用的车辆必须采用覆盖保温。石油沥青混合料到达工地温度不低于140℃、煤沥青混合料不低于100℃。摊铺机的刮平板及其他接触热沥青混合料的机具要经常加热。摊铺时间在上午9时至下午4时进行，做到快卸料、快摊铺、快整平、快碾压。

9）需注意气象预报，遇雨时应暂停沥青面层的摊铺，待雨过后且路面水分已排出和蒸发后再进行摊铺，对未经压实即遭雨淋的沥青混合料要全部清除，更换新料。

（9）路面烂边。控制措施：

1）碾压基层时要标出准确的路边边线，一般应超宽碾压每侧不小于15cm，碾压密实度不能低于路中部位的密实度。

2）边缘，特别是路边缘以内50cm范围内的底层平整度，不能低于路中间部位的平整度。

3）对边角及有障碍物而碾压不到的部位，要使用热墩锤、平板振动夯或小型压路机夯实。

（10）路面松散掉渣。控制措施：

1）要掌握和控制好三个阶段的温度，并应有测温记录。

2）沥青混合料是热操作材料，应做到（特别是冬季尤应做到）快卸、快铺、快碾压。

3）要注意对来料进行检查，如发现有过火材料，则不应该摊铺。

（11）路面掰边。控制措施：

1）对填土路基包括路面基层以外的路肩应做到分层超宽碾压，最后削坡，以保证包括路肩在内的全幅路达到要求密实度。

2）路面完工后，要修整压实土路肩；路肩横坡不小于2%，利于排水；通过水簸箕排向路外的，路肩纵坡要顺畅，不能积水。

3）安栽侧石的内外废槽要用小型夯具作充分夯实。

（12）路面接茬不平、松散、轮迹。控制措施：

1）纵横向接茬均需力求使两次摊铺虚实厚度一致，如在碾压一遍发现不平或有涨油、亏油现象，应即刻用人工来补充或修整；冷接茬仍需刨立茬，刷边油，使用热烙铁将接茬熨平整后再压实。

2）对路缘石根部和构筑物接茬，碾压压不到的部位，要有专人进行找平，用热墩锤和热烙铁，夯烙密度，并同时消除轮迹。

3.6 现场管理和成品质量保护

3.6.1 现场管理标准化

（1）管理标准化概念

标准是一种规范性文件，其目的是获得最佳秩序和促进最佳的共同效益，具有共同使用和重复使用的特点，以科学、技术和经验的综合成果为基础，以协商一致为制定基本原则，并最终要由公认机构批准发布。国内外标准的种类繁多，根据不同的原则或角度可以划分出不同的类别。按照标准的制定主体可以分为国际标准、区域标准、国家标准、行业标准、地方标准和企业标准；按照标准化对象不同可以分为产品标准、工程建设标准、方法标准、安全标准、卫生标准、环境保护标准、服务标准、包装标准、数据标准等；按照标准属性划分又可以分为基础标准、技术标准、管理标准和工作标准；按照标准实施的约束力程度又可以分为强制性标准、推荐性标准和标准化指导性技术文件。

标准化是人类社会实践的产物，是社会发展到一定阶段而出现的一种活动过程，随着经济社会的演进而发展。管理标准化就是指以获得最佳秩序和社会效益为根本目的，以管理领域中的重复性事物（管理事项）为对象而开展的有组织的制定、发布和实施标准的活动。而施工现场标准化可以理解为以获得最佳施工管理秩序和项目效益为目的，对施工现场的人员、材料、设备、技术等施工要素按照一定的标准进行科学有效地组织施工的活动。

施工现场管理的好坏首先涉及施工活动能否正常进行，涉及人流、物流和财流是否畅通。施工现场把各专业管理联系在一起，密切协作，相互影响，相互制约，是贯彻执行有关法规的"焦点"，必须有法制观念，执法、守法、护法。而实施施工现场标准化管理是建筑施工企业加强科学管理、提高项目施工质量和安全水平、提升企业经济效益和社会效益的重要途径。特别是在当前基础设施建设高起点、大规模发展的形势下，必须大力推进建筑业施工现场管理标准化，通过规范现场管理行为，提高管理工作质量，确保项目安全、质量、效益目标的全面实现，促进企业健康发展、科学发展和持续发展。

（2）现场标准化的意义

施工现场标准化就是要使现场的场容场貌、设备设施、标志标识等全面符合施工现场标准化要求，达到人与物、施工与环境的和谐统一，营造文明、清洁、安全、环保、健康的现场施工环境。具体应做到：现场办公及生活区域选址科学、合理，各种铭牌、标识及宣传统一规范，具有明显的企业特征和良好的企业形象；现场生活设施完善，有取暖、淋浴、消暑设施，员工宿舍、食堂面积达标，设施配备及摆放整齐划一，卫生、值班、执业资格管理等制度健全，管理到位；"职工书屋"、体育器材和活动场地齐全，管理有制度，活动有记录；现场使用的电线及各类电器符合安全标准要求，消防器材和应急设备安全有效，施工机械状况良好；现场煤、水、电、气消耗及噪声、粉尘、污水等排放符合节能环保及生态要求。

1) 能够提升企业形象，提高员工归属感

一个良好有序的工作环境可以提高员工的士气，现场标准化管理的实施，使员工成为具有相当素养的员工，提升了员工的归属感。在干净整洁的环境中工作，也在一定程度上满足了员工的尊严感和成就感。现场标准化管理要求企业根据实际情况进行不断的改善，因而也可以满足员工要求改善的意愿，使员工愿意为工作现场标准化付出爱心和耐心，进而培养了"现场就是家"的感情。

2) 能够减少浪费，从而提高效率

标准化是一种非常有效的工作方法，能够使工作更加简单、快捷、稳定。建筑施工企业推行标准化的目的之一是减少施工过程中的浪费。施工中由于各种不良现象的存在，在人力、场所、时间、士气、效率等方面给企业造成了很大的浪费。而现场管理标准化可以明显减少人员、时间、场所的浪费，降低生产成本，为企业增加利润。标准化管理活动还可以提升企业整体施工效率。整洁的工作环境，和谐的工作气氛，有素养的工作伙伴，让员工心情舒畅，有利于发挥员工的工作潜力。另外，物品的有序摆放也减少了物料的搬运时间，工作效率就能得到提升。

3) 能够保障安全，保障产品品质

降低事故发生的可能性，这是建筑施工企业的重要目标之一。标准化管理的实施，能够使工作场所显得宽敞明亮，地面上不随意摆放不应该摆放的物品，通道十分通畅，各项安全措施都落到实处。除此以外，标准化管理的长期实施，能够培养工作人员认真负责的工作态度，这样也能减少安全事故的发生。推行标准化管理就是为了消除工程施工中的不良现象，杜绝工作人员马虎行事，这样就能够使施工品质得到可靠的保障。

4) 能够促进企业总体管理水平的提高

通过把施工现场中人的行为以及物的管理规范化、制度化，标准化管理可以使施工现场彻底告别脏乱差，使员工养成认真、规范的好习惯，最终提高企业总体管理水平。

（3）现场标准化的原则

1) 经济效益原则。施工现场管理一定要克服只抓进度和质量而不计成本和市场，从而形成单纯的生产观和进度观。

2）科学合理原则。施工现场的各项工作都应当按照既科学又合理的原则办事，以期做到现场管理的科学化，真正符合现代化大生产的客观要求。

3）市场为导向原则。为客户提供最满意的建筑精品，全面完成各项生产任务。

（4）现场标准化工作内容

在对建筑施工现场管理进行标准化时，必须要对施工现场管理的主要内容进行严格的把控，从而才能够确保建筑施工现场管理的标准化效率和质量，进而才能够有效地提高建筑施工现场管理的优化水平。而建筑施工现场管理标准化的主要内容有施工作业管理标准化和物质流通管理标准化以及施工质量管理标准化等。通过对上述施工现场的主要管理内容的标准化，来实现我们的标准化管理目标。

1）优化人力资源，提高员工职业素养

现代企业的竞争，归根结底是人才的竞争，人才是企业核心竞争力中不可或缺的部分。而人才的重要标志是有较高的职业素养。我想，对于建筑施工企业来说，人才的范围绝不仅仅限于高学历，具有较强专业能力、学习能力、团队意识和敬业精神的员工都可以称之为人才。培训和时间是提高员工职业素养、培养人才的主要途径。具体到施工现场管理，基层干部要提升的是安全意识、成本意识、品质意识和管理意识；基层员工提升的是安全意识、工作观念以及操作技能。通过入职培训、在职培训和实践培训，加强员工的管理意识，保证员工接受和支持标准化管理，让现场标准化管理扎根员工的内心深处。除此以外，企业还应该根据员工的特点，制定有针对性的培训计划，使员工能够最大限度的实现自己的价值，得到尊重和实现自我价值，最终建立出培养人才的机制。

2）加强施工现场设备管理

设备是建筑施工企业施工现场最常见的资产，设备的状态会直接影响到工程施工的质量和速度。保持设备的性能良好可以提高工作效率，缩短施工工期，帮助企业又快又好的完成工程施工从而使企业收益最大化。加强施工现场设备管理应主要从以下三点入手：一是正确定置设备，要保证施工现场的设备是施工需要的设备，还要保证设备正常运作的条件；二是建立完善的使用维护制度，通过培训和制度规范，使员工养成合理的使用方法和有效的维护方式；三是建立快速反应的维修体系，一旦设备出现故障，快速反应，在最短的时间内解决问题，将损失控制在最低。

3）加强施工现场材料管理

施工现场材料管理中最主要的问题就是有效利用率太低。理论预算的材料需求量和工程实际消耗的材料量往往相差悬殊，而实际耗用材料的有效利用率又偏低，这就使得企业的工程开发成本居高不下。而且在工程现场经常会有一些根本不知道要做什么的材料，占据了大量的空间却无法形成有效产出。"需要的材料找不到，不需要的材料一大堆"已经成为施工现场司空见惯的场景。加强施工现场材料管理应从以下几点入手：一是核对补充材料计划；二是严格执行限额领料制度；三是做好材料消耗的原始记录并进行统计分析以找出问题；四是充分利用材料以提高其有效利用率。

4）优化现场施工作业

优化现场协调作业，发挥其综合管理效益，有效地控制现场的投入，尽可能地用最小的投入换取最大的产出。同时，加强基础工作，使施工现场始终处于正常有序的可控状态。

5）树立安全施工意识

安全管理可能是施工现场管理中最为重要的一项。安全管理应该是事前和事中管理，通过规范化、制度化的安全管理制度把风险扼杀在萌芽中。所谓的安全并不仅仅是人身安全，还应该包括生产设备安全。安全施工就是说在施工过程中要做好两个方面：一是保护施工人员的安全和健康，预防职业病防止工伤事故；二是保护施工设备安全，确保施工装备连续正常的运转，保障企业财产不受损失。通过安全施工制度的建立和严格执行，在保障人和物安全的基础上企业才能又快又好地完成工程施工。

6）绿色低碳施工

21世纪的今天，绿色低碳理念已经深入人心。所谓绿色低碳，就是提高能量的利用效率，降低碳排放，追求人与环境的和谐统一。具体到工程现场施工中，企业应该注意节水、节电、节油、节气。同时施工人员还要注意物料的节省，争取以最小的投入顺利完成施工任务。环境问题也是建筑施工必须考虑的因素。建筑施工现场要保证建筑施工对环境的污染降到最低，还要考虑到建筑现场周边群众的意见，防止施工扰民，在人与环境的和谐共存中又好又快地完成建筑施工任务。

只有在条理有序的现场环境及安全高效的生产秩序中才能生产出一流的产品。标准化管理正是保证施工现场管理的基础。坚持标准化、制度化施工管理，不断提高施工人员素质，最终又好又快的完成施工任务。开展标准化管理一定要与施工现场的特点相结合，与建筑施工企业文化相结合，与施工现场管理制度相结合，与长期贯彻相结合，才能取得良好的效果。

案例3-6：某施工现场标准化管理规定（部分）

一、施工现场标准化管理一般规定

1.进入施工现场人员应佩戴岗位标示牌（卡）和安全帽，管理人员、监督人员、操作人员应佩戴不同颜色安全帽；施工人员要穿统一工作服。高空作业人员应佩戴和正确使用安全带。

2. 按照国家有关规定，特殊专业作业应编制作业方案并报有关部门审批。

3. 施工现场应平整、硬化，物料摆放有序，预制、施工、生活分区设置；在禁火区应设立禁火标志；对应封闭的作业区，应进行封闭并设警示标志。

4. 施工单位应根据情况明确划分禁烟区，并设立禁烟区标志；禁烟区内严禁吸烟，禁止施工人员流动吸烟或边作业边吸烟。

5. 严禁随地排放施工用水及生活用水，防止污染周围水体和环境。

6. 施工现场应具有必要的职工生活设施，并符合卫生、通风、照明灯要求。职工的膳食、饮水供应等应当符合卫生要求。

7. 工地食堂应到卫生部门办理许可证，炊事人员应持健康证上岗。应做好食堂卫生工作，防止食物中毒，防噪声，防蚊蝇，防大气污染。

8. 现场生活垃圾、施工垃圾集中存放，并及时清运，处理方法符合国家规定。

9. 施工场地通道主门，应制作龙门标志，横联写明工地名称等，工地大门内应设置"七牌、二图、三板"。

二图：施工平面布置图和施工现场安全标志平面图，布置合理并与现场实际相符。

三板：安全生产管理制度板、消防保卫管理制度板、场容卫生环保制度板。

七牌：安全计数牌（从开工之日起计算），施工现场管理体系牌（包括：施工现场管理负责人、安全防护、临时用电、机械安全、消防保卫、现场管理、料具管理、环境保护、环境卫生，质量管理等）。

10. 工程施工区域的封闭，需利用密目式安全网进行连续围挡封闭，围挡要完整、牢固、美观，上口平齐，外立面垂直，围挡高度不得低于1.6m；对特殊地带和特殊环境应有相应的防护措施。

11. 施工现场应建立防火领导小组，并配备适量消防器材，在容易发生火灾的地区施工或者储存、使用易燃易爆器材时，施工单位应当采取特殊的消防安全措施。

12. 建筑安装工程应合理安排工序，尽量减少立体交叉作业；如应进行立体交叉作业时应采取相应的隔离和防止高空落物、坠落的措施。

13. 高层建筑施工中应设有专用垃圾输送渠道，禁止向下抛掷垃圾和废料。

3.6.2　工程成品保护

成品保护是指在施工过程中，某些分项工程已经完成，而其他一些分项工程尚在施工；或者是在其分项工程施工过程中，某些部位已完成，而其他部位正在施工。在这种情况下，施工单位必须负责对已完成部分采取妥善措施予以保护，以免因成品缺乏保护或保护不善而造成损伤或污染，影响工程整体质量。

建筑工程施工中的成品保护可谓至关重要，不仅要对工程装修收尾阶段的成品进行保护，而且要在工程的主体结构、安装以及基础施工等各个阶段采取相应的成品保护措施。否则，因工程施工中一些偶然的行为造成成品残缺，不仅前面的工作功亏一篑，而且还要再对其进行修复，造成浪费。成品保护必须采取主动与被动相结合。所谓主动，一是建立相应的强制性成品保护制度，对工人加强成品保护的教育，提高工人的自觉意识；二是通过优化施工方案，改进操作工艺，从方案和方法上避免施工对成品可能造成的破坏。所谓被动，即直接采取必要的防止碰撞或其他破坏的手段来保护成品，比如在玻璃上包胶合板等。

（1）明确职责，成本保护责任落到实处

工程项目施工过程中涉及的环节很多，通常也有一定的时间跨度，因此要在整个施工过程中做好成品保护工作，就需要有明确、细致的制度作保障，通过岗前培训交底、定期不定期检查和建立奖惩分明的制度加以落实。

1）要分清上道工序和下道工序在成品保护方面的责任

在上、下两道工序交接时，应由有关责任人同时检查成品情况，已经损坏的成品由上道工序的班组负责处理完善，检查核对交接后损坏的成品则由下道工序的班组负责。交接检查通常由总工长组织，上、下道工序的班组长均应参加。如有一方的班组长不参加交接检查，则出现成品损坏由该班组长负责。

2）分清交叉作业中成品保护的责任

一般情况下成品损坏应由损坏者负责处理。但在交叉作业过程中出现责任确实难辨时，则由平时使用、保管的人或班组负责。加强对职工的宣传教育，提高职工的成品保护意识，切实尊重别人的劳动，爱护建设单位的产品，使做好成品保护工作变成参与工程建设全体员工的自觉行动。

针对不同的工程成品、半成品材质、部位、阶段，对其采取具体的保护措施或封闭或遮盖或加强等，在技术交底时均要交代清楚并形成书面记录。

（2）采取合适的成品保护措施

根据产品的特点的不同，可以分别对成品采取"防护"、"包裹"、"覆盖"、"封闭"等保护措施，以及合理安排施工顺序等来达到保护成品的目的。具体如下所述：

1）防护，就是针对被保护对象的特点采取各种防护的措施。例如，对清水楼梯踏步，可以采取护棱角铁上下连接固定；对于进出口台阶，可通过垫砖或方木搭脚手板供人通过的方法来保护台阶；对于门口易碰部位，可以钉上防护条或

槽型盖铁保护；门扇安装后可加楔固定等。

2）包裹，就是将被保护物包裹起来，以防损伤或污染。例如，对风机盘管包裹捆扎保护。

3）覆盖，就是用表面覆盖的办法防止堵塞或损伤。例如，对地漏、落水口排水管等安装后可加以覆盖，以防止异物落入而被堵塞；其他需要防晒、防冻、保温养护等项目也应采取适当的防护措施。

4）封闭，就是采取局部封闭的办法进行保护。例如，垃圾道完成后，可将其进口封闭起来，以防止建筑垃圾堵塞通道；房间水泥地面或地面砖完成后，可将该房间局部封闭，防止人们随意进入而损害地面；房内电气设施安装完成后，应加锁封闭，防止人们随意进入而受到损伤等。

案例 3-7：房建项目常见的成品保护措施

1. 钢筋工程

钢筋运输和存放的机械设施和施工方法适当，钢筋下垫木并码放整齐，严禁野蛮装卸，防止损伤和变形。钢筋在安装、吊运过程中防止变形，墙、柱钢筋绑扎搭设架子。钢筋进行穿插时，要保护已绑扎完的钢筋成品质量。绑扎墙柱钢筋时，应站在高脚马凳上施工，严禁脚支在箍筋和水平筋上施工。

板钢筋施工完毕后，严禁在板钢筋上行走或压重物（特别是悬挑构件及板负弯矩筋），浇混凝土时应在马凳上铺夹板，人在夹板行走。严禁人员直接在钢筋骨架上行走，以防钢筋变形。墙、板留洞时，除结构图上有加强筋的，其余留洞位置严禁割钢筋，应考虑钢筋移位等其他措施。

在混凝土浇筑过程中应设专人负责钢筋的守护和整修，保证混凝土浇筑过程中钢筋的定位及连接质量。

2. 模板工程

模板的装卸、存放要注意保护，分规格码放整齐，防止损坏和变形。模板安装要轻拿轻放，不强拉硬顶，支撑安装后不可随意拆除造成松动。安装好的模板要防止钢筋、脚手架等碰坏模板表面。模板表面要涂刷水溶性隔离剂，防止油污对混凝土表面造成污染和模板与混凝土之间发生粘连。模板拆除时禁止硬砸硬撬，防止损伤模板。

3. 混凝土工程

混凝土初凝后及未达到规定的强度值之前，严禁上人行走及践踏。梁板表面压光时应铺设木板作操作面，混凝土终凝后方可进行覆盖和浇水养护。在强度达到1.2MPa后方可上人进行上一层的钢筋绑扎及支模施工。

侧模拆除时的混凝土强度，应能保证其表面棱角不受损伤；底模及其支架拆除时的混凝土强度应符合设计或规范规定。模板拆除应采用工具谨慎拆除，防止损伤混凝土构件，模板应刷好隔离剂避免造成粘连和污染表面。

底板施工时妥善保护基础四周外露的防水层，在防水层上覆盖塑料薄膜并压砖，以免被钢筋碰破损坏。混凝土强度未达到设计强度的 75% 时，严禁拆平台模。雨天浇混凝土时（小雨），应备好防雨用的彩条布等。

4. 装饰工程

楼地面施工前，要合理计划施工顺序及施工区段，对施工部位采取必要的封闭、拦挡措施，直至达到规定强度，方可拆除围挡。施工时避免砂浆、混凝土溅到已完成的墙面上，如溅上后要及时清理。运输材料时注意不得碰撞门口及墙，保护好水暖消防立管、预留的孔洞、电线盒等，不得碰坏、堵塞。抹灰前门窗框与墙连接处缝隙应嵌塞密实，门口钉设铁皮或木板保护。清洗残留在门窗框上的砂浆，并在门窗框粘贴保护膜。推小车或搬运东西时要注意不要碰坏口角和墙面。抹灰用的大杠和大铁锹不得放在墙上。严禁蹬窗台，防止损坏其棱角。拆除脚手架或搬运东西时，要防止损坏已抹好的墙面。材料要轻拆轻放码放整齐，对边角处应钉木板保护。搬运面砖要轻拿轻放。面砖贴完后，立即在面层刷一道石膏保护，防止污染。

顶棚施工时轻钢骨架及罩面板安装应注意保护顶棚内各种管线。轻钢骨架的吊杆、龙骨不准固定在通风管道及其他设备上。轻钢骨架、罩面板及其他吊顶材料在入场存放、使用过程中严格管理，板上不宜放置其他材料，保证板材不受潮、不变形。重物严禁吊于轻钢骨架上。为了保护成品，罩面板安装必须在棚内管道的试水、保温等一切工序全部验收后才能进行。安装面板时，施工人员应戴线手套，以防污染板面。

5. 油漆涂料工程

刷油前首先要清理好周围环境，防止尘土飞扬，影响油漆质量。每遍油漆刷完后，都应将门窗用木楔固定，防止扇杠油漆粘结影响质量和美观，同时防止门窗玻璃损坏。为防止刷油漆时污染五金及墙面涂料，刷油漆前可用美纹纸胶带保护分界；在操作区域内地面苫盖麻袋片或塑料布，防止污染；对不慎滴在地面、窗台上和污染墙面及五金的油漆要立即清擦干净。油漆完成后应派专人负责看管，禁止摸碰。

6. 安装工程

在结构施工阶段，在吊顶吊点位置设置预埋件，以避免放置吊杆时打坏电管；电工在地面线管密集处做好标识，并向木工班长做好交底；在电锤打洞时，应装好限位，严格控制深度，一旦打穿线管，尽量不要掉入垃圾杂物，并应用木楔封口同时做好记录；电工在铺设毛地板前应对房间内的所有线路设备进行严格

调试，发现问题及时处理。

　　敷设电缆宜在管道及空调工程基本施工完毕后进行，防止其他专业施工时损伤电缆。在电缆头附近用火时，应注意将电缆头保护好，防止将电缆头烧坏或烤伤。电缆头系塑料制品，应注意不受机械损伤。封闭插接母线安装完毕，如有其他工种作业应对封闭插接母线加以保护，以免损伤。配电柜安装后，不得再次喷浆，如果必须修补时，应将柜体盖好。配电柜安装后，应将门窗关好、锁好，以防止设备损坏及丢失。灯具安装完毕后不得再次喷浆以防止器具受污染。开关、插座安装完毕后，不得再次进行喷浆，以保持面板的清洁。

4 项目质量改进

4.1 质量改进基本思路

4.1.1 质量改进的定义

ISO 9000:2005《质量管理体系基础和术语》将质量改进定义为"质量管理的一部分,致力于增强满足质量要求的能力"。质量改进措施就是为改善产品的特征和特性,以及为提高组织活动和过程的效益和效率所采取的措施。这里"过程"是指将输入转化为输出的一组彼此相关的活动。质量改进不仅包含对于产品和服务的改进与完善,还包括对生产过程与作用方法的改进与完善,以及对于组织管理活动的改进和完善。

工程项目的建设同时具有产品和服务的性质,即最终的工程成果属于产品,而工程建设过程中的设计、施工管理等则属于服务范畴,而工程项目的产品的质量往往是由其服务的质量决定的;此外,工程项目实施中每一个过程、工序相互联系、影响,工程项目的质量是在整个项目的推进中逐渐形成的,因此工程项目的质量改进是在项目实施中对服务过程的改进。

产品(工程)质量受诸多因素影响,会出现许多质量缺陷。质量缺陷可以分为偶发性缺陷和经常性缺陷。偶发性质量缺陷是由非随机因素(又称系统因素)引起的工序波动所造成的缺陷,例如原材料用错、设备突然失灵、工具损坏、违反操作规程等。这类缺陷明显,易于发现,原因直接,可以采取预防措施改进;经常性缺陷是由随机因素(又称偶然因素)引起的工序波动(正常波动)所造成的缺陷,例如原材料成分的微小变化,刀具的磨损、夹具松动、操作者精力变化等等,这类缺陷不如偶发性质量缺陷那样突出和激烈,不易察觉与鉴别,人们往往不予重视和改进。这两种缺陷的对比如表4-1。

偶发性缺陷与经常性缺陷比较表 表 4-1

方面	偶发性缺陷	经常性缺陷
造成的经济损失	较小	较大
引起重视的程度	相当大,会惊动负责人员	微小,管理人员认为难免

方面	偶发性缺陷	经常性缺陷
解决的目标	恢复原状	改变原状，达到新水平
处理时涉及的范围和所需的资料	影响质量仅一、两个因素和有关资料	关系复杂的多个因素和有关资料
资料的收集	从日常工作中	特别验收或搜集
分析的频率	非常频繁，可能每批或每小时进行审查	不频繁，要累积几个月的资料才能进行分析
分析者	操作者	技术人员
分析方式	通常是简单的	可能错综复杂，需相关、回归、方差、正交设计
执行者	操作者	有关部门

在工程施工过程中，经常性缺陷表现为各类质量通病。

4.1.2 质量改进与质量控制的关系

质量活动中有的属于"质量维持"，有的属于"质量改进"。所谓质量维持是通过质量控制使产品保持现有的质量水平并使其稳定在规定波动范围内，它的重点是消除偶发性质量缺陷，防止问题的再发生，充分发挥现有的保证质量的能力，保持产品的稳定性。所谓质量改进是根据用户的反馈和企业管理的需要将质量水平提高到一个新水平而"系统地、持续地采用各种方法去改进过程为顾客增值的效果和提高过程的增值效率"。质量改进的重点是消除经常性质量缺陷，它是在产品质量稳定的基础上去寻求改进的机会，而不是等待机会的到来，使质量达到新的水平，有突破性的提高。这里的质量控制与质量改进都属于质量管理活动，但两者显然有不同的内涵。质量控制是通过控制材料、机械、设备、人员、工艺等因素的影响，使产品质量维持在一定的水平；而质量改进则是在质量控制的基础上加以突破和提高，将质量提升到一个全新的水平。

在质量管理中，质量控制和质量改进活动并不是相互独立的，而是紧密相连，交替出现。如图 4-1 所示，通过质量控制活动将质量维持在当前质量区间内，接着通过质量改进活动将产品质量提升到了更高的产品区间，最后再次通过质量控制活动将质量维持在新的水平。

4.1.3 质量改进的意义

任何一个施工企业在完成一项工程的施工过程中或交付使用后，都会发现一些质量缺陷，例如最常见的渗漏问题，往往在工程交工投入使用后，一遇下雨，房顶和墙面就渗水，而一旦有渗漏还很难找到渗漏点，用户怨声载道。有些明智

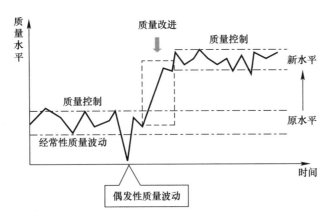

图 4-1　质量控制与质量改进活动紧密相连

的企业会利用自己的质量体系去发现和分析问题，会采取预防措施，提高砌筑工程、抹灰工程以及防水工程的合格率，消除各种形式的渗漏现象。这样的企业在建设单位和用户中留下了好的口碑，在以后的投标竞争中也更容易得到招标评委的青睐。实践证明，质量改进活动对提高工程质量、降低成本、增强企业在市场上的竞争能力以及增加经济效益都有十分重要的意义。质量改进可以说是企业的生存之道，其重要意义在于：

（1）减少产品质量缺陷

质量改进最直接的成果即是产品质量缺陷的减少，而缺陷的减少将增加客户满意度，改善企业声誉。

（2）增强产品满足客户需求的能力

产品质量的改进意味着产品满足客户需求的能力得到增强，从而能为客户带来更大的价值。

（3）改善生产过程的效率，减少浪费

产品质量的改进通常伴随着生产过程的改进，而过程改进往往意味着更高的效率、更少的浪费。

（4）适应客户不断变化的需要与要求

客户对产品的需求并非一成不变，而是会随着时间的推移不断产生新的需求；质量改进是一个主动地增强产品满足客户要求的能力的过程，能适应不断变化的客户需求。

（5）降低企业运营成本

虽然质量改进过程本身要求企业投入额外资源，增加成本，但改进后的生产过程往往能提高效率、减少浪费，从而降低成本；另一方面，产品质量缺陷的减少通常也意味着企业售后维护成本的减少。

（6）及时适应技术的变化

生产技术在不停地变化，而质量改进通常要求引入新的技术，从而带动企业技术更新，增强企业竞争力。

4.1.4 质量改进的基本原则

（1）过程性原则

项目质量的改进本质上是对过程的改进。工程项目是由一系列相互联系的过程组成，如设计过程、采购过程、施工过程、管理过程等。而项目的质量是由形成和支持它的过程的效率和效果决定的。因此，项目质量的改进就是对项目实施中的一系列过程的改进。

（2）持续性原则

项目质量改进是一种持续性的活动，这是由项目的质量特点决定的。工程项目的质量影响因素多，包括设计、材料、机械、地形、气象、施工工艺、操作方法、技术措施等，且项目实施中有许多相互关联的过程，容易发生偶然性和系统性的质量波动；此外，在项目实施过程中，客户的需求也会常常发生变化，从而产生对项目质量的新要求。因此，项目质量改进要求在项目进行过程中持续地对各个过程进行改进。

（3）全员参与原则

项目质量改进要求上至项目管理层、下至施工人员的全体员工的参与。工程项目复杂性高，各个活动过程相互联系、影响，而人员又是每项活动过程起主导作用的因素。因此，项目质量的改进要求全体项目人员的相互配合、协调工作，让每一位员工都具有强烈的质量意识，全员参与到质量改进活动中。

4.1.5 质量改进的基本过程（图 4-2）

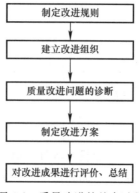

图 4-2 质量改进的基本过程

4.2 质量改进计划

4.2.1 质量改进必要性的论证

质量改进论证的目的就是要使领导者和有关人员了解质量改进的重要性和需要改进的方面。质量改进论证的依据是质量信息，掌握有关质量水平的信息是制订质量改进计划的基础。质量信息的来源一般可以从以下几方面获得：

（1）工程质量等级的核定

通过工程质量等级的评定、核定，可以清楚地看到企业的质量水平，可以评估该企业在社会上的地位。通过质量评定，可以清楚地反映出缺陷产生的项目，对下一道工序的影响及对用户的危害。

（2）质量成本分析

工程质量成本包括了内部损失成本和外部损失成本。所谓内部故障成本是指在施工过程中不满足规范规定的质量要求而支付的费用，外部损失成本是指工程交工后，不能满足规定的质量要求，导致工程款和质量保证金被扣减（索赔）、维修、更换或信誉损失等。通过质量成本分析，可以清楚地看出企业因质量事故及不可弥补的缺陷给企业带来的利益损失并明确改进的方向。

（3）信息反馈

质量信息可以通过信息反馈系统取得，也可以来自工程回访和用户的意见，还可以来自本企业的各个管理层次和包括农民工在内的全体员工。

上述论证可根据"帕累托"原理，采用排列图法找出影响质量的诸因素中最关键的因素，找出影响质量损失最多的那些项目，找出设计、工艺、制造、原材料等原因中哪些原因是主要的，作为质量改进的突破目标。

4.2.2 改进项目先后次序的确定

经质量改进必要性和项目的论证后，所选择的课题可能较多，应本着轻重缓急的次序先解决急需解决、影响最大的问题，一般可按以下原则考虑：

（1）不符合图纸、工艺、标准的项目先解决；

（2）影响下道工序正常工作的项目应先解决；

（3）投资少、效益大的项目优先解决；

（4）实施起来比较容易，技术比较成熟的项目先解决；

（5）阻力小的项目优先解决。

4.2.3 质量改进计划的编制

质量改进计划除了规定改进项目的课题、进度目标、责任之外，还包括各阶段的活动。质量改进活动需要一定的投资和费用，因此必须听取有关部门和项目部的意见和建议。

质量改进计划一般通过一系列的、特定的质量改进项目或活动来实施。企业的领导应当注意监控这些活动的实施，以确保他们都纳入了本单位的总目标和经营计划。

质量改进计划应包含以下内容：

（1）生产流程：标明改进对象从输入到输出的每一道工序；

（2）生产设备：标明各工序所使用的生产设备；

（3）作业指引：标明各工序的作业指导文件；

（4）控制环节：标明各工序应该控制的环节；

（5）接收标准：标明各工序作业、测试的接收标准；

（6）责任者：标明检测责任者；

（7）其他：包括抽样方法及频度，检测设备和检测方法等。

实施产品质量改进计划的步骤：

（1）确定产品质量改进的项目并做好活动的准备工作

组织全体成员参与产品质量改进及活动的准备。对质量改进项目及活动的范围、计划、资源配置和重要性都应加以明确规定和论证。规定应包括有关的背景和历史情况，相关的质量损失以及目前的状况。如可能，应尽量具体。应将项目及活动分配到小组、组长和员工。应制定日程表并配置充足的资源。也应对产品质量改进活动的进展情况的定期评审做出规定。

项目的计划也应在这一阶段准备好。要根据用户的需求和生产过程中出现的质量问题，确定每个季度和全年的质量改进措施项目和负责部门。各负责部门订出每一项目的改进措施计划后，经质量管理部门综合平衡，汇编成企业的季度、年度计划草案。同时，质量管理部门要根据季度计划和临时出现且亟待解决的质量问题，编制月度计划草案。

（2）调查可能的因果关系

通过数据的搜集、分析和确认，进而提高对改进过程的性质的认识。应认真按照制定的计划采集数据；以事实为依据，通过对数据进行分析，掌握待改进过程的性质，并确定可能的因果关系。

（3）采取预防和纠正措施

在确定因果关系后，应针对相应的原因制定不同的预防或纠正措施的方案，

组织参与该措施实施的成员研究各方案的优缺点。

（4）确认改进措施的实行

在采取了预防和纠正措施后，必须搜集有关的数据加以分析，以确认预防和纠正措施取得的结果。要注意的是，搜集数据的环境应与以前调查和确定因果关系时搜集数据的环境相同。

如果在采取预防或纠正措施之后，那些不希望的结果仍继续发生，且发生的频次与以前几乎相同，以致影响了企业的产品质量和发展计划，那就需要重新确立质量改进项目及活动。

（5）保持改进成果

质量改进结果经确认及认可后需保持下来。对改进后的过程则需要在新的水平上加以控制。

（6）继续完善及改进

如果所期望的改进已经实现，则应根据企业自身的情况再选择和实施新的质量改进项目或活动。进一步改进质量的可能性总是存在的，要善于发现需要改进的地方。

产品质量改进计划可以确定特殊项目或合同的特殊质量要求，并将其列入计划表中。产品质量改进计划还可以制定实现质量要求的具体措施和作为监督和评定质量的依据。在整个企业内所采取的旨在提高活动和过程的效益和效率的各项措施中，企业主管所进行的质量改进必须是持续不断的。

案例 4-1：中核某公司×××厂中低放废液综合治理工程质量改进计划（节录）

......

5　改进工作先决条件

5.1　熟悉被改进领域所应用的管理（工作）程序

5.2　熟悉改进领域所用法规、规范及技术规格书等相关技术文件资料。

5.3　熟悉施工方案，特别是特殊工艺的施工。

6　原则

6.1　质保改进员对某项活动（或物项）进行改进的时候要按照施工图技术规格书、说明、质量计划等的要求认真进行、履行职责。

6.2　改进检查要认真记录改进检查过程发现的问题。

6.2.1　每次进行质保改进必须填写质保改进记录表；

6.2.2　对需要引起注意和克服、纠正的除记录在质保改进记录表中外，并以"质保改进观察意见单"的形式与相关部门或相关人员及时取得联系，待验证

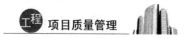

后关闭。

7 改进内容

质保改进是对工艺操作以及检查和试验活动进行见证，其目的不是决定物项的取舍，而是认可质量保证大纲和质量保证活动的存在和有效性，如：执行文件是否为有效版本、操作人员是否具备相应的资格等，并对发现的问题采取纠正行动。主要包括以下几个方面：

7.1 对文件的改进

7.1.1 文件的编、审、批、发放、回收、销毁等管理是否符合程序及大纲要求。

7.1.2 文件变更、格式、编码是否符合大纲及相关程序要求。

7.1.3 对于受控的文件是否受控，是否存在新旧版本同时使用的现象。

7.2 对采购的改进

7.2.1 采购活动是否按照有关程序进行。

7.2.2 采购文件是否是最新有效版本。

7.2.3 物项的包装、标识、运输、贮存、发放、回收等是否符合程序要求，特别是与核安全有关的物项。

7.2.4 物项的验收及采购中出现的不符合项处理是否按程序执行。

7.2.5 物项发送时，是否将合格证等相关资料一并发放。

7.3 对检测设备、计量器具等的改进。

7.3.1 所有用于××核电站的检测设备、计量器具是否建立了台账。

7.3.2 所有用于××核电站的检测设备、计量器具是否进行标识。

7.3.3 所有用于××核电站的检测设备、计量器具是否按规定进行维修检验，对不合格的是否采取了隔离和封存措施。

7.4 对施工过程的改进

7.4.1 施工方案（措施）是否进行讨论、审批手续是否齐全。

7.4.2 质量计划（工作计划）的先决条件是否具备。

7.4.3 施工过程中各类控制点是否按质量计划执行。

7.4.4 施工过程中记录的状况。

7.4.5 施工过程中出现的不符合项是否按不符合项有关要求认真执行。

7.4.6 施工过程中上级单位、监理公司发现的问题是否按要求进行了认真整改等。

7.4.7 施工是否按照最新版本的施工方案（措施）、工作程序进行。

7.5 对不符合项的改进

7.5.1 对不符合项产生的原因是否进行了调查。

7.5.2　对不符合项是否进行了分析、判定、标识、隔离。

7.5.3　对不符合项是否按《不符合项控制管理程序》进行处理。

7.5.4　不符合项处理过程记录是否齐全，记录内容是否真实。

7.5.5　需进行技术论证的有无进行技术论证工作。

7.6　对纠正措施改进

7.6.1　对有损于质量情况和防止严重有损于质量情况重复发生是否采取了纠正措施。

7.6.2　纠正措施实施的效果。

7.7　对质量保证记录的改进

7.7.1　对质保要求"永久性"和"非永久性"记录是否进行了记录。

7.7.2　质保记录是否清晰、完整、易于识别。

7.7.3　文件编码有无重码，用特种方法保存的记录（软盘、胶片等）的保存方法是否有具体规定，效果如何。

7.7.4　记录、文件资料的保存环境是否合适，有无虫蛀、啮齿动物咬坏的现象。

7.7.5　记录的收集、积累、整理、分类是否按程序规定实施。

7.7.6　文件记录的填写是否符合规范、技术要求。

7.8　对供方和外协单位的改进

7.8.1　上述条款对供方和外协单位的质保改进同等适用。

7.8.2　凡对某单一物项进行改进可采用质保改进记录完成改进工作，一般在改进完成后10天内完成。

7.8.3　凡派往源地进行改进的质保改进员要每个月向质保部书面报告质保改进的情况。

7.9　对培训的改进

7.9.1　是否编制了年度培训计划，并贯彻执行；

7.9.2　对入厂人员是否按程序要求进行了培训；

7.9.3　对培训的效果是否进行考核和评价。

8　改进方法

8.1　改进方法可分为：

8.1.1　定期改进：根据质量计划上设置控制点的基础上实行的计划改进。

8.1.2　随机改进：根据日常施工实施的改进。

8.2　改进的形式

8.2.1　实地观察：通过观察后质保改进人员发现问题与相关部门人员协商解决。一般分为三类：

8.2.1.1 强制性观察：质保改进人员对从事某特种作业的活动而进行的观察、见证，验证从事特种作业的人、物、环境是否符合特种作业的规定。

8.2.1.2 随机性观察：质保改进人员对正在从事的某项活动进行随意的观察和见证，验证活动是否按已批准的最新版本的文件、程序等进行作业。

8.2.2 采访或询问：通过采访或询问来了解、分析质保活动的执行效果，一般用于对前段质保管理活动开展情况的掌握。

（以下略）

4.3 项目质量改进活动的组织和基本方法

4.3.1 质量改进的组织及任务

美国质量管理专家费根堡姆博士提出"广泛的质量，必须有每个阶层的人员参加，没有他们的参加和帮助是不能改进质量的"。质量改进意味着对现有的工作过程、方式的改变，而改变通常会在一定程度上引起员工的抵触情绪，遭遇来自企业内部的阻力，从而增大执行的难度。为了保证质量改进活动的有效进行，需要建立专门的质量改进组织，推进质量改进的实施。

工程施工企业的质量改进组织通常分别在企业和项目两个层级进行确立，即在企业层级建立质量工作委员会，在项目层级建立质量改进团队，如 QC 小组。

质量改进难度大、涉及面广的项目，应有公司一级质量管理委员会或负责技术工作的总工程师办公室负责，组织有关部门开展质量改进活动。质量工作委员会的主要任务包括：

1）制定质量改进方针、政策和阶段目标；

2）对企业所有项目的质量改进工作进行总体策划，协调质量改进工作中各相关部门的活动；

3）亲自参与、指导质量改进活动；

4）为质量改进团队提供所需的资源；

5）对质量改进成果进行评估、认可，并对相关人员进行奖励；

6）对质量改进成果进行总结，形成新的工作标准。

对于特殊高难项目，可以组织攻关小组、QC 小组等质量改进团队。团队成员是在专业岗位上有实践经验、有专业知识、能操作的技工、技术人员，必要时可聘请专家顾问。团队负责人应有一定的组织、诊断、实施课题项目的能力。团队的主要任务是负责缺陷的诊断和措施的实施，其具体工作内容为：

1）分析研究质量缺陷形成的具体原因；

2）通过调查和验证确定真正的原因；

3）提出纠正措施；

4）执行质量改进计划，逐项实施。

4.3.2 质量改进的基本工作方法与工具

质量改进的基本方法是 PDCA 循环，即 Plan（计划）、Do（执行）、Check（检查）和 Action（处理）循环。PDCA 循环最早是 1930 年由美国贝尔试验室的休哈特（Walter A. Shewhart）博士通过总结前人的管理经验和教训提出的一种管理工作程序，后在 1950 年被美国质量管理专家戴明（Edwards Deming）博士再度挖掘出来进行改进，并推广到日本，应用在产品质量改进过程中。

经过几十年的应用，PDCA 循环已成为国际通行的质量改进标准工作程序。ISO 9000 族已将其纳入标准，作为质量管理工作程序的一部分；ISO 9000：2005 标准中将"持续改进"定义为"增强满足要求能力的循环活动"，这与 PDCA 循环活动的原理是一致的。

（1）PDCA 循环的基本内容

标准的 PDCA 循环包含"四个阶段八个步骤"（如图 4-3 所示）；实际应用中，PDCA 循环的四个阶段必不可少，但具体的工作程序、步骤不是一成不变的，而是应根据工程项目的规模、特点、难度、要改进的质量问题等具体情况而决定。

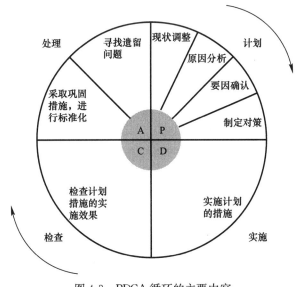

图 4-3　PDCA 循环的主要内容

（2）PDCA 循环质量改进的特点

1）大环套小环，小环保证大环

在 PDCA 循环的某一阶段的工作中，也会存在现状调查、制定计划、实施计划、检查实施效果和阶段性小结等小 PDCA 循环；小循环推动大循环某一阶段的工作，从而保证大循环的顺利进行（如图 4-4 所示）。

2）持续改进的循环

每经历一个 PDCA 循环，项目质量就会提高到一个新的水平；通过持续的 PDCA 循环，就能实现质量的持续改进（如图 4-5 所示）。

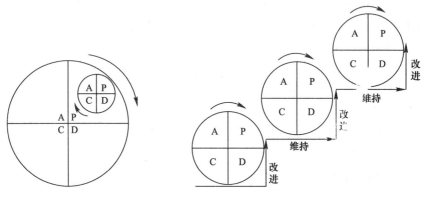

图 4-4　大环套小环　　　　　　　图 4-5　持续改进的循环

3）强调抓主要矛盾

在质量改进过程中，PDCA 循环强调抓住最主要的质量问题原因，通过最小投入来实现最佳改进效果。

（3）PDCA 循环的详细介绍

1）计划

计划阶段的任务是制定质量改进规则，识别、分析质量问题，提出解决方案。计划阶段通常包含现状调查、原因分析、要因确认和制定对策四个步骤。

① 现状调查（认识问题的特征）

工程项目质量的影响因素多，在现状调查中，要从不同的角度，根据不同的观点去进行项目质量状况的调查，做到既广泛又深入。这样才能更确切地了解质量问题的特征，并提出具体、明确的改进目标。

调查的要求：

要有明确、可行的目标。在调查工作开始前，要明确工作的目标，例如提升项目某部分的施工工作质量等；此外，制定目标时还要考虑经济效果和技术上的可行性；

- 调查应从质量问题的发生时间、地点、类型、表现四个方面进行记录，以便系统分析质量问题的特征；
- 调查的主要内容要包含质量问题的背景、历史状况和现状。通过对历史状况及现状的调查、研究、分析，明确问题的特征；
- 从不同的角度进行调查，如项目管理者角度、现场工作人员角度等，全面了解质量问题；
- 要到质量问题的现场去收集相关数据和各种必要信息。

现状调查常用的统计工具有排列图、直方图、控制图等。

案例 4-2：某住宅工程混凝土填充墙砌体质量改进活动中发现的质量问题

某住宅工程总建筑面积 33118m²，建筑檐高 58.7m，建筑占地面积 1909m²，地上共十八层，结构类型为框剪。墙体采用蒸压加气混凝土砖，外墙厚 250mm，内墙厚 200mm。为提升墙砌体质量，项目部质量改进小组对现场进行了 60 次调查，共查处不合格点数共计 50 点，其详细情况见表 4-2。

某住宅工程混凝土填充墙砌体质量检查　　表 4-2

序　号	墙体质量问题	出现频数	累计频数	累计频率
1	后砌质量较差	35	35	70%
2	灰缝过大	10	45	90%
3	砖防潮质量差	3	48	96%
4	其他	2	50	100%

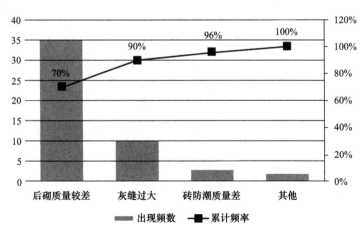

图 4-6　某住宅工程混凝土填充墙砌体质量检查

从排列图 4-6 可以看出，后砌质量较差的出现频率达到 70%，是最主要的质量问题，需要重点解决。

② 原因分析

解决问题的线索通常就在问题中，而为了找到这些线索，质量改进人员需要从不同角度对质量问题进行调查，以深入了解问题的特点；进而通过这些特点，找出质量问题内在的因果关系，从而分析出问题的可能原因。

原因分析的目的是找出尽可能多的潜在原因，尽量做到全面、不遗漏，而不去考虑原因的重要程度。

原因分析常用的统计工具有因果分析图（鱼骨图）、关联图等。

案例 4-3：某建筑工程混凝土施工质量问题的原因分析

某建筑工程为框架剪力墙结构，地下一层，地上 18 层，裙房 2 层，建筑面积 5 万 ㎡。工程主体三层以下为 C60 混凝土，4～7 层为 C50 混凝土。质量改进小组在对混凝土施工质量进行检查时发现了局部麻面、接槎不良、胀模等问题。针对这些问题，质量改进小组进行了原因分析，结果如图 4-7 所示。

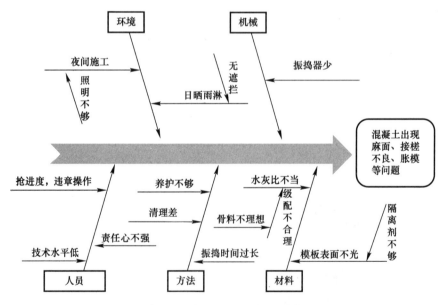

图 4-7　某建筑工程混凝土施工质量问题的原因分析

③ 要因确认

任何组织的人力、物力和财力都是有限的。因此，针对每个质量问题原因都采取改进措施通常意味着力量的分散，结果是不能有效实施改进措施，达不到质量改进的效果。

现代质量管理的领军人物约瑟夫·M·朱兰博士在移植帕累托原理时，提出了一个著名的论断，即虽然质量问题的影响因素很多，但在诸多原因中总有少数几个原因对质量问题起决定性作用，这些原因被称为"关键的少数"。针对关键的少数原因采取改进措施，就可以做到以相对最小的投入取得相对最好的改进效果，在相对较短的时间里实现很大程度的质量改进。因此，要因确认是项目质量改进中一个重要步骤。

确定主要原因的正确方法是使用科学的统计工具，对影响质量问题的诸多因素进行科学地分析，并进行检查和验证，以找出关键原因。

要因确认常用的统计工具有相关图或排列图。

案例4-4：某住宅工程混凝土墙砌体质量问题要因确认

某住宅工程质量改进活动中，质量改进小组对混凝土墙砌体的后砌质量较差、灰缝过大等问题进行了初步分析，确定了9个可能的质量问题原因。接着，质量改进小组采用了进一步调查分析和现场检查的方式，从这些原因中确定了质量问题的主要原因，其结果见表4-3。

某住宅工程混凝土墙砌体质量问题的主要原因　　　　　　　表4-3

序　号	可能的质量问题原因	验证办法	验证结果	结论
1	管理人员缺乏	调查分析	项目部施工管理人员配备齐全，岗位责任制度健全，能够满足现场管理的需求	非要因
2	管理方法错误	调查分析	项目部的施工技术交底资料，其编制内容无针对性，不能反映现场作业的实际情况	要因
3	机械操作人员未经相关培训	现场检查	操作人员已经过专业培训	非要因
4	骨料含泥量不满足要求	现场检查	经现场材料检查，骨料含泥量过大	要因
5	配合比未经试验	现场检查	配比经过相关资质单位试验，项目部严格按照该配合比施工	非要因
6	砌筑方法不当	现场检查	经过检查，发现作业人员组砌方法不当，先后的砌筑结合不牢	要因
7	无良好的作业环境	现场检查	现场平台搭设稳当，作业环境良好	非要因
8	是否使用皮数杆	现场检查	现场未使用皮数杆	非要因
9	砌筑材料是否提前湿水	现场检查	材料提前24h湿水	非要因

④ 制定对策

针对确定的主要原因，制定有效的改进措施，形成改进计划书。计划书中应明确质量改进活动的必要性、目的、措施、执行组织、人员、执行地点和完成日期等。

如果可能，应从经济角度对质量改进活动进行概算，以评价质量改进活动带来的增值效果。

制定对策时应考虑：解决质量问题的措施与今后巩固质量改进成果所采取的措施有所不同，应注意区分；所采取的措施是否会产生其他问题，有无副作用。若预计可能会产生其他问题，要同时制定消除或减轻副作用的措施。

制定对策常采用对策表。

案例 4-5：某建筑工程质量改进活动中制定的对策表（表 4-4）

某建筑工程质量改进活动中制定的对策表 表 4-4

序号	要因	现状	措施
1	质量意识差	教育不到位，奖罚不明	进行三级教育，制定奖罚制度及责任状
2	交底教育不到位	未进行全面教育	请专业人员进行技能教育
3	基层处理不到位	未按指导要求进行	进行专业技能培训，掌握操作技术
4	操作方法不当	基层处理操作方法不正确	进行专业技能培训，严格按照工艺要求进行施工
5	网格布处理不当	未按规程操作	细致交底、做好培训

2）实施

质量改进措施的实施并不是简单的执行，而是包含执行、控制和调整三部分的一个系统的工作过程：

① 执行：改进计划经过充分的调研和策划而制定，具有较强可行性，因此应努力按照改进计划实施；

② 控制：在改进计划的执行过程中，应采取必要的控制措施，如通过 QC 小组来监督、管理执行过程，协调各部门的工作，以保证改进实施过程按计划正常进行；

③ 调整：在实施过程中，项目质量问题的影响因素和客观条件往往会随着时间的推移而产生变化，造成原定的措施计划无法正常执行。这时，需要及时对原定措施计划进行调整。同时应注意，对原定措施计划的工作内容的调整要围绕预定的质量改进目标来进行。

3）检查

本阶段的工作内容是检查质量改进计划的实施效果，并将效果与预定的质量改进目标进行对比，评价目标的实现情况。如果有可能，还应对质量改进的成果进行经济分析，以更为直观地反映质量改进的成效。

检查阶段的要求：

① 用同一种统计方法（图、表）来对比质量改进计划实施前后的状况变化，从而更客观地评价质量改进活动的成果；

② 所有的质量改进效果，无论大小，都应一一列出。

检查阶段常用的统计工具有排列图、直方图、控制图等。

4）处理

处理阶段包括采取巩固措施和寻求遗留问题两个步骤，这两个步骤起着承上启下的作用，也是体现 PDCA 持续循环改进特点的关键步骤。

① 采取巩固措施

采取巩固措施，主要是对质量改进活动的过程、成果进行总结，形成标准化的流程制度；此外，还要通过适当的培训和宣贯，使项目工作人员掌握新标准，从而防止同样的质量问题反复发生，真正实现项目质量的改进与提升。

巩固措施的要求：

- 对实施的质量改进计划进行检查，对成功的措施进行标准化，形成技术标准、管理标准、工作标准及各种规章制度；
- 标准的修订要按企业的相应流程制度进行，要有标准化的通报工作；
- 对相关人员要进行新标准的培训、宣贯；
- 对新标准的执行工作要建立责任制，以保证新标准得到落实。

② 寻找遗留问题

通过质量改进成果与质量改进目标的对比，明确遗留的质量问题，达到促使 PDCA 循环继续下去的目的，实现持续的质量改进。

质量问题在首次 PDCA 过程中通常不能得到彻底解决，这是由 PDCA 过程强调抓住主要问题和主要原因的特点决定的。因此，在首次 PDCA 质量改进过程的最后阶段，要寻找遗留的质量问题，为下一次 PDCA 质量改进活动做准备，实现持续改进。

5）小结

PDCA 循环的总结　　　　　　　　　　　　表 4-5

阶 段	步 骤	工 具	工作内容
P 计划	1. 现状调查	排列图、直方图、控制图	确定存在的主要问题
	2. 原因分析	因果分析图，关联图	找出全部潜在原因
	3. 要因确认	相关图，排列图	确定主要原因
	4. 制定对策	对策表	制定改进计划
D 实施	5. 实施对策		实施改进计划
C 检查	6. 效果检查	排列图、直方图、控制图	检查实施效果

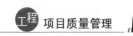

阶　段	步　骤	工　具	工作内容
A 处理	7. 巩固措施		将有效的措施标准化
	8. 遗留问题		找出遗留问题

（4）质量改进的支持工具和技术

上一节在介绍 PDCA 循环时已经顺便介绍了一些质量改进的工具。在质量改进项目和活动中，正确地运用有关工具和技术对于质量改进的成功是重要的。这些工具包括两类，一是适用于定量数据资料的工具，一是用于定性资料的工具，可参见表 4-6。

质量改进中供选用的工具和技术　　　　表 4-6

工具或技术	应用场合
A$_1$调查表	系统地收集资料，以对事实作出明确客观的描述
适用于定性资料的工具	
A$_2$分层图	把大量的观点、意见、结果或其他有关的信息分类编组
A$_3$水平对比	将你的过程与已知的竞争对手的水平进行对比
A$_4$发表独立见解	将观点、问题或结果排列编表，并进行评价
A$_5$因果分析图	系统地分析原因和结果，识别问题潜在的、根本的原因
A$_6$流程图	描述现有的过程，加以改进或设计新的过程
A$_7$系统图	把对象分解成若干基本要素
适用于定量数据资料的工具	
A$_8$控制图	对具有频繁输出的过程的情况进行监视，并确定其是否在正常范围内
A$_9$直方图	显示数据的分布
A$_{10}$排列图	识别主要因素，并区分"关键的少数"原因和可能的不重要的因素
A$_{11}$散布图	发现、确认和显示两组数据之间的关系

本书 6.3.5 节对质量管理的主要工具作了较为详尽的介绍，可以参照阅读。

4.4　全员参与的质量改进

4.4.1　增强全员的质量意识

（1）质量意识的含义

质量意识是指组织中从高层管理者到底层员工的每一位成员所具有的对"用户需求的质量"的准确理解和判断，以及提供这些质量需求的方法和满足客户质量需求的信念等一系列的感知过程。

在工程建设领域，质量意识就是指工程项目中所有从业人员对建设工程产品

的质量和质量工作的认识、理解和重视程度。

（2）质量意识的作用

1）良好的质量意识是形成合格建设工程产品的前提

具有较强建设工程质量意识的从业人员，必然懂得尊重工程建设客观科学规律，理解和自觉遵守工程建设基本办事程序；他们能时刻监督自己，控制好自己的行为，使自己的行为满足和符合建设工程质量规范的要求，且不会轻易受外部条件或他人的干扰而动摇或改变自己的质量行为。

2）良好的质量意识是正确处理工程建设中发现的各种质量问题事故、实现项目质量改进的保障

在工程建设过程中，对待工程出现的质量问题，质量意识不同的人，态度也是截然不同的。缺乏质量意识的人首先考虑的是自己眼前利益，而具有质量意识的人首先考虑的是项目、公司的长远利益。所以，在处理工程质量问题的时候，缺少质量意识的人往往不能积极主动地解决问题、进行质量改进活动，甚至对管理者要求实施的质量改进措施进行抵触。而拥有良好质量意识的员工，却自发地对质量问题进行分析，积极地提出改进建议，从而能及时解决质量问题，实现项目质量改进。

3）良好的质量意识是合理统筹建设工程质量、进度、投资三者关系出发点

对工程建设来说，尽可能缩短工期是能够产生巨大效益的，更不用说直接减少成本降低投入。但是，具备良好质量意识的从业人员会坚持把质量考虑在首位，合理地统筹好工程质量、进度、投资三者的关系。

（3）增强全体员工质量意识的方法

1）提升项目管理者自身的质量意识

项目管理人员，特别是基层的管理人员是基层员工的指路人，员工都是按照管理人员指明的方向前进的。如果管理者自身质量意识不强，对一些违规操作现象和质量问题视而不见，不制止、不纠正，员工就会逐步淡化质量意识，违规现象就会不断增加。管理者的意识和行为对员工会起到潜移默化的作用，因此提升员工的质量意识，首先要加强管理者自身的质量意识。

2）加强员工质量培训工作

对新员工，要在上岗之前进行质量意识和专业技能的培训，因为培养一种良好的习惯比纠正一种坏习惯要更容易。新员工没有从事过相关工作，对新上手的工作各方面都比较陌生，对新员工的培训能够从一开始就规范员工的工作方法、操作流程，提升员工的质量意识。在培训时，培训的老师要由相应岗位上质量意识强、技术专业、操作规范的老员工来担任，从而保证培训的质量。

另一方面，对老员工也要经常开展质量培训，特别是在通过解决质量问题而

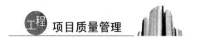

总结出新的工作流程、标准时，要对相应岗位上的员工进行培训，让他们及时掌握、应用新的工作方法，提升质量意识。

此外，在每次培训结束后，还要进行相应的考核，并使考核结果与员工的奖金、职业发展挂钩，以增加员工对培训的重视程度，加强培训效果。

3）加大质量考核力度，建立质量激励机制

在项目的进行过程中，要定期对阶段性的工作成果进行质量考核，对于存在的质量问题进行分析。如果质量问题是由于相关工作人员缺乏质量意识、操作不规范而造成的，就要对相关人员进行质量再教育；对于质量优秀的工作成果，要给予相关工作人员物质和精神奖励，以增强员工改进质量的积极性，提升质量意识。

4）鼓励或组织员工开展质量改进活动

经常鼓励或者组织员工开展质量改进活动，例如 QC 小组活动，让全体员工都有机会亲自参与质量改进，为质量改进提供自己的建议和想法，从而调动员工的积极性；当员工看到自己策划、实施的质量改进措施产生效果时，成就感和责任感也会增加。这些都是提升员工质量意识的有效方法。

4.4.2 质量缺陷的诊断

（1）施工项目质量缺陷的特点

1）复杂性

施工项目质量缺陷的复杂性，主要表现在引发质量缺陷的因素复杂，从而增加了对质量缺陷的性质、危害的分析、判断和处理的复杂性。例如建筑物的倒塌，可能是未认真进行地质勘察，地基的容许承载力与持力层不符；也可能是未处理好不均匀地基，产生过大的不均匀沉降；或是盲目套用图纸，结构方案不正确，计算简图与实际受力不符；或是荷载取值过小，内力分析有误，结构的刚度、强度、稳定性差；或是施工偷工减料、不按图施工、施工质量低劣；或是建筑材料及制品不合格，擅自代用材料等原因所造成。由此可见，即使同一性质的质量问题，原因有时截然不同，所以在处理质量问题时，必须深入地进行调查研究，针对其质量问题的特征作具体分析。

2）严重性

施工项目质量缺陷，轻者影响施工顺利进行，拖延工期，增加工程费用；重者，给工程留下隐患，成为危房，影响安全使用或不能使用；更严重的能引起建筑物倒塌，造成人民生命财产的巨大损失。如某地有一栋 6 层的住宅楼，在主体施工过程中，现浇圈梁，轴线偏移了 9cm，圈梁上面的楼板搭接长度不足 3cm，造成 6 层楼板一直砸到底，当场夺去 11 人的生命。这血的教训，值得施工管理

者深思。对工程质量缺陷决不能掉以轻心，务必及时妥善处理，以确保建筑物的安全使用。

3）可变性

许多工程质量缺陷，还将随着时间不断发展变化。例如，钢筋混凝土结构出现的裂缝将随着环境湿度、温度的变化而变化，或随着荷载的大小和持荷时间而变化；建筑物的倾斜，将随着附加弯矩的增加和地基的沉降面而变化；混合结构墙体的裂缝也会随着温度应力和地基的沉降量而变化；甚至有的细微裂缝，也可以发展成构件断裂或结构物倒塌等重大事故。所以，在分析、处理工程质量问题时，一定要特别重视质量事故的可变性，应及时采取可靠的措施，以免事故进一步恶化。

4）多发性

施工项目中有些质量缺陷，就像"常见病"、"多发病"，而成为质量通病，如屋面、卫生间漏水；抹灰层开裂、脱落；地面起砂、空鼓；排水管道堵塞；预制构件裂缝等。另有一些同类型的质量缺陷，往往一再重复发生，如雨篷的倾覆，悬挑梁、板的断裂，混凝土强度不足等。因此，吸取多发性事故的教训，认真总结经验，是避免事故重演的有效措施。

（2）施工项目质量缺陷的常见原因

施工项目质量缺陷的常见原因，在前面章节中已详细说明。

（3）质量缺陷的诊断过程

1）了解和检查

对有缺陷的工程进行现场情况、施工过程、施工设备和全部基础资料的了解和检查，主要包括检查质量试验检测报告、施工日志、施工工艺流程、施工机械情况以及气候情况等。

2）检测与试验

通过检查和了解可以发现一些表面的问题，得出初步结论，但往往需要进一步的检测与试验来加以验证。

检测与试验，主要是检验该缺陷工程的有关技术指标，以便准确找出产生缺陷的原因。例如，若发现石灰土的强度不足，则在检验强度指标的同时，还应检验石灰剂量，石灰与土的物理化学性质，以便发现石灰土强度不足是因为材料不合格、配比不合格或养护不好，还是因为其他如气候之类的原因造成的。检测和试验的结果将作为确定缺陷性质的主要依据。

3）专门调研

有些质量问题，仅仅通过以上两种方法仍不能确定。如某工程出现异常现象，但在发现问题时，有些指标却无法被证明是否满足规范要求，只能采用参考的检测方法。像水泥混凝土，规范要求的是 28d 的强度，而对于已经浇筑的混凝土无法再检测，只能通过规范以外的方法进行检测，其检测结果作为参考依据之一。

为了得到这样的参考依据并对其进行分析，往往有必要组织有关方面的专家或专题调查组，提出检测方案，对所得到的一系列参考依据和指标进行综合分析研究，找出产生缺陷的原因，确定缺陷的性质。这种专题研究，对缺陷问题的妥善解决作用重大，因此经常被采用。

（4）对不需要处理的质量缺陷的判断

施工项目的质量缺陷，并非都要处理，即使有些质量缺陷，虽已超出了国家标准及规范要求，但也可以针对工程的具体情况，经过分析、论证，作出无需处理的结论。总之，对质量缺陷的处理，要实事求是，既不能掩饰，也不能扩大，以免造成不必要的经济损失，延误工期。

不需要作处理的质量缺陷常有以下几种情况：

1）不影响结构安全，生产工艺和使用要求。例如，有的建筑物在施工中发生了错位，若要纠正，困难较大，或将造成重大的经济损失。经分析论证，只要不影响工艺和使用要求，可以不作处理；

2）检验中的质量缺陷，经论证后可不作处理。例如，混凝土试块强度偏低，而实际施工中的混凝土强度，经测试论证已达到要求，就可不作处理；

3）某些轻微的质量缺陷，通过后续工序可以弥补的，可不处理。例如，混凝土墙板出现了轻微的蜂窝、麻面，而该缺陷可通过后续工序抹灰、喷涂、刷白等进行弥补，则勿需对墙板的缺陷进行处理；

4）对出现的质量缺陷，经复核验算，仍能满足设计要求者，可不作处理。例如，结构断面被削弱后，仍能满足设计的承载能力，但这种做法实际上是在挖设计的潜力，因此需要特别慎重。

4.4.3 管理者可控缺陷的改进

工程建设最明显、最令用户发愁的缺陷是屋面漏雨、厕所不通，严重影响了使用功能。而这类质量缺陷往往又归咎于施工作业水平低劣、作业粗糙、操作者责任心差等，于是制定和采用奖惩办法予以"制裁"。其实不然，在施工过程中有许多条件不是操作者可以控制得了的，如设计不合理、施工大样图不详、工艺标准不清、工装不能满足要求，施工时缺作业方案、原材料不合格等。

案例 4-6：某房屋建筑工程屋面漏水事故分析

某房屋建筑工程原设计屋盖结构为预制空心板，2cm 厚砂浆找平层，二毡三油防水层。施工单位为改善工作条件，方便施工，将热操作改为冷操作，经设计院同意将二毡三油屋面改为橡胶防水涂料屋面，而任何一方均未出示修改后的细部构造图，也未重新编制作业指导书或进行技术交底。大面积施工后，造成严重渗雨。

渗漏原因分析见表 4-7。

渗漏原因分析 表 4-7

缺陷原因	情况分析	责任者
原材料方面	防水涂料进场后复检项目不全，未做低温柔性试验，以致屋面过一冬季后，涂层出现龟裂	材料员 试验员
施工技术方面	1. 涂层厚度不够 原设计二毡三油，修改后应为二布六涂，涂膜厚度应有 2mm，而施工时却是二布三涂 2. 找平层未设置分隔缝 找平层的分隔缝应预留空心板的板端，间距不大于 6mm，施工时未予留置，导致找平层裂缝产生，加之板缝灌浆不密实，破坏了防线 3. 分隔缝未嵌涂结合，缝内应填塞油膏和附加层，施工时所有裂缝均未处理，最后一层未趁湿撒铺黄沙或云母粉	设计单位 项目技术员 施工员

类似案例 4-6 的事故是由于管理层的技术人员对这两种材料的性能、节点构造、规范要求不清，盲目指导施工而造成的返工损失，其责任显然主要不在作业人员。

又如在桩基施工中，灌注桩的质量通病较多，常见的质量缺陷如空洞、断裂等。有的灌注桩成型后，空洞竟有 60～70mm 深，因满足不了设计的承载力而予以报废。有些材料供应部门对技术标准不熟悉，对混凝土的性能也不清楚，只顾单纯地降低成本，将道砟碎石充当混凝土的粗骨料，导致混凝土级配不良，和易性差，密实性差，于是产生质量缺陷。

案例 4-7：某工程灌注桩质量事故原因分析（表 4-8）

某工程灌注桩质量事故原因分析 表 4-8

缺　陷	情况分析	责任单位
空洞	1. 原材料不合格 有筋混凝土灌注桩粗骨料最大粒径应为 30mm，而实际供料的筛分结果为 60～80mm，导致混凝土和易性差，密实性差	材料员 试验员
	2. 混凝土配比不当 在考虑混凝土配合比设计时，为不增加费用，取消减水剂的掺入，而工地施工为方便下料，中途任意加水，改变水灰比，导致和易性差，强度偏低	施工员 试验员

缺 陷	情况分析	责任单位
空洞	3. 没有混凝土施工方案 浇灌混凝土时,不配备串筒或导管,任操作者用小车倒料,导致混凝土分层离析; 4. 未分层振捣	技术员 施工员
位移断裂	1. 地质情况不明,浇筑途中遇软土层,或由于桩密集,预先未采取降水排水措施 2. 未指派专人观测桩顶及地面变化情况	

案例 4-7 中显然事故的主要责任者也是工程技术人员和施工管理人员。这类桩基缺陷造成的事故往往很严重,损失费用大,难以处理。然而这些缺陷仍然多次、重复地发生,这属于管理者可控缺陷。

质量改进的重点是对由管理者的原因引起的系统性的、经常性的缺陷进行突破。

管理者可控缺陷的改进,主要是从技术上和管理上的改进,其改进步骤如下:

1) 确认主要责任是否是管理缺陷;

2) 找出技术上、管理上或方法上造成的质量缺陷的原因;

3) 进一步对主要原因进行分析;

4) 针对主要原因选择改进方案;

5) 确定改进措施;

6) 将改进结果归入技术标准或管理标准;

7) 从质量成本中开展质量审核,验证质量改进成果。

4.4.4 操作者可控缺陷的改进

操作者可控缺陷是指在有关部门明确了工法或标准,制定了施工方案,进行了技术交底,提供了必要的设备工具及检测手段,操作者也经考核证实掌握了所需的技能,在这种情况下仍发生质量缺陷,这种缺陷包括无意差错、技术差错、有意差错三种。

(1) 无意差错

无意差错是由于人不可能长时间保持自己的注意力,而不可避免地产生的差错,这种差错不是有意识的,而是不知不觉和不可预测的。

例如,某工程由于工期紧工人连续作业,疲惫不堪,在夜班安装设备基础地脚螺栓时,为避免误差过大,故将钢尺的零头捋去,从 100mm 处初读数,将设

计的 250mm 的间距仍读数 250mm，如图 4-8 所示，误差 100mm，因此而造成返工事故。这是明显的操作失误。

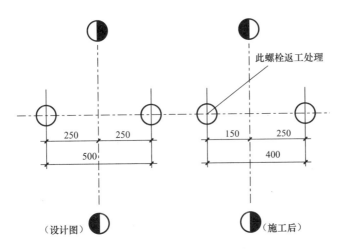

图 4-8　操作失误的质量事故

又如，有些单位在测量管理上不够严格，往往不通过任务单传送，而凭口头通知下达任务，而测工误将两球罐基础组的中心误定为一球罐本体的中心，造成球罐组整体位移的事故。

针对这类事故，应从下列各方面考虑整改措施：

1）给操作人员创造良好的工作条件，安排工作要劳逸结合，不可连续作业。减少工人的疲劳，改善劳动环境条件，增加照明设施，配置必要的检测工具；

2）加强检查制度，设置多重检查，如自检、互检、专检，对工作引起警觉，防止差错；

3）改进操作方法，防止错误操作；

4）及时做好原始记录的记载，做好数据反馈。自检、专检记录要真实、清晰，使操作者清楚自己的质量水平及改进目标；

5）减少"软件"差错，防止技术文件的错误，减少人的记忆差错和传送联络差错等。

（2）技术差错

技术差错是指工人由于缺乏防止差错所必须的技术、技能或知识而发生的差错，这种差错的特点是：非有意的、习惯性的、一贯性的、特殊的、不可避免的。

例如在砌筑工程中，瓦工们一直惯用推尺法施工，对"三一"砌筑法的要领掌握不够，且未配大铲，在操作中不挤浆，又不加浆，造成竖缝不饱满，甚至透

133

亮，严重的引起墙面渗水。

电焊工施焊时，咬肉、气泡、夹渣等等缺陷都是技术不过关，并非有意，这都属于技术差错。

这种改进需要从以下几点去解决：

1）通过培训，使他们掌握操作要领，熟悉技术操作规程和工艺要点；

2）通过现场会，推广好的操作经验；

3）尽可能在工艺上采取措施，弥补技术上的不足，防止差错。

（3）有意差错

有意差错是明知故犯，有意造成的和一贯性的。有意差错的产生，往往是由于管理人员态度粗暴，对操作者过于责备，挫伤了劳务人员的积极性和责任心；有的则是对现状不满，对抗情绪严重，以致破坏质量；有的则因责任不明，责任心不强，有意隐瞒缺陷，蒙骗过关。如某工程施工时管理混乱，预埋件丢失，而操作者并不报告，随意在现场拼装一块，为便于穿过钢筋骨架，将锚固筋割除，待浇筑完毕，安装构架时，预埋件脱出，造成事故。这都是操作者责任心不强的表现。

对有意差错的改进措施是：

1）建立明确的岗位责任制，建立各项原始记录台账，严格考核；

2）建立激励机制，开展劳动竞赛，鼓励分项工程一次合格、一次成优，奖励先进；

3）坚持"质量第一"的方针，产量、工期、质量成本要综合平衡；

4）加强岗位考核，发挥操作者的特长，对操作者实行动态管理；

5）关心劳务工人，提高他们的责任感和质量意识。

4.4.5 QC 小组活动

（1）QC 小组的概念

质量管理小组（QC 小组）是员工参与质量改进活动的一种非常重要的组织形式。开展 QC 小组活动能够体现现代管理以人为本的精神，提升全体员工参与质量管理、质量改进活动的积极性和创造性，为企业提高质量、降低成本、创造效益，同时有助于提高职工的素质，塑造充满生机和活力的企业文化。

1997 年 3 月 20 日国家经贸委、财政部、中国科协、中华全国总工会、共青团中央、中国质量管理协会联合发出了《关于推进企业质量管理小组活动意见》的通知，其中指出：QC 小组是"在生产或工作岗位上从事各种劳动的职工，围绕企业的经营战略、方针目标和现场存在的问题，以改进质量、降低消耗、提高人的素质和经济效益为目的组织起来，运用质量管理的理论和方法开展活动的

小组"。

（2）QC 小组活动的作用

1）有利于开发智力资源，发掘人的潜能，提高人的素质；

2）有利于预防质量问题、实现质量改进；

3）有利于实现全员参与管理；

4）有利于改善人与人之间的关系，增强人的团结协作精神，构造和谐企业；

5）有利于改善和加强管理工作，提高管理水平；

6）有助于提高职工的科学思维能力、组织协调能力、分析与解决问题的能力，从而使职工岗位成才；

7）有利于提高顾客的满意程度。

（3）QC 小组的组建

1）QC 小组的组建原则

为了做好 QC 小组的组建工作，一般应遵循以下基本原则：

① 自愿参加，自由组合：在组建 QC 小组时，参与者通常是对 QC 小组活动的宗旨有比较深刻的理解和共识的人员，能自觉参与质量管理，自愿和小组结合在一起，从而在开展活动中更好地发挥无私奉献的主人翁精神，充分发挥小组成员的积极性、主动性和创造性。

② 灵活多样，不拘一格：由于企业特点的不同，企业内部各部门的特点也不同，因此 QC 小组的形式可以灵活多样。人员可多可少，活动时间可长可短，可以是同工种同班组的，也可以是管理人员、技术人员和操作人员组建的三结合小组，便于从多个角度分析、解决复杂问题。

③ 实事求是，联系实际：组建 QC 小组时，一定要从实际出发，以解决实际问题为出发点，实事求是地筹划 QC 小组的组建工作。可以先组建少量 QC 小组，指导他们有效地开展活动，并取得成果。这样就起到示范的作用，让广大员工增强对 QC 小组活动宗旨的感性认识，逐步诱导其参与 QC 小组活动的愿望，使企业中 QC 小组像滚雪球一样地扩展开来。

2）QC 小组的组建程序

QC 小组的组建通常可以采用以下三种程序：

① 自下而上的组建程序

由同一项目、同一班组、同一专业或同一部门科室人员，根据想要选择的质量改进课题方向，共同决定组成一个 QC 小组，并选择具体课题，确定小组名称和组长人选。之后，由确认的 QC 小组组长向项目经理部和上级主管部门申请注册登记，经主管部门审查认为具备组建条件后，即可按章程进行 QC 小组注册登记和课题注册登记，该 QC 小组组建工作便告完成。

这种组建程序，通常适用于那些由同一工程项目、同一班组或同一职能部门的部分成员组成的 QC 小组。所选课题一般都是小组身边的力所能及的问题。这样组建的 QC 小组成员的活动积极性、主动性高，企业主管部门的领导应给予支持和指导，包括对小组骨干成员进行必要的培训，以使 QC 小组活动能持续有效地开展。

② 自上而下的组建程序

这是当前较普遍采用的一种方式。首先，由企业主管 QC 小组活动的部门，根据企业实际情况，提出全企业开展 QC 小组活动的设想方案，然后与各分公司、项目部等部门的领导协商，达成共识后，共同确定本单位考虑组建的 QC 小组，提出组长人选，并进而与组长一起物色每个 QC 小组所需成员及所选课题内容。然后由企业主管 QC 小组活动的部门为小组办理相关手续。组长按要求填写 QC 小组注册登记表和课题登记表，经主管部门审核同意后，编录其注册登记号，小组组建工作即告完成。

这种组建程序普遍被"三结合"的技术攻关 QC 小组所采用。这类 QC 小组所选择的课题往往都是企业或项目部急需解决的、有较大难度的、牵涉面较广的技术、设备、工艺问题，需要企业或项目经理部为 QC 小组活动提供一定的技术、资金条件。

案例 4-8：某净水厂建设项目防水套管 QC 小组概况

某净水厂三期工程，厂区总用地 72855.4m²，建筑面积 18384.8m²。三期工程建成后日处理规模为 15 万 m³/d。为提高防水套管施工质量，在总工程师的带领下，公司成立了由管理干部、技术人员和队长组成的三结合 QC 小组，小组概况见表 4-9。

某净水厂建设项目防水套管 QC 小组概况 表 4-9

小组名称	某集团工程有限公司净水厂工程 QC 小组				
成立时间	2008 年 7 月 1 日		注册时间	2008 年 7 月 1 日	
小组类型	攻关型		活动时间	2008 年 7 月～2008 年 9 月	
课题名称	开展 QC 活动，控制关键工序，确保高精度套管施工质量				
序号	姓名	性别	年龄	组内职务及分工	职称
1	李××	男	36	组长	总工程师
2	丁××	男	30	副组长	工程师
3	赵××	男	24	组员	助工
4	宋××	男	26	组员	助工

序号	姓名	性别	年龄	组内职务及分工	职称
5	斐××	男	27	组员	助工
6	王××	男	26	组员	测量队队长
7	张××	男	45	组员	实验室主任
8	王××	男	44	组员	施工队队长
活动情况	发现问题立即研究解决		共活动 7 次		

还有一些管理型 QC 小组，由于其活动课题也是自上而下确定，并且是涉及部门较多的综合性管理课题，因此，通常也采取这样的程序组建。

自上而下组建的 QC 小组，更能紧密结合企业的方针目标，抓住关键课题，为企业带来直接经济效益。又由于有领导和技术人员的参与，活动易得到人力、物力、财力等多方面的资源保障，更容易取得成效。

③ 上下结合的组建程序

这是介于上面两种方式之间的一种方式。它通常是先由企业主管部门推荐课题范围，经下级讨论认可后，经上下协商来组建 QC 小组。协商内容主要是涉及组长和组员人选的确定，课题的初步选择等问题，其他程序与前两种相同。这样组建小组，可取前两种所长，避其所短，应积极倡导。

至于每个 QC 小组的人数应根据所选课题涉及的范围、难度等因素来确定，不必强求一致。国家《关于推进企业质量管理小组活动的意见》中指出：为便于自主地开展现场改善活动，小组人数一般以 3～10 人为宜。

在课题变化或小组成员岗位变动后，成员数量可作相应调整，在可多可少情况下，宜少不宜多，以便于每个小组成员在小组活动中充分发挥自己的作用。

（4）QC 小组活动的管理技术

解决本专业或本单位存在的问题、不断地进行质量改进，是 QC 小组活动的基本目的。要解决所存在的质量问题，需要运用两方面的技术：一方面是专业技术，即要解决的这个问题属于什么专业范围，需要用哪一门专业技术；另一方面是管理技术，即解决问题程序、证据、方法等。专业技术须同管理技术有效结合，才能有效解决质量问题，实现质量改进。

每个 QC 小组要解决的课题是不同的，因此所涉及的专业技术也是各不相同的。但其管理技术是共同的，主要由以下三个方面组成。

1）遵循 PDCA 循环

QC 小组活动遵循 PDCA 循环的质量持续改进方法，即通过计划（P）、执行（D）、检查（C）和处理（A）四个阶段来开展活动。

2）以事实为依据，用数据说话

为什么选这个课题？制订这个目标的依据是什么？问题的症结在哪里？确认这几条为主要原因的理由是否充分？所制定的每一条对策是否已完成？有没有达到预期效果等，都要有客观的而不是主观的证据来说明。为此，活动过程中要以事实为依据，用数据说话。

3）应用统计方法

为了取得证据，QC小组会收集大量数据，而其中有的是有效数据，有的则是无效数据。要对数据进行整理分析，就需要运用统计方法；在判断总体质量时，如果不能做到全体检测时，要随机抽取一定数量的样本，从样本的质量状况判断总体的质量水平，而这就需要应用本书表4-6所列的工具和统计学的方法；而在优选一些参数进行试验验证时，要实现试验次数最少，从而得到参数的最佳搭配，也需要运用这些工具和方法。

案例4-9：某水泥稳定碎石基层施工QC小组活动成果案例

一、工程简介：

某市政道路工程项目，设计红线宽45m，施工断面1100m，分三期施工作业，总造价约2000万元；道路结构为30cm厚水泥稳定碎石加22cm厚水泥混凝土路面。

为了改进水泥稳定碎石基层的施工质量，项目组采用了PDCA循环方法，首先进行了150m长的实验路段的质量改进，接着将改进成果推广到了整个项目中。

二、第一次PDCA循环

1. 计划阶段（P1）

目的：探索水泥稳定碎石基层施工的质量改进与施工管理方法，为水泥稳定碎石基层施工的全面展开做准备工作。

具体实施：按现有施工规范要求对试验路段进行施工，进行水泥稳定碎石基层的模拟实验，共完成100m长路面。接着，对试验路段进行检测，共发现不合格点46个，其组成和频数见表4-10。

试验路段检测发现的不合格点的组成和频数　　　　表4-10

序　号	不合格项目	频数（点）	累计数	累计百分比
1	高程	12	12	26.1%
2	轮迹深度大于5mm	9	21	45.7%
3	横坡	8	29	63.0%
4	脱皮、松散	7	36	78.3%

序　号	不合格项目	频数（点）	累计数	累计百分比
5	厚度	4	40	87.0%
6	平整度	3	43	93.5%
7	压实度	3	46	100.0%
	合计	46		

根据排列图 4-9，可以识别出最主要的质量问题：

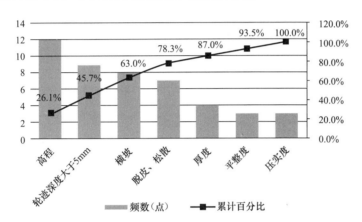

图 4-9　试验路段检测发现的不合格点的组成和频数

- 水泥稳定级配碎石基层施工中高程控制存在问题；

- 轮迹深度较深；

- 基层横坡不符合规范要求；

- 脱皮、松散现象。

经过分析，找到了产生以上问题的主要原因（图 4-10）。

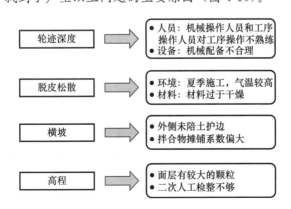

图 4-10　产生质量问题的主要原因分析

针对这些质量问题原因，制定了以下对策：

针对质量问题的原因所制定的对策　　　　　　　　　　　表 4-11

问　题	对　策
机械操作人员和工序操作人员对工序操作不熟练	进行施工技术要求的培训；请熟悉该工序的有经验的施工员示范
机械配备不合理	重新进行劳动组合
夏季施工，气温高	及时碾压
材料过于干燥	适当增大含水量
外侧未培土护边	严格按施工规范护边
拌合物摊铺系数偏大	通过实践，调整所采用松铺系数
面层有较大粒径颗粒	人工检整时，不得采用锹挖抛洒，一律采用扣锹平整
二次人工检整不够	两侧采铁桩挂米字检整

2. 实施阶段（D1）

根据对策表，项目组实施了质量改进措施，着重解决了拌合时的含水量问题和拌合后的压实问题，重新进行劳动组合和施工，并要求每位施工人员严格按施工工艺施工。在新措施的指导下，项目组继续在试验路段进行了 50m 的水泥稳定碎石基层施工。

3. 检查阶段（C1）

在实施新措施完成 50m 试验路段的施工后，项目组按规范进行了检验，结果见表 4-12。

实施新措施后检验的结果　　　　　　　　　　　表 4-12

项　目	检查点	合格点	合格率
轮迹深度	10	9	90%
土块直径	10	10	100%
平整度	10	9	90%

根据验收结果，水泥稳定碎石各项指标综合合格率为 93.5%，其中水泥稳定碎石基层成型的主要指标压实度达到百分百合格。

4. 处理阶段（A1）

通过检查了解到，实施的质量改进措施实际提升了试验路面的合格率，提高了项目质量。项目组进而对改进措施进行了总结，提取出了通行的管理方法和施工技术，并在项目组中进行推广，为后续路段水泥稳定碎石基层施工的展开作好了准备。

但是，在检查的过程中也发现了一些遗留问题，如水泥稳定碎石基层脱皮、

石灰土层回弹等。为解决这些遗留问题，项目组开展了第二次 PDCA 循环。

三、第二次 PDCA 循环

（略）

四、总结

项目组通过第一次 PDCA 循环，建立了 150m 长的水泥稳定碎石基层施工样板路段，优化了劳动组合和施工流程，提升了施工质量，为后续路段的施工做好了准备；通过第二次 PDCA 循环，项目组解决了更多的质量问题，实现了 98％ 的质量合格率，并通过对质量改进措施的总结，形成了一套标准化的施工管理和质量控制程序，实现了项目质量的持续循环改进。

4.5　工程质量通病及其防治

4.5.1　消除质量通病是工程质量改进的主要任务

所谓"通病"就是常见病、多发病。建筑工程质量通病是指工程施工过程中经常发生，由于疏于管理而难于根治的工程质量问题。此类问题如果不彻底根治，将会对建筑物的结构安全、使用功能造成很大隐患，严重者可能给业主造成巨大的经济损失，给国家和人民的生命、财产构成巨大威胁。

工程项目质量改进的目的不仅是解决具体的工程质量问题，而是更多地采用预防措施，通过提高项目管理、施工技术和全员的质量意识，从根本上消除质量通病，防止质量通病的发生，从而实现真正的工程质量改进。因此，工程质量改进的主要任务就是消除质量通病。

4.5.2　常见质量通病及其预防处理

（1）一般建筑工程质量通病

1）挖方边坡塌方

现象：在挖方过程中或挖方后，边坡局部过大而积塌方，使地基土受到扰动，承载力降低，严重的会影响建筑物的安全。

预防处理措施：

① 对基坑（槽）塌方，应清除塌方后作临时性支护措施；

② 对永久性边坡局部塌方，应清除塌方后用块石填砌或用 2∶8、3∶7 灰土回填嵌补，与土接触部位作成台阶搭接，防止滑动；

③ 将坡度改缓；

④ 做好地面排水和降低地下水位的工作。

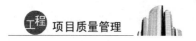
2）回填土密实度达不到要求

现象：回填土经夯实或辗压后，其密实度达不到设计要求，在荷载作用下变形增大，强度和稳定性下降。

预防处理措施：

① 不合要求的土料挖出换土，或掺入石灰、碎石等夯实加固；

② 含水量过大的土，可采用翻松晾晒、风干，或均匀掺入干土等，重新夯实；

③ 土含水量小或辗压机能量过小时，可采用增加夯实遍数，或使用大功率压实机辗压等措施。

3）基坑（槽）泡水

现象：基坑（槽）开挖后，地基土被水浸泡。

预防处理措施：

① 被水淹泡的基坑，应采取措施，将水引走排净；

② 设置截水沟，防止水刷边坡；

③ 已被水浸泡扰动的土，采取排水晾晒后夯实；或抛填碎石、小块石夯实；或挖出淤泥加深基础。

4）基坑底出现橡皮土

现象：当挖到基坑底时，人走在基底上发生颤动，受力处下陷，四周鼓起，形成软塑状态。在基坑内成片出现这种橡皮上（又称弹簧土），使承载力下降，变形加大，基底长时间不能得到稳定。

预防处理措施：

① 应有良好的降水设施，确保基坑底部的地下水位降低到基底 0.5m 以下；

② 无论使用机械或人工挖土，应尽可能避免对原状土的扰动，如操作者不要过多在原状土中踩踏、行走，机械挖土时也应避免机械对原状土的撞击。

5）基坑底土体隆起

现象：由于土体的弹性和坑外土体向坑内方向挤压，坑底土体产生回弹、隆起变形。导致构造物建造后产生过量的土体压缩、沉降变形。

预防处理措施：

① 合理组织开挖施工，较大面积基坑可采用分段开挖、分段浇筑垫层进行施工，以减少基坑暴露时间；

② 做好坑内排水工作，防止坑内积水；

③ 可采取坑内地基加固的技术措施，通过计算确定加固地基土的深度。

6）轴线位移

现象：混凝土浇筑后拆除模板时，发现柱、墙实际位置与建筑物轴线位置有

偏移。

预防处理措施：

① 模板轴线测放后，组织专人进行技术复核验收，确认无误后才能支模；

② 墙、柱模板根部和顶部必须设可靠的限位措施，如在现浇楼板混凝土上预埋短钢筋来固定钢支撑，以保证底部位置准确；

③ 支模时要拉水平、竖向通线，并设竖向垂直度控制线，以保证模板水平、竖向位置准确；

④ 根据混凝土结构特点，对模板进行专门设计，以保证模板及其支架具有足够强度、刚度及稳定性；

⑤ 混凝土浇筑前，对模板轴线、支架、顶撑、螺栓进行认真检查、复核，以及时发现问题并进行处理；

⑥ 混凝土浇筑时，要均匀对称下料，浇筑高度应严格控制在施工规范允许的范围内。

7）混凝土结构层标高偏差

现象：测量时，发现混凝土结构层标高及预埋件、预留孔洞的标高与施工图设计标高之间有偏差。

预防处理措施：

① 每层楼设足够的标高控制点，竖向模板根部须做找平；

② 模板顶部设标高标记，严格按标记施工；

③ 建筑楼层标高由首层±0.000标高控制，严禁逐层向上引测，以防止累计误差，当建筑高度超过30m时，应另设标高控制线，每层标高张测点应不少于2个，以便复核；

④ 预埋件及预留孔洞，在安装前应与图纸对照，确认无误后准确固定在设计位置上，必要时用电焊或套框等方法将其固定，在浇筑混凝土时，应沿其周围分层均匀浇筑，严禁碰击和振动预埋件与模板；

⑤ 楼梯踏步模板安装时应考虑装修层厚度。

8）混凝土模板接缝不严

现象：由于模板间接线不严有间隙，混凝土浇筑时产生漏浆，混凝土表面出现蜂窝，严重的出现孔洞、露筋。

预防处理措施：

① 翻样要认真，严格按1/50～1/10比例将各分部分项细部翻成样图，详细编注，经复核无误后认真向操作工人交底，强化工人质量意识，认真制作定型模板和拼装；

② 严格控制木模板含水率，制作时拼缝要严密；

③ 木模板安装周期不宜过长，浇筑混凝土时，木模板要提前浇水湿润，使其胀开密缝；

④ 钢模板变形，特别是边框外变形，要及时修整平直；

⑤ 钢模板间嵌缝措施要控制，不能用油毡、塑料布，水泥袋等去嵌缝堵漏；

⑥ 梁、桩交接部位支撑要牢靠，拼缝要严密（必要时缝间加双面胶纸），发生错位要校正好。

9）柱子外伸钢筋错位

现象：下柱外伸钢筋从柱顶甩出，由于位置偏离设计要求过大，与上柱钢筋搭接不上。

预防处理措施：

① 在外伸部分加一道临时箍筋，按图纸位置安设好，然后用铁卡或木方卡好固定；浇筑混凝土前再复查一遍，如发生移位，则应矫正后现浇筑混凝土；

② 注意浇筑操作，尽量不碰撞钢筋；浇筋过程中由专人随时检查，及时校核改正。

10）混凝土结构露筋

现象：混凝土结构构件拆模时发现其表面有钢筋露出。

预防处理措施：

① 砂浆垫块垫得适量可靠；

② 对于竖立钢筋，可采用埋有铁丝的垫块，绑在钢筋骨架外侧；同时，为使保护层厚度准确，需用铁丝将钢筋骨架拉向模板，挤牢垫块；

③ 竖立钢筋虽然用埋有铁丝的垫块垫着，垫块丝与钢筋绑在一起却不能防止它向内侧倾倒，因此需用铁丝将其拉向模板挤牢，以免解决露筋缺陷的同时，使得保护层厚度超出允许偏差；

④ 钢筋骨架如果是在模外绑扎，要控制好它的总外尺寸，不得超过允许偏差。

11）箍筋间距不一致

现象：按图纸上标注的箍筋间距绑扎梁的钢筋骨架，最后发现末一个间距与其他间距不一致，或实际所用箍筋数量与钢筋材料表上的数量不符。

预防处理措施：根据构件配筋情况，预先算好箍筋实际分布间距，供绑扎钢筋骨架时作为依据。

12）钢筋遗漏

现象：在检查核对绑扎好的钢筋骨架时，发现某号钢筋遗漏。

预防处理措施：

① 绑扎钢筋骨架之前要基本上记住图纸内容，并按钢筋材料表核对配料单

和料牌，检查钢筋规格是否齐全准确，形状、数量是否与图纸相符；

② 在熟悉图纸的基础上，仔细研究各号钢筋绑扎安装顺序和步骤；

③ 整个钢筋骨架绑完后，应清理现场，检查有没有某号钢筋遗留。

（2）砖砌体工程质量通病

1）砂浆强度不稳定

现象：砂浆强度的波动性较大，匀质性差，其中低强度等级的砂浆特别严重，强度低于设计要求的情况较多。

预防处理措施：

① 砂浆配合比的确定，应结合现场材质情况进行试配，试配时应采用重量比，在满足砂浆和易性的条件下，控制砂浆强度。如低强度等级砂浆受单方水泥预算用量的限制而不能达到设计要求的强度时，应适当调整水泥预算用量；

② 建立施工计量器具校验、维修、保管制度，以保证计量的准确性；

③ 砂浆搅拌加料顺序为：用砂浆搅拌机搅拌应分两次投料，先加入部分砂子、水和全部塑化材料，通过搅拌叶片和砂子搓动，将塑化材料打开（不见疙瘩为止），再投入其余的砂子和全部水泥。用鼓式混凝土搅拌机拌制砂浆，应配备一台抹灰用麻刀机，先将塑化材料搅成稀粥状，再投入搅拌机内搅拌。人工搅拌应有拌灰池，先在池内放水，并将塑化材料打开到不见疙瘩，另在池边干拌水泥和砂子至颜色均匀时，用铁锹将拌好的水泥砂子均匀撒入池内，同时用三刺铁扒动，直到拌合均匀。

2）砖缝砂浆不饱满，砂浆与砖粘结不良

现象：砌体水平灰缝砂浆饱满度低于80%；竖缝出现瞎缝，特别是空心砖墙，常出现较多的透明缝；砌筑清水墙采取大缩口铺灰，缩口缝深度甚至达20mm以上，影响砂浆饱满度。砖在砌筑前未浇水湿润，干砖上墙，或铺灰长度过长，致使砂浆与砖粘结不良。

预防处理措施：

① 改善砂浆和易性是确保灰缝砂浆饱满度和提高粘结强度的关键；

② 改进砌筑方法。不宜采取铺浆法或摆砖砌筑，应推广"三一砌砖法"，即使用大铲，一块砖、一铲灰、一挤揉的砌筑方法；

③ 当采用铺浆法砌筑时，必须控制铺浆的长度，一般气温情况下不得超过750mm，当施工期间气温超过30℃时，不得超过500mm；

④ 严禁用干砖砌墙。砌筑前1到2天应将砖浇湿，使砌筑时烧结普通砖和多孔砖的含水率达到10%～15%；灰砂砖和粉煤灰砖的含水率达到8%～12%；

⑤ 冬期施工时，在正温度条件下也应将砖面适当湿润后再砌筑。负温下施工无法浇砖时，应适当增大砂浆的稠度。对于9度抗震设防地区，在严冬无法浇

砖情况下，不能进行砌筑。

3）墙体留槎形式不符合规定，接槎不严

现象：砌筑时不按规范执行，随意留直槎，且多留置阴槎，槎口部位用砖渣填砌，留槎部位接槎砂浆不严，灰缝不顺直，使墙体拉结性能受到严重削弱。

预防处理措施：

① 在安排施工组织计划时，对施工留槎应作统一考虑。外墙大角尽量做到同步砌筑不留槎，或一步架留槎，二步架改为同步砌筑，以加强墙角的整体性。纵横交接处，有条件时尽量安排同步砌筑，如外脚手砌纵墙，横墙可以与此同步砌筑，工作面互不干扰。这样可尽量减少留槎部位，有利于房屋的整体性；

② 执行抗震设防地区不得留直槎的规定，斜槎宜采取18层斜槎砌法，为防止因操作不熟练，使接槎处水平缝不直，可以加立小皮数杆。清水墙留槎，如遇有门窗口，应将留槎部位砌至转角门窗口边，在门窗口框边立皮数杆，以控制标高；

③ 非抗震设防地区，当留斜槎确有困难时，应留引出墙面120mm的直槎，并按规定设拉结筋，使咬槎砖缝便于接砌，以保证接槎质量，增强墙体的整体性；

④ 应注意接槎的质量。首先应将接槎处清理干净，然后浇水湿润，接槎时，槎面要填实砂浆，并保持灰缝平直；

⑤ 后砌非承重隔墙，可于墙中引出凸槎，对抗震设防地区还应按规定设置拉结钢筋，非抗震设防地区的120mm隔墙，也可采取在墙面上留榫式槎的做法。接槎时，应在榫式槎洞口内先填塞砂浆，顶皮砖的上部灰缝用大铲或瓦刀将砂浆塞严，以稳固隔墙，减少留槎洞口对墙体断面的削弱；

⑥ 外清水墙施工洞口（竖井架上料口）留槎部位，应加以保护和遮盖，防止运断小车碰撞槎子和撒落混凝土、砂浆造成污染。为使填砌施工洞口用砖规格和色泽与墙体保持一致，在施工洞口附近应保存一部分原砌墙用砖，供填砌洞口时使用。

4）大梁处的墙体裂缝

现象：大梁底部的墙体（窗间墙），产生局部竖直裂缝。

预防处理措施：

① 有大梁集中荷载作用的窗间墙，应有一定的宽度（或加垛）；

② 梁下应设置足够面积的现浇混凝土梁垫，当大梁荷载较大时，墙体尚应考虑横向配筋；

③ 对宽度较小的窗间墙，施工中应避免留脚手眼。

（3）屋面工程质量通病

1）找坡不准、排水不畅

现象：找平层施工后，在屋面上容易发生局部积水现象，尤其在天沟、檐沟和水落口周围，下雨后积水不能及时排出。

预防处理措施：

① 根据建筑物的使用功能，在设计中应正确处理分水、排水和防水之间的关系。平屋面宜由结构找坡，其坡度宜为3%；当采用材料找坡时，宜为2%。

② 天沟、檐沟的纵向度不应小于1%；沟底水落差不得超过200mm；水落管内径不应小于75mm；1根水落管的屋面最大汇水面积宜小于200m²。

③ 屋面找平屋施工时，应严格按设计坡度拉线，并在相应位置上设基准点（冲筋）。

④ 屋面找平层施工完成后，对屋面坡度、平整度应及时组织验收。必要时可在雨后检查屋面是否积水。

⑤ 在防水层施工前，应将屋面垃圾与落叶等杂物清扫平净。

2）找平层起砂、起皮

现象：找平面层施工后，屋面表面出现不同颜色和分布不均的砂粒，用手一搓，砂子就会分层浮起；用手击拍，表面水泥胶浆会成片脱落或有起皮、起鼓现象；用木锤敲击，有时还会听到空鼓的哑声；找平层起砂、起皮是两种不同的现象，但有时会在一个工程中同时出现。

预防处理措施：

① 严格控制结构或保温层的标高，确保找平层的厚度符合设计要求；

② 在松散材料保温层上做找平层时，宜选用细石混凝土材料，其厚度一般为30～35mm，混凝土强度等级应大于C20。必要时，可在混凝土内配置双向$\phi^b 4@200mm$的钢筋网片；

③ 水泥砂浆找平层宜采用1：2.25～1：3（水泥：砂）体积配合比，水泥强度等级不低于32.5级；不得使用过期和受潮结块的水泥，砂子含水量不应大于5%。当采用细砂骨料时，水泥砂浆配合比宜改为1：2（水泥：砂）；

④ 水泥砂浆摊铺前，屋面基层应清扫干净，并充分湿润，但不得有积水现象。摊铺时应用水泥净浆薄薄涂刷一层，确保水泥砂浆与基层粘结良好；

⑤ 水泥砂浆宜用机械搅拌，并要严格控制水灰比（一般为0.6～0.65），砂浆稠度为70～80mm，搅拌时间不得少于1.5分钟。搅拌后的水泥砂浆宜达到"手捏成团、落地开花"的操作要求，并应做到随拌随用；

⑥ 做好水泥砂浆的摊铺和压实工作。推荐采用木靠尺刮平，木抹子初压，并在初凝收水前再用铁抹子二次压实和收光的操作工艺；

⑦ 屋面找平层施工后应及时覆盖浇水养护宜用薄膜塑料布或草袋，使其表面保持湿润，养护时间宜为7～10d。也可使用喷养护剂、涂刷冷底子油等方法进行养护，保证砂浆中的水泥能充分水化。

（4）市政工程质量通病

1）路基、沟槽回填土沉陷

预防处理措施：

① 施工单位向操作者做好技术交底，使路基填方及沟槽回填土的虚铺厚度按照压路机要求决定，且不超过有关规定；

② 在路基总宽度内，应采用水平分层方法填筑；

③ 路基地面的横坡或纵坡陡于 1：5 时应做成台阶；

④ 回填沟槽分段填土时，应分层倒退留出台阶，台阶高等于压实厚度，台阶宽≥1m，对填土中的大石块要取出，对大于 10cm 的硬土块应打碎或取出。

2）路面混凝土开裂、起砂、蜂窝麻面

预防处理措施：

① 严格控制水灰比，掌握好面层的抹压光时间，严禁在混凝土表面洒干水泥或水；

② 保证施工现场有一定的水泥存量，以确保水泥安定性的稳定；

③ 模板面清理干净，隔离剂涂刷均匀，不得漏刷，混凝土必须按操作规程浇筑，严防漏振，并应振至气泡排除为止；

④ 严格控制混凝土中的水泥用量，水灰比和砂率不能过大，控制砂石含泥量，混凝土振捣密实，及时对板面进行抹压；

⑤ 选用水化热小和收缩性小的水泥，尽量选择温度较低的时间浇筑混凝土，避免炎热天气浇筑大面积混凝土，按规范规定正确留置施工缝；

⑥ 加强混凝土早期养护并适当延长养护时间，覆盖草帘、草袋，避免暴晒，定期洒水，保持湿润。

3）管道渗水，闭水试验不合格

预防处理措施：

① 认真按设计要求施工，确保管道基础的强度和稳定性，当地基地质水文条件不良时，应进行换土改良处理，以提高基槽底部的承载力。如果槽底土壤被扰动或受水浸泡，应先挖松软土层后用砂或碎石等稳定性的材料回填密实；地下水位以下开挖土方时，应采取有效措施做好坑槽底部排水降水工作，确保开挖，必要时可在槽底预留 20cm 厚土层，待后续工序施工时随挖随封闭；

② 所用管材要有质量部门提供合格证和力学试验报告等资料，管材外观质量要求表面无蜂窝麻面现象；

③ 选用质量较好的接口填料并按试验配合比和合理的施工工艺组织施工，接口缝内要洁净，对水泥类填料接口还要预先湿润，而对油性的则预先干燥后刷冷底子油，再按照施工操作规程认真施工；

④ 检查井砌筑砂浆要饱满，勾缝全面不遗漏，抹面前清洁和湿润表面，及时压光收浆并养护。遇有地下水时，抹面和勾缝应随砌筑及时完成，不可在回填以后现进行内抹面或内勾缝。与检查井连接的管道表面应先湿润且均匀刷一层水泥原浆，等管道就位后再做好内外抹面，以防渗漏；

⑤ 砌堵前应把管口 0.5m 左右范围内的管内壁清洗干净，涂刷水泥原浆，同时把所用的砖块润湿备用。砌堵砂浆标号应不低于 M7.5，且具良好的稠度，勾缝和抹面用的水泥砂浆标号不低于 M15。管径较大时应内外双面勾缝，较小时只做单面勾缝或抹面，抹面应按防水的 5 层施工法施工；

⑥ 条件允许时可在检查井砌筑之前进行封砌，以利保证质量，预设排水孔在管内底处以便排干和试验时检查。

4）检查井与路面的接缝处出现塌陷

预防处理措施：

① 认真做好检查井的基层和垫层，防止井体下沉；

② 检查井砌筑质量应控制好井室和井口中心位置及其高度，防止井体变形；

③ 检查井井盖与座要配套，安装时坐浆要饱满，轻重型号和面底不错用，铁爬安装要控制好上、下第一步的位置，偏差不要太大，平面位置准确。

(5) 桥梁工程质量通病

1) 下部构造挖孔出现坍孔

现象：在挖孔桩施工过程中或成孔后，出现坍孔。

预防处理措施：

① 如桩孔较深、土质较差、出水量较大，应采用就地灌注混凝土护壁，每下挖 1～2m，灌注一次，随挖随进行护壁。护壁厚度一般采用 15～20m；

② 在出水量大的地层中挖孔时，可采用下沉预制钢筋混凝土圆管护壁；

③ 如土质较松散，而渗水量不大时，可考虑用木料作框架式支撑或基本框架后面铺架木板作支撑；

④ 在开挖过程中如遇细砂、粉砂层地质时，再加上地下水的作用，极易形成流砂，严重时会发生井漏，造成质量事故，因此要采取有效可靠的措施。流砂情况较轻时，缩短一次开挖深度，将正常的 1m 左右一段，缩短为 0.5m，以减少挖层孔壁的暴露时间，及时进行护壁混凝土灌注。当孔壁塌落，有泥砂流入而不能形成桩孔时，可用编织袋装土逐渐堆堵，形成桩孔的外壁，并保证内壁尺寸满足设计要求。流砂情况较严重时，常用的办法是下钢套筒，钢套筒与护壁用的钢模板相似，以孔外径为直径，可分成 4～6 段圆弧，再加上适当的肋条，相互用螺栓或钢筋环扣连接，在开挖 0.5m 左右，即可分片将套筒装入，深入孔底不少于 0.2m，插入上部混凝土护壁外侧不小于 0.5m，装后即支模浇注护壁混凝土

若放入套筒后流砂仍上涌，可采取突击挖出后即用混凝土封闭孔底的方法，待混凝土凝结后，将孔心部位的混凝土凿开以形成桩孔。也可用此种方法，直至已完成的混凝土护壁的最下段，使孔位倾斜至下层护壁以外，打入浆管，压注水泥浆，使下部土壤硬结，提高周围及底部土壤的不透水性，以解决流砂质量问题及现象；

⑤ 在遇到淤泥等软弱土层时，一般可用木方、木板模板等支挡，并要缩短这一段的开挖深度，及时浇注混凝土护壁，每次支挡的木方、木板要沿周边打入底部不少于 0.2m 深，上部嵌入上段已浇好的混凝土护壁后面，可斜向放置，双排布置互相反向交叉，能达到很好的支挡效果；

⑥ 除做好护壁工程外，还应配备一定的排水设备，以备使用。

2）挖孔桩混凝土质量不达标

现象：混凝土出现离析或强度不足。

预防处理措施：

① 必须使用合格的原材料，混凝土的配合比必须由具有相应资质的试验室配制或进行抗压试验，以保证混凝土的强度达到设计要求；

② 采用干浇法施工时，必须使用串筒，且串筒口距混凝土面的距离小于 2.0m；

③ 当孔内水位的上升速度超过 1.5cm/min 时，可采用水下混凝土灌注法进行桩身混凝土的灌注；

④ 当采用降水挖孔时，在灌注混凝土时或混凝土未初凝前，附近的挖孔施工应停止；

⑤ 若桩身混凝土强度达不到设计要求时，可进行补桩。

3）土质基坑开挖后基底被水浸泡

现象：基坑开挖后，基底土被水浸泡，土层变软，承载力降低。

预防处理措施：

① 基坑开挖至基底 30～50cm 时，可根据天气情况来安排下一步工序，在天气晴朗时，将预留部分挖去，进行基坑检验，检验合格后马上进行基坑施工；

② 雨季施工时，为了防止雨水流进基坑，应在基坑四周 0.5～1.0m 外的地方挖排水沟或打土垄；

③ 地下水位较高时，应当采用井点降水或在基坑四周开挖排水沟和集水井，随时排水以降低地下水位，排水沟和集水井的深度应比基坑深 0.5m，并有坡度，集水井应比排水沟最低处深 1.0～1.5m，具体尺寸视降水范围决定；

④ 要备足排水设备，随挖随排水，以坑内不积水为准；

⑤ 在靠近河沟、水渠的地方开挖基础基坑时，应在基坑外（靠近河沟、水

渠的地方）挖一条截水沟，截断流入基坑的水源，截水沟外侧距基坑的距离应大于 3m；

⑥ 接近基底标高 20cm 时停止开挖，待地下水位降至基底标高 50cm 以下时，方可进行清底工作。

4）桥梁上部预制钢筋混凝土梁板出现质量问题

现象：梁体不顺直，梁底不平整，不光洁，梁两侧模板拆除后发现侧面气泡多，粗糙。

预防处理措施：

① 梁的侧模在制作时，要做到顺直；

② 侧模强度和刚度要进行验算，尽量采用刚度较大的截面形式；

③ 梁的底模尽量采用 5mm 以上的厚钢板，在浇筑混凝土时，清扫干净；

④ 梁的外露面涉及美观需要，因此要保证模板表面的平整光洁，采用钢模板时，应将模板清洁干净；采用木模板时，要在木模板表面包铁皮或防水胶合板，尽量不用木模板；

⑤ 在支架上现浇梁板时，支架必须安装在坚实的地基上，并应有足够的支承面积，以保证所浇筑的梁板不下沉。并应有排水设施，防止地基被水泡软，而使支架下沉；

⑥ 后张拉预应力梁板的底模设置，应考虑到张拉时梁的中间拱起，两端产生集中反力，因此两端地基必须进行加强处理；

⑦ 设置土底模的板梁，其侧模必须安装在坚实平整的地坪模上。

⑧ 当采用木模板时，若不能马上浇筑混凝土，气候干燥时须浇水保湿，以防模板收缩开裂、变形。在浇筑混凝土前，必须重新校核各部位尺寸。

⑨ 模板安装后，应检查拼缝处是否有缝隙，若有缝隙，一般采用泡沫装塑料条或胶带条等将缝密封，以防漏浆。

5）桥梁上部空心板梁预制过程中芯模上浮

现象：在浇筑腹板混凝土时，梁内模已开始上浮，使顶板混凝土减薄；在浇筑顶板混凝土时，梁内模继续上浮，使已浇筑好的混凝土顶面抬高并出现龟裂。

预防处理措施：

① 若采用胶囊做内模，浇筑混凝土时，为防止胶囊上浮和偏位，应用定位箍筋与主筋联系加以固定，并应对称平衡地进行浇筑；

② 当采用空心内模时，应与主筋相连或压重（压杠），防止上浮；

③ 分两层浇筑，先浇筑底板混凝土；

④ 避免两侧胶板过量强振。

6）采用满堂支架现浇梁体时，模板出现质量问题

现象：支架变形，梁底不平，梁底下挠，梁侧模走动，拼缝漏浆，接缝错位，梁的线形不顺直，混凝土表面毛糙、污染或底板振动不实，出现蜂窝麻面，箱梁腹板与翼缘板接缝不整齐。

预防处理措施：

① 支架应设置在经过加固处理的具有足够强度的地基上，地基表面应平整，支架材料和杆件设置应有足够的刚度和强度，支架立杆下宜垫混凝土板块，或浇筑混凝土地梁，以增加立柱与地基上的接触，支架的布置应根据荷载状况进行涉及计算，支架完成后要进行预压，以保证混凝土浇筑后支架不下沉、不变形；

② 在支架上铺设梁底模格栅要与支架梁密贴，底模要与格栅垫实，在底模铺设时要考虑预拱度；

③ 梁侧模纵横向支撑，要根据混凝土的侧压力合理布置，并设置足够的对拉螺栓；

④ 模板材料强度、刚度要符合要求；

⑤ 底模必须光洁、涂机油；

⑥ 两次浇筑的要保证翼板模板腋下不流浆。

7）钢筋焊接存在质量问题

现象：焊缝长度不够，焊缝表面不平整，有较大的凹陷、焊瘤，焊缝有咬边现象，焊条不合格，焊皮未敲掉，两接合钢筋轴线不一致。

预防措施：

① 钢筋焊接前，必须根据施工条件进行焊试，合格后方可正式施焊。焊工必须有考试合格证；

② 钢筋接头采用焊接或帮条电弧焊时，应尽量做成双面焊缝；

③ 钢筋接头采用搭接电弧焊时，两钢筋搭接端部应预先折向一侧，使两接合钢筋轴线一致；

④ 接头双面的长度不应小于 $5d$，单面焊缝的长度不应小于 $10d$（d 为钢筋直径）；

⑤ 钢筋接头采用帮条电弧焊时，帮条应采用于主筋同级别的钢筋，其总截面面积不应小于被焊钢筋的截面积。帮条长度，如用双面焊缝不应小于 $5d$，如用单面焊缝不应小于 $10d$（d 为钢筋直径）；

⑥ 所采用的焊条，其性能应符合低碳钢和低合金钢电焊条标准的有关规定；

⑦ 受力钢筋焊接应设置在内力较小处，并错开布置；

⑧ 电弧焊接与钢筋弯曲处的距离不应小于 10 倍钢筋直径，也不宜位于构件的最大弯矩处；

⑨ 焊接时，焊接场地应有适当的防风、雨、雪、严寒设施，环境温度在 5℃～－20℃ 时，应采取技术措施；低于－20℃ 时，不得虚焊；

⑩ 焊接完成后，应及时将焊皮敲掉。

8）钢筋骨架变形

现象：钢筋骨架在装卸、运输和堆放过程中发生扭出，外形尺寸或钢筋间距不符合要求。

预防措施：

① 成型钢筋堆放要整齐，不宜过高，不应在钢筋骨架上操作；

② 起吊搬运要轻吊轻放，尽量减少搬运次数，在运输较长钢筋骨架时，应设置托架；

③ 对已变形的钢筋骨架要进行修整，变形严重的钢筋应予调换；

④ 大型钢筋骨架存放时，层与层之间应设置木垫板。

9）桥梁构件钢筋的保护层厚度不足

现象：拆模后发现混凝土表面有钢筋露出或钢筋保护层厚度不够。

预防措施

① 严格检查钢筋的外形尺寸，不得超出允许偏差；

② 按设计保护层厚度计算钢筋净保护层，然后制作保护层垫块，适当加密设置保护层垫块，竖立钢筋可采用带有铁丝的垫块，绑在钢筋骨架外侧；

③ 已产生露筋的可采用砂浆抹平，为保证修复砂浆与原混凝土结合可靠，原混凝土要凿毛、修边并用水冲洗湿润，用铁刷子刷净，并在表面保持湿润的情况下修补，重要部位露筋，要通过有关单位协商后，确定修补方案。

10）混凝土浇筑过程中发生过振或漏振

现象：在混凝土浇筑时，由于振捣工人不能准确把握振捣的部位和振捣的时间，使某一部位的混凝土发生过振或漏振。发生过振时，混凝土产生离析，水泥浆和粗骨料分离。发生漏振时，混凝土产生松散，蜂窝、麻面。两种现象不仅影响混凝土外观，而且混凝土强度不符合要求，此部位必须采取措施进行处理。

预防处理措施：

① 对振捣工人要分工明确，责任到人，调动其生产积极性，将振捣质量与工资奖金挂钩。要选择工作认真，责任心强的工人专门进行振捣；

② 浇筑混凝土时，一般应采用振捣器振实，避免人工振实。大型构件宜用附着式振动器在侧模和底模上振动，用插入式振捣器辅助，中小型构件在振动台上振动。钢筋密集部位宜用插入式振捣棒振捣；

③ 混凝土按一定厚度、顺序和方向分层浇筑振捣，上下层混凝土的振捣应重叠。厚度一般不超过 30cm；

④ 使用插入式振捣棒时，移动间距不应超过振捣棒作用半径的 1.5 倍；与侧模应保持 5～10cm 的距离；插入下层混凝土 5～10cm；每一部位振捣完成后应边振边徐徐提出振捣棒，应避免振捣棒碰撞模板、钢筋及其他预埋件；

⑤ 使用平板振动器时，移位间距，应使振动器平板能覆盖已振实部分 10cm 左右为宜；

⑥ 附着式振捣器的布置距离，应根据构造物形状及振动器性能等情况通过试验确定；

⑦ 对每一振捣部位，必须振捣到该部位的混凝土密实为止。密实的标志是混凝土停止下沉，不再冒出气泡，表面呈现平坦，泛浆；

⑧ 混凝土浇筑过程发生间断时，其间断时间应小于前层混凝土的初凝时间，并充分注意前后浇筑混凝土的连接密实。若间断时间超出规定时间，一般按工作缝处理。

（6）隧道工程质量通病

1）洞内渗漏水

现象：隧道的渗漏水主要表现在墙、拱的渗水、滴水、漏水及路面的冒水。其原因是隧道在施工期间和建成后，一直受着地下水的影响。当地下水压较大，防水工程质量欠佳时，地下水便会通过一定的通道渗入或流入隧道内部，造成渗漏水，对行车安全以及衬砌结构的稳定构成威胁。

预防处理措施：

① 设计预防措施：在隧道设计时应首先做好水文地质勘测，根据岩体类别、透水性、地质构造、地下水类型、流量、补给条件及洞顶地面形状等制定防水措施，以保证衬砌的使用寿命。预防为主、综合治理是隧道防排水设计的宗旨。不同的工程，防排水设计原则也不同。对于山岭隧道，采取"以排为主、截、堵、排相结合的综合治理"原则；对于水下隧道及地下工程，采取"以堵为主，以排为辅，堵排相结合"原则。设计时，应根据隧道的地形、地貌、工程及水文地质等进行调查分析，制定出切实可行的方案。

② 结构外层防水措施：结构外层的防水，从国内隧道复合式衬砌对防水层材料的选择来看，应用防水板较多。主要是因为防水板为工厂定型生产的产品，具有厚薄均匀、质量有保证、施工方便、对环境无污染等优点。防水施工期间，隧道防水层施工应在主体结构初期支护完成后进行。由于喷射混凝土基面凹凸不平，因此铺设防水层前必须对其进行处理，达到规定要求；由拱部开始向两边墙下垂铺设泡沫塑料衬垫；铺设 LDPE 和 EVA 膜裁剪卷材时，要考虑搭接在底板上的搭接宽度≮30cm；LDPE 和 EVA 膜焊缝质量检查一般用肉眼检查，当两层经焊接在一起的膜呈透明状、无气泡，即融为一体，表明焊接牢固严密。必要

时，可作充气法检查。防水的抗刺戳能力较弱，因此必须注意严加保护。

③ 结构自防水措施：在设计中应合理确定混凝土的抗渗等级，不能片面强调混凝土抗压等级，一味加大单位体积混凝土水泥用量，将会使混凝土水化热和收缩量增加，导致混凝土裂缝，破坏混凝土结构自防水能力。对变形缝及施工缝采取有效措施进行处理是十分重要的，因为它们往往是隧道与地下工程防水的薄弱部位，通常变形缝型式有：嵌缝式、粘贴式、埋入式。橡胶止水带在施工中稍有不慎易走形，导致止水效果降低，应确保施工接缝严密、不渗不漏，变形缝应密封止水、适应变形、施工方便。本着"以防为主、多道设防"的原则，也可采用复合式橡胶止水变形缝，复合式橡胶止水变形缝系三道设防，即首先在变形缝部位、现浇混凝土中间埋入桥式橡胶止水带，然后再在端部施作双组份聚硫橡胶嵌缝，最后在预留槽涂抹焦油聚氨酯防水胶。这样将埋入、嵌缝、粘贴三种型式变形缝止水带组合在一起，形成三道防线，防水可靠性得到很大提高。

④ 施工预防措施：根据水文地质情况、水流性质、水量大小、岩层裂隙倾向及山顶地表水源补给情况，按设计规定，做好洞顶地表防排水和衬砌背面的排水设施，同时应将施工排水与永久性的防治水统筹考虑。完善钻爆设计，控制爆破，出现超挖时，对拱脚、边墙脚以上 10cm 范围内应用与衬砌相同的材料一次性回填密实，其他部位采用片石等回填密实。施工中要加强振捣，保证混凝土密实；拱墙尽可能一次浇注，尽量减少施工缝；先拱后墙法施工的隧道，灌注拱圈混凝土时应及时撑卡口梁，防止拱圈因下沉或内移造成开裂。施工时应注意排水畅通，严禁水浸泡拱墙脚，防止出现不均匀沉降；由于施工方法工艺的限制，对二次衬砌结构与初期支护间存的空隙，应采用回填注浆使初期支护与二次衬砌紧密结合，以改善其传力条件和减少渗漏水。

2）衬砌裂缝

现象：隧道拱、墙出现环向、水平向、斜向和网状的裂缝。

预防处理措施：

① 严格控制混凝土的拌合质量，主要是混凝土配合比和混凝土和易性的控制；

② 严格执行监控量测程序，进行科学分析后指导衬砌作业，遵守科学的二次衬砌原则，对于特殊情况（一般是变形不稳定），必须提供数据分析并建议设计单位调整衬砌参数，不能强攻硬上；

③ 及时进行断面检测，确保开挖轮廓符合设计，杜绝严重侵入衬砌现象的发生。对模型就位时发现的侵入不得存在侥幸、偷懒心理，必须认真进行返修，很多局部的开裂均是由于个别位置侵入未处理引起；

④ 认真清理基底浮碴，并用清水冲洗干净，对于有仰拱填充的衬砌，严格

控制仰拱尺寸、厚度，拱墙衬砌时一定要对与仰拱接触面进行凿毛清理；

⑤ 对于地质变化处和设计沉降位置不符的，一定要及时通知设计单位现场核实、进行衬砌参数调整。

3）拱墙背后脱空

现象：衬砌背后存在一定规模的空洞或空洞回填不密实。

预防处理措施：

① 控制混凝土的灌注速度，加强振捣，对超挖大的位置必须专人进入模型内进行补强振捣，以确保混凝土灌注密实。有时容易出现灌注速度快、振捣跟不上致使混凝土局部不密实而形成空洞；

② 铺设防水材料必须由顶部逐步向墙脚进行，增加固定锚固的点位，并预留出一定的富余量，避免混凝土由墙脚自下而上灌注时受防水材料限制使拱顶形成空洞；

③ 灌注至拱顶后适当减小混凝土的坍落度，在封口处辅之以人工干硬性混凝土进行填塞。

4）衬砌厚度不足

预防处理措施：

① 对隧道衬砌背后空洞、松散回填物和富水等病害采取衬砌背后注浆处理，在防水的同时改善隧道衬砌受力条件。

② 在渗漏水严重地段，采用水泥浆；对其他地段采取水泥砂浆。

5）喷射混凝土支护不平整

现象：喷射混凝土支护表面经常出现葡萄状、波浪状、丘陵状等不平整现象。

预防处理措施：

① 严把钢筋、水泥、砂石、速凝剂等原材料质量关，并严格按配合比施工；

② 严格操作规程：根据生产需要，专门制定出锚杆施工操作规程、喷射混凝土操作规程以及化验制度、机具测试维修制度、新工艺和新技术的推广制度等，使每一位施工人员都熟悉并掌握操作规程和技术要求。要求工人严格按操作规程施工，加强对其责任心的教育；

③ 加强对操作人员的培训。尤其是喷射手、搅拌人员、喷射机操作人员，一定要选择责任心强、技术熟练的工人担任，以保证喷射混凝土的质量；

④ 合理选择施工设备、机具和施工方案。施工前选好设备、机具，良好的机具是保证质量的基础。在选施工方案时，要深入调查，进行测试研究，采用工程类比法，优化选择适合本工程的支护方式和施工方法。

6）锚杆支护不规范

现象：锚杆孔内砂浆不饱满，锚杆垫板不密贴，锚杆方向与围岩和岩层主要

结构角度不合理，拔力试验频率不足等。

预防处理措施：

① 钻锚杆孔前，应根据设计要求和围岩情况，定出孔位，做出标记；孔距允许偏差为150mm，预应力锚杆孔距的允许偏差为200mm，预应力锚杆的钻孔轴线与设计轴线的偏差不应大于3%，其他锚杆的钻孔轴线应符合设计要求；

② 锚杆孔径要做到，水泥砂浆锚杆孔径大于杆体直径15mm，其他锚杆孔径符合设计要求；

③ 锚杆安装时应做好：锚杆原材料型号、规格、品种及锚杆各部件质量和技术性能符合设计要求。保证锚杆孔位、孔径、孔深及布置形式符合设计要求。孔内积水和岩粉应吹洗干净；

④ 在Ⅳ、Ⅴ级围岩及特殊地质围岩中开挖隧道，应先喷混凝土，再安装锚杆，并应在锚杆孔钻完后及时安装锚杆杆体。锚杆尾端的托板应紧贴壁面，未接触部位必须楔紧。锚杆杆体露出岩面的长度不应大于喷射混凝土的厚度。对于不稳定的岩质边坡，应随边坡自上而下分阶段边开挖、边安设锚杆。

7）限界受侵

现象：隧道高度、宽度受侵；初期支护变形侵入二衬空间。

预防处理措施：

① 重视工程测量检测工作，施工中要控制好欠挖，二衬前做好初支断面检查，出现欠挖及时处理；

② 遇到松软岩层，应加强支护，加强监控量测，根据监控量测成果指导二衬施工，避免监控量测与二衬施工的脱节；

③ 定做材质、刚度、强度合格的二衬台车，做好二衬台车的定位和固定工作，规范混凝土浇筑工艺。

5 项目质量检验

5.1 质量检验概述

5.1.1 质量检验的概念及重要性

工程质量检验是指对工程实体的一个或多个特性进行的诸如测量、检查、试验或度量，并将结果与规定要求进行比较，以判定每项特性的合格情况而进行的活动。通过这种"测、比、判"活动，对不符合质量要求的情况做出处理，对符合质量要求的情况做出安排。

当然，工程产品的质量主要是靠干出来的，而不是靠检验出来的。把关，毕竟是一种被动做法，因此，在加强检验把关的同时，还是应当把重点放在加强工序质量控制上，通过提高操作者的工作质量来保证工程质量。

5.1.2 质量检验工作职能

建筑工程质量检验的职能概括地说就是测试数据、反馈信息、严格把关、确保工程质量。具体说有五项职能：

鉴别：测试原材料、半成品及成品质量性能，对照质量判定标准，鉴别其质量是否合格。

把关：使不合格的材料不进场，不合格的工序不转序，不合格的工程不交工，严格把住质量关。

预防：对原材料和外购件的进货检验，对中间产品转序前的检验，既起把关作用，又起预防作用。前一个过程（工序）的把关就是对后一个过程（工序）的预防。通过过程（工序）能力的测定和控制图的使用以及对过程（工序）作业的首检与巡检都可以起到预防作用。

报告：将测试过程中获取的数据，掌握的情况向有关部门报告，督促改进，预防质量问题的蔓延和重生。

监督：鉴别、把关、预防、报告等都起到监督作用，从质量形成的全过程进行监督，从而保证生产出合格的产品。

质量检验的职能活动是一个过程。其工作步骤如下：

（1）制定质量检验计划

根据建筑产品的实际情况及检验工作的有关规定，制订从工程开工、原材料进场及施工过程中每道工序的质量检验计划。计划要明确检验项目、重点检验项目、检验方式、检验范围及检验负责人。检验日程安排视工程进展情况定。确保检验工作科学、全面、准确、及时。

案例 5-1：中国石油管道压缩机组维检修中心工程屋面工程质量检验计划（表 5-1）

屋面工程质量检验计划   表 5-1

序号	子分部工程	检验点	检验项目	质量控制点级别			检验方法抽查数量	工作鉴证	检验标准
				隐检	专检	自检			
一	卷材防水屋面工程	屋面保温层工程	1. 保温材料质量		√	√	按 GB 50207 等有关条款的规定执行	保温材料合格证与相关性能检验报告保温层含水率检验报告	GB 50207
			2. 保温层含水率		√	√			
			3. 保温层铺设		√	√			
			4. 倒置式屋面保护层		√	√			
			5. 保温层厚度允许偏差			√			
		屋面找平层工程	1. 材料质量及配合比		√	√	按 GB 50207 等有关条款的规定执行	找平层原材料合格证找平层材料配合比找平层材料性能试验报告	
			2. 排水坡度		√	√			
			3. 交接处和转角处的细部处理		√	√			
			4. 表面质量			√			
			5. 分格缝的位置和间距			√			
			6. 表面平整度允许偏差			√			
		屋面卷材防水层工程	1. 卷材及配套材料质量		√	√	按 GB 50207 等有关条款的规定执行	卷材及配套材料合格证与复验报告屋面与细部构造隐蔽工程记录	
			2. 卷材防水层质量要求及细部构造	√					
			3. 卷材搭接缝与收头质量		√	√			
			4. 卷材防水屋面上保护层		√	√			
			5. 排汽屋面的排汽道留置		√	√			
			6. 卷材的铺贴方向		√	√			
			7. 搭接宽度允许偏差		√	√			

续表

序号	子分部工程	检验点	检验项目	质量控制点级别			检验方法抽查数量	工作鉴证	检验标准
				隐检	专检	自检			
二	金属板材屋面工程	金属板材屋面工程	1. 板材及辅助材料的规格和质量		√	√	按GB 50207等有关条款的规定执行	金属板材及辅助材料的合格证与质量检验报告	GB 50207
			2. 金属板材连接、密封		√	√			
			3. 金属板材屋面铺设			√			
			4. 檐口线及泛水做法			√			
三	屋面细部构造	细部构造	1. 天沟、檐沟排水坡度		√	√	按GB 50207等有关条款的规定执行	各细部构造隐蔽工程记录	
			2. 天沟、檐沟、檐口、水落口、泛水、变形缝、伸出屋面管道等防水构造	√	√	√			

（2）明确质量要求

根据建筑产品的技术标准和考核指标，确定拟检项目的质量判定标准及具体的质量要求，使检验员和操作者明确各自的工作要求。

（3）测试

正确应用测试手段和方法，对原材料、半成品和成品进行测试，获得反映其质量特性的数据。

（4）鉴定

将测试结果同质量判定标准比较，确定受检项目质量是否合格。

（5）处理

1）原材料的检验：合格放行；不合格标识后或拒收，或复验。合格与不合格的标识可根据施工现场的具体情况采用，如放在划定的区域、悬挂标识牌等，但不论采用什么方式均须予以书面记录。

2）工序及工程的检验：合格者同意转入下道工序（或分部、分项工程）或交付使用，不合格者或返修，或返工，返工或返修后需再次检验。确定返修者返修后虽仍属不合格，但已不影响使用；确定返工者应返工至合格为止。这整个过程均须保留书面记录。

（6）信息反馈

将测试数据和判定结果反馈有关部门，以便其改进质量或对不合格品进行处理。

（7）建立档案

将每次的检测资料整理后归档，便于进行质量工作分析，有些检验资料还需作为竣工资料进入工程档案。

施工现场质量管理的检查记录可按本标准表 5-2 执行。

施工现场质量管理检查记录　　　　　　　　　　表 5-2

开工日期：

工程名称			施工许可证（开工证）	
建设单位			项目负责人	
设计单位			项目负责人	
监理单位			总监理工程师	
施工单位		项目经理	项目技术负责人	
序号	项目		内容	
1	现场质量管理制度			
2	质量责任制			
3	主要专业工种操作上岗证书			
4	分包主资质与对分包单位的管理制度			
5	施工图审查情况			
6	地质勘察资料			
7	施工组织设计、施工方案及审批			
8	施工技术标准			
9	工程质量检验制度			
10	搅拌站及计量设置			
11	现场材料、设备存放与管理			
12				
检查结论： （建设单位项目负责人）　　　　　　　　　　　年　　月　　日				

5.1.3　项目质量检验的程序

检验批及分项工程应由监理工程师（建设单位项目技术负责人）组织施工单位项目专业质量（技术）负责人等进行验收。

分部工程应由总监理工程师（建设单位项目负责人）组织施工单位项目负责

人和技术、质量负责人等进行验收；地基与基础、主体结构分部工程的勘察、设计单位工程项目负责人和施工单位技术、质量部门负责人也应参加相关分部工程验收。

单位工程完工后，施工单位应自行组织有关人员进行检查评定后，向建设单位提交工程验收报告。建设单位收到工程报告后，由建设单位（项目）负责人组织施工（含分包单位）、设计、监理等单位（项目）负责人进行单位（子单位）工程验收。

单位工程有分包单位施工时，分包单位对所承包的工程按本标准规定的程度检查评定，总包单位应派人参加。分包工程完成后，应将工程有关资料交总包单位。

当参加验收各方对工程质量验收意见不一致时，可请当地建设行政主管部门或工程质量监督机构协调处理。

单位工程质量验收合格后，建设单位应在规定时间内将工程竣工验收报告和有关文件，报建设行政管理部门备案。

案例 5-2：某公司工程质量验收控制程序

为了遏制公司在工程验收过程中存在的问题，严格实施以项目部为核心的管理模式，特对工程的质量验收程序做如下规定：

一、分部分项工程（包括对外承包分项）施工前，项目技术负责人应根据工程设计及施工规范要求做详细的技术交底（要求有施工方案的应做详细的施工方案），对重点难点有针对性的说明，切实让工作者明白工作的重点要点。并经交接底双方签字确认后方可生效（施工方案须报公司质检科审批）。对无（方案）技术交底、方案交底无针对性或（方案无审批）无交接底双方签字的，给予 100 元/项罚款。

二、工程施工过程中，项目部应安排专人进行事中控制，并留有书面的控制措施和自检记录。

三、工程施工结束后，项目部应组织相关人员进行自检，经验收合格后，项目经理、主管技术员在自检记录上签字确认。

四、经项目部自检合格，项目经理、主管技术员签字确认后，连同工程验收报验单一起上报公司质检科及开发部，确认验收时间，组织验收。

五、在验收过程中，发现有明显不合格现象，验收终止，并给予项目部 500 元罚款；其他质量缺陷验收组以书面形式下发整改通知限期整改，并给予 50 元/项的罚款；在限期内仍未整改或整改不彻底的，给予加倍罚款。

六、第二次验收不合格，给予项目部罚款 2000 元；存在其他质量缺陷验收

组以书面形式下发整改通知限期整改，并给予 100 元/项的罚款；在限期内仍未整改或整改不彻底，给予加倍处罚。

七、公司在工程安排上，依照前一工程验收情况而定。验收合格的项目部优先安排工程，经二次验收合格的其次，经三次验收的最后考虑。

八、每次验收质检科均应组织相关资料入档，并经监督室主任确认，列入年终综合考评资料。

5.2 工程质量检验和验收

5.2.1 工程质量检验验收的依据

各类工程的质量根据工程类别的不同，由国家标准和行业标准构成了检验的依据。

工程建设国家标准中部分质量检验标准如表 5-3 所示。

工程质量检验国家标准 表 5-3

标准编号	标准名称
GB/T 50312	建筑与建筑群综合布线系统工程验收规范
GB/T 50315	砌体工程现场检测技术标准
GB/T 50329	木结构试验方法标准
GB 50023	建筑抗震鉴定标准
GB 50107	混凝土强度检验评定标准
GB 50141	给水排水构筑物工程施工及验收规范
GB 50164	混凝土质量控制标准
GB 50166	火灾自动报警系统施工及验收规范
GB 50201	土方与爆破工程施工及验收规范
GB 50202	建筑地基基础工程施工质量验收规范
GB 50203	砌体结构工程施工质量验收规范
GB 50204	混凝土结构工程施工质量验收规范
GB 50205	钢结构工程施工质量验收规范
GB 50206	木结构工程施工质量验收规范
GB 50207	屋面工程质量验收规范
GB 50208	地下防水工程质量验收规范
GB 50209	建筑地面工程施工质量验收规范
GB 50210	建筑装饰装修工程质量验收规范
GB 50212	建筑防腐蚀工程施工及验收规范
GB 50224	建筑防腐蚀工程质量检验评定标准

标准编号	标准名称
GB 50242	建筑给水排水及采暖工程施工质量验收规范
GB 50243	通风与空调工程施工质量验收规范
GB 50263	气体灭火系统施工及验收规范
GB 50268	给水排水管道工程施工及验收规范
GB 50270	连续输送设备安装工程施工及验收规范
GB 50271	金属切削机床安装工程施工及验收规范
GB 50272	锻压设备安装工程施工及验收规范
GB 50274	制冷设备、空气分离设备安装工程施工及验收规范
GB 50275	压缩机、风机、泵安装工程施工及验收规范
GB 50276	破碎、粉磨设备安装工程施工及验收规范
GB 50277	铸造设备安装工程施工及验收规范
GB 50278	起重设备安装工程施工及验收规范
GB 50281	泡沫灭火系统施工及验收规范
GB 50300	建筑工程施工质量验收统一标准
GB 50301	建筑工程质量检验评定标准
GB 50302	建筑采暖卫生与煤气工程质量检验评定标准
GB 50303	建筑电气工程施工质量验收规范
GB 50310	电梯工程施工质量验收规范
GB 50339	智能建筑工程质量验收规范

还有一批工程建设的行业标准也对相关工程的质量检验验收进行了规范，例如，以 JGJ 编号的建筑工程行业标准见表 5-4。

用于检验试验的建筑工程行业标准   表 5-4

标准编号	标准名称
JGJ/T 139	玻璃幕墙工程质量检验标准
JGJ/T 27	钢筋焊接接头试验方法标准
JGJ 101	建筑抗震试验方法规程
JGJ 103	塑料门窗安装及验收规程
JGJ 110	建筑工程饰面砖粘结强度检验标准
JGJ 126	外墙饰面砖工程施工及验收规程
JGJ 18	钢筋焊接及验收规程
JGJ 51	轻骨料混凝土技术规程
JGJ 52	普通混凝土用砂、石质量及检验方法标准
JGJ 56	混凝土减水剂质量标准和试验方法
JGJ 63	混凝土用水标准
JGJ 78	网架结构工程质量检验评定标准
JGJ 82	钢结构高强度螺栓连接的设计、施工及验收规程

工程建设常见行业标准的编号代码如表 5-5 所示。

工程建设常见行业标准代号   表 5-5

序 号	行业标准名称	行业标准代号	主管部门
1	水利	SL	水利部科教司
2	林业	LY	国家林业局科技司
3	轻工	QB	中国轻工业联合会
4	黑色冶金	YB	中国钢铁工业协会科技环保部
5	有色冶金	YS	中国有色工业协会规划发展司
6	石油天然气	SY	中国石油和化学工业协会质量部
7	化工	HG	中国石油和化学工业协会质量部
8	石油化工	SH	中国石油和化学工业协会质量部
9	建材	JC	中国建筑材料工业协会质量部
10	地质矿产	DZ	国土资源部国际合作与科技司
11	民用航空	MH	中国民航管理总局规划科技司
12	核工业	EJ	国防科工委中国核工业总公司
13	交通	JT	交通部科教司
14	电子	SJ	工业与信息化部科技司
15	通信	YD	工业与信息化部科技司
16	电力	DL	中国电力企业联合会标准化中心
17	体育	TY	国家体育总局体育经济司
18	城镇建设	CJ	建设部标准定额司
19	建筑工业	JG	建设部标准定额司
20	煤炭	MT	中国煤炭工业协会
21	公共安全	GA	公安部科技司
22	铁道	TB	国家铁路总局

上述检验验收标准中包括了统一的检验验收标准和相关的支持性标准，企业还需建立相关的企业标准，它们共同构成工程质量验收规范支持体系，如图 5-1 所示。

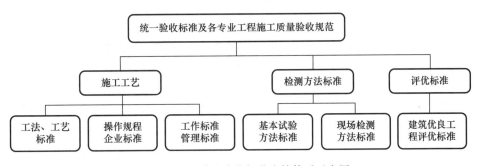

图 5-1　工程质量验收规范支持体系示意图

5.2.2　检验方式及检验方法

（1）检验方式

工程项目的质量可以采用多种检验方式进行，不同的检验方式，关系到质量保证的有效性和检验方式的经济性。检验方式的分类，可以从不同角度进行。

1）按施工过程划分，可分为材料进场检验、工序检验、分部分项工程检验（验收）、最终成品检验（验收）等；

2）按操作人员划分，可分为自我检验、相互检验、上下工序交接检验、专职检验等；

3）按检验数量划分，可分为全数检验、抽样检验、抽查检验等；

4）按检验方法划分，可分为观感检验、理化检验（器具检验、试用性检验）等；

5）按检验后果划分，可分为非破坏性检验、破坏性检验等；

6）按检查时机划分，可分为开工检验、中间检验、完工检验等；

7）按检验数据性质分，可分为计量值检验和计数值检验。

（2）检验方法

工程项目质量的检验方法，基本上分为理化检验和观感检验两大类。

1）理化检验

凡是依靠检验器具、装置，应用物理或化学的方法对受检对象进行检验而获得检验结果的方法，叫理化检验。

2）观感检验

凡是依靠人的感觉器官来进行有关质量特性或特征评价判定的方法称为观感检验。由于是"依靠人的感觉器官"进行的，因此这种检验方法又被称为"感官检验"。依靠感觉器官，必然会受到许多因素的影响，如技术、经验、环境、情绪、身体素质、教育程度等，这些因素都会影响到检验结果的准确性。

理化检验和观感检验的主要差异如表 5-6 所示。

理化检验与观感检验的比较表 5-6

项　目	理化检验	观感检验
性质	物理或化学测试	生理或心理测试
校正	不同器具间差异易于校正与比较	难于进行比较，要经过长期经验积累才能自我调整与校正
输出	用物理量（数值）表示	用测试者官感量（语言文字）表示
差异	相对较小	相对较大
影响因素	身体情况、环境因素影响相对较小	身体情况、环境因素影响较大

项　目	理化检验	观感检验
训练影响	程度较轻	影响很大
费用	投资与消耗费用较高	费用小
场合	需一定条件，灵活性差	基本无限制，灵活

5.2.3　质量检验的项目

工程项目的质量检验项目比较复杂，一般情况下分为三大类，即建筑材料试验项目、过程产品检验验收项目、单位工程竣工验收项目。

（1）常用建筑材料试验项目

建筑材料的质量优劣，很大程度上影响工程产品质量的好坏。正确合理地使用材料，也是确保工程项目产品质量的关键。因此，施工企业的项目部要特别重视材料检验工作。材料的质量检验根据工程对象类别的不同，或由项目所属企业的试验机构（一般附设在项目部）实施，如公路工程、铁路工程等；或由第三方试验机构实施，如房建工程等。

凡用于施工的建筑材料，若施工企业及其所在地区不具备理化检验手段时，必须由供应商提供材料合格的证明，并在材料进场时采用观感检验的方式予以验证，否则除供应商必须提供合格证明外，施工项目部尚需在材料进场后按有关技术标准、规范和设计要求，由建设、监理、施工三方共同见证随机抽样，送公正的第三方检验试验机构进行复试，证明合格后才能使用。

凡在现场配制的各种材料，如混凝土、砂浆等，均需按相关标准、规范的要求留置试样，同条件养护后进行抗压、抗折等试验，以确认该批混凝土或砂浆的质量水平。

工程所使用的各种材料的质量证明文件、检验试验的质量报告等，都将作为工程档案的正式文件。

对进入施工现场的材料、构配件、设备等按相关标准规定要求进行检验，对产品达到合格与否作出确认的检验验收称之为"进场验收"，在本书 3.3 节介绍工程材料的质量控制时已对此作了介绍，不再赘述。

（2）过程产品检验验收项目

工程项目施工的过程产品包括工序产品、检验批产品、分项工程、分部工程等，每一项过程产品均需通过检验合格后材允许进入下一工序或下一个分项工程、分部工程。过程产品的检验一般包括两部分，一部分称为"主控项目"，即工程中的对安全、卫生、环境保护和公众利益起决定性作用的检验项目；另一部分称为"一般项目"，即除主控项目以外的检验项目。

在一些专业的工程项目中，还有个"单元工程"的概念，如水利水电工程、高压和超高压电力线路工程等，但不同行业对单元工程的定义不尽相同。例如，水利建设工程中，单元工程是指"依据建筑物设计结构、施工部署和质量验收评定等因素，将建筑物划分成为若干个层、块、区、段。每一层、块、区、段为一个单元工程"，而且是"分部工程开工前应由建设单位或监理单位组织设计、施工等单位，共同划分单元工程"；而超高压电力线路工程直接规定"每个分项工程中分为若干相同单元工程"，其实它们都类似于"检验批"的概念。

案例 5-3：某船闸工程防洪大堤工程单元工程划分（表 5-7）

某船闸工程防洪大堤工程单元工程划分（局部）　　　　表 5-7

单位工程	分部工程	分项工程	单元划分
堤身工程	堤基处理工程		K0+000～K0+400
			K0+400～K0+800
			K0+800～K1+145
	堤身填筑工程		K0+000～K0+400
			K0+400～K0+800
			K0+800～K1+145
	路面	K0+000～K1+145 5%石灰土填筑	K0+000～K0+400　5%石灰土填筑
			K0+400～K0+800　5%石灰土填筑
			K0+800～K1+145　5%石灰土填筑
		K0+000～K1+145 12%石灰土填筑	K0+000～K0+400　12%石灰土填筑
			K0+400～K0+800　12%石灰土填筑
			K0+800～K1+145　12%石灰土填筑
		K0+000～K1+145 二灰碎石填筑	K0+000～K0+400　二灰碎石填筑
			K0+400～K0+800　二灰碎石填筑
			K0+800～K1+145　二灰碎石填筑
		K0+000～K1+145 C25混凝土路面浇注	K0+000～K0+400　C25混凝土路面浇注
			K0+400～K0+800　C25混凝土路面浇注
			K0+800～K1+145　C25混凝土路面浇注
	堤身防护	M15格梗	K0+000～K0+100　M15格梗
			K0+100～K0+200　M15格梗
			K0+200～K0+300　M15格梗
			K0+300～K0+400　M15格梗

单位工程	分部工程	分项工程	单元划分
堤身工程	堤身防护	M15 格梗	K0+400～K0+500　M15 格梗
			K0+500～K0+600　M15 格梗
			K0+600～K0+700　M15 格梗
			K0+700～K0+800　M15 格梗
			K0+800～K0+900　M15 格梗
			K0+900～K1+000　M15 格梗
			K0+900～K1+100　M15 格梗
			K1+100～K1+145　M15 格梗
		C20 排水沟	K0+000～K0+100　C20 排水沟
			K0+100～K0+200　C20 排水沟
			K0+200～K0+300　C20 排水沟
			K0+300～K0+400　C20 排水沟
			K0+400～K0+500　C20 排水沟
			K0+500～K0+600　C20 排水沟
			K0+600～K0+700　C20 排水沟
			K0+700～K0+800　C20 排水沟
			K0+800～K0+900　C20 排水沟
			K0+900～K1+000　C20 排水沟
			K1+000～K1+100　C20 排水沟
			K1+100～K1+145　C20 排水沟

　　有一类特殊的分部分项工程称为隐蔽工程，它是指施工过程中一道工序开工时，上一道工序中的成果将被掩盖，其质量是否符合要求已无法再进行复查的工程内容。例如，地基与基础工程中的地基土质、基础尺寸及标高，打桩的数量及位置等；钢筋混凝土工程中的钢筋质量，布筋情况；安装工程中的各种暗配的水、暖、电管道线路等。为此，这些工程在下一道工序施工前，应由项目技术负责人或有关部门邀请建设单位、设计单位、监理单位等共同进行隐蔽工程检查、验收，并认真办好隐蔽工程验收签证手续。隐蔽工程验收记录是今后各项建筑安装工程的合理使用、维修、改建、扩建的一项重要技术资料，必须归入工程技术档案。

　　隐蔽工程验收应结合技术复核、质量检查工作进行，重要部位改变时应摄影以备查考。隐蔽工程验收项目见表5-8。

隐蔽工程验收项目表　　　　　　　　表 5-8

项　目	检验内容
土方工程	基坑（槽）或管沟开挖竣工图；排水盲沟设置情况；填方土料、冻土块含量及填土压实试验记录
地基与基础工程	基坑（槽）底土质情况；基底标高及宽度；对不良基土采取的处理情况；地基夯实施工记录；打桩施工记录及桩位竣工图
砖石工程	基础砌体；沉降缝、伸缩缝和防震缝；砌体中配筋情况
钢筋混凝土工程	钢筋的品种、规格、形状尺寸、数量及位置；钢筋接头情况；钢筋除锈情况；预埋件数量及位置；材料代用情况
屋面工程	保温隔热层、找平层、防水层的施工记录
地下防水工程	卷材防水层及沥青胶结材料防水层的基层；防水层被土、水、砌体等掩盖的部位；管道设备穿过防水层的封闭处
地面工程	地面下的基土；各种防护层以及经过防腐处理的结构或连接件
装饰工程	各类装饰工程的基层情况
管道工程	各种给排水暖卫暗管道的位置、标高、坡度、试压、过水试验、焊接、防腐、防锈保温及预埋件等情况
电气工程	各种暗配电气线路的位置、规格、标高、弯度、防腐、接头等情况；电缆耐压绝缘试验记录；避雷针的接地电阻测试
其他	完工后无法进行检查的工程；重要结构部位和有特殊要求的隐蔽工程

（3）单位工程竣工验收

单位工程竣工验收是对施工企业生产、技术活动成果进行的一次综合性检查验收。单位工程通过竣工验收后，就将投入使用，形成生产能力。因此，在工程正式交工验收前，应由施工单位进行自检、自验，以及内部的预验收，以期发现问题，及时整改。

所有工程项目的竣工验收都要严格按下列要求进行：

1）工程质量应符合相关标准和相关专业验收规范的规定；

2）工程施工应符合工程勘察、设计文件的要求；

3）参加工程施工质量验收的各方人员应具备规定的资格；

4）工程质量的验收均应在施工单位自行检查评定的基础上进行；

5）隐蔽工程在隐蔽前应由施工单位通知有关单位进行验收，并应形成验收文件；

6）涉及结构安全的试块、试件以及有关材料，应按规定进行见证取样检测；

7）检验批的质量应按主控项目和一般项目验收；

8）对涉及结构安全和使用功能的重要分部工程应进行抽样检测；

9）承担见证取样检测及有关结构安全检测的单位应具有相应资质；

10）工程的观感质量应由验收人员通过现场检查，并应共同确认。

5.3 项目质量验收和评定的实施

工程项目的质量验收是施工全过程的最后一道程序，也是工程项目管理的最后一项工作。它是施工成果转入生产或使用的标志，也是全面检验施工质量的重要环节。项目经理必须根据合同和设计图纸的要求，严格执行国家颁发的有关工程项目质量检验评定标准和验收标准，及时地配合监理工程师、质量监督站等有关人员进行质量评定和办理竣工验收交接手续。

工程项目质量验收划分为单位（子单位）工程、分部（子分部）工程、分项工程、检验批的质量验收、室外工程的验收等。

5.3.1 单位工程和分部分项工程的划分

（1）单位（子单位）工程

具备独立施工条件并能形成独立使用功能的建筑物及构筑物为一个单位工程。

建筑规模较大的单位工程，可将其能形成独立使用功能的部分划分为一个子单位工程。

（2）分部（子分部）工程

分部工程的划分应按专业性质、建筑部位确定。如建筑工程可划分为九个分部工程：地基与基础、主体结构、建筑装饰装修、建筑屋面、建筑给排水及采暖、建筑电气、智能建筑、通风与空调和电梯等分部工程。

当分部工程规模较大或较复杂时，可按材料种类、施工特点、施工顺序、专业系统及类别等划分为若干个子分部工程。如地基与基础分部工程可分为：无支护土方、有支护土方、地基及基础处理、桩基、地下防水、混凝土基础、砌体基础、劲钢（管）混凝土和钢结构等子分部工程。

（3）分项工程

分项工程应按主要工种、材料、施工工艺、设备类别等进行划分。如无支护土方子分部工程可分为土方开挖和土方回填等分项工程。例如房屋建筑工程在GB 50300《建筑工程施工质量验收统一标准》中做了如表 5-9 的规定。

建筑工程分部工程、分项工程划分 表 5-9

序号	分部工程	子分部工程	分项工程
1	地基与基础	无支护土方	土方开挖、土方回填
		有支护土方	排桩、降水、排水、地下连续墙、锚杆、土钉墙、水泥土桩、沉井与沉箱，钢及混凝土支撑
		地基处理	灰土地基、砂和砂石地基、碎砖三合土地基，土工合成材料地基，粉煤灰地基，重锤夯实地基，强夯地基，地基，砂桩地基，预压地基，高压喷射注浆地基、土和灰土挤密桩地基，注浆地基，水泥粉煤灰碎石桩地基，夯实水泥土桩地基
		桩基	锚杆静压桩及静力压桩，预应力离心管桩，钢筋混凝土预制桩，钢桩，混凝土灌注桩（成孔、钢筋笼、清孔、水下混凝土灌注）
		地下防水	防水混凝土，水泥砂浆防水层，卷材防水层，涂料防水层，金属板防水层，塑料板防水层，涂料防水层，塑料板防水层，细部构造，喷锚支护，利税合式衬砌，地下连续墙，盾构法隧道；渗排水、盲沟排水，隧道、坑道排水；预注浆、后注浆，衬砌裂缝注浆
		混凝土基础	模板、钢筋、混凝土，后浇带混凝土，混凝土结构缝处理
		砌体基础	砖砌体，混凝土砌块砌体，配筋砌体，石砌体
		劲钢（管）混凝土	劲钢（管）焊接，劲钢（管）与钢筋的连接，混凝土
		钢结构	焊接钢结构、栓接钢结构，钢结构制作，钢结构安装，钢结构涂装
2	主体结构	混凝土结构	模板、钢筋、混凝土，预应力、现浇结构，装配式结构
		钢筋（管）混凝土结构	劲钢（管）焊接，螺栓连接，劲钢（管）与钢筋的连接，劲钢（管）制作、安装，混凝土
		砌体结构	砖砌体，混凝土小型空心砌块砌体，石砌体，填充墙砌体，配筋砖砌体
		钢结构	钢结构焊接，坚固件连接，钢零部件加工，单层钢结构安装，多层及高层钢结构安装，钢结构涂装，钢构件组装，钢构件预拼装，钢网架结构安装，压型金属板
		木结构	方木和原木结构，胶合木结构，轻型木结构，木构件防护
		网架和索膜结构	网架制作，网架安装，索膜安装，网架防火，防腐涂料

续表

序号	分部工程	子分部工程	分项工程
3	建筑装饰装修	地面	整体面层：基层，水泥混凝土面层，水泥砂浆面层，水磨砂浆面层，水磨石面层，防油渗面层，水泥钢（铁）屑面层，不发火（防爆的）面层；板块面层：基层，砖面层（陶瓷锦砖、缸砖、陶瓷地砖和水泥花砖面层），大理石面层和花岗石面层，预制板块面层（预制水泥混凝土、水磨石板块面层），料石面层（条石、块石面层），塑料板面层，活动地板面层，地毯面层；木竹面层：基层、实木地板面层（条材、块材面层），实木复合地板面层（条材、块材面层），中密度（强化）复合地板面层（条材面层），竹地板面层
		抹灰	一般抹灰，装饰抹灰，清水砌体勾缝
		门窗	木门窗制作与安装，金属门窗安装，塑料门窗安装，特种门安装，门窗玻璃安装
		吊顶	暗龙骨吊顶，明龙骨吊顶
		轻质隔墙	板材隔墙，骨架隔墙，活动隔墙，玻璃隔墙
		饰面板（砖）	饰面板安装，饰面砖粘贴
		幕墙	玻璃幕墙，金属幕墙，石材幕墙
		涂饰	水性涂料涂饰，溶剂型涂料涂饰，美术涂饰
		裱糊与软包	裱糊、软包
		细部	橱柜制作与安装，窗帘盒、窗台板和暖气罩制作与安装，门窗套制作与安装，护栏和扶手制作与安装，花饰制作与安装
4	建筑屋面	卷材防水屋面	保温层，找平层，卷材防水层，细部构造
		涂膜防水屋面	保温层，找平层，涂膜防水层，细部构造
		刚性防水屋面	细石混凝土防水层，密封材料嵌缝，细部构造
		瓦屋面	平瓦屋面，油毡瓦屋面，金属板屋面，细部构造
		隔热屋面	架空屋面，蓄水屋面，种植屋面
5	建筑给水、排水及采暖	室内给水系统	给水管道及配件安装，室内消火栓系统安装，给水设备安装，管道防腐，绝热
		室内排水系统	排水管道及配件安装，雨水管道及配件安装
		室内热水供应系统	管道及配件安装，辅助设备安装，防腐，绝热
		卫生器具安装	卫生器具安装，卫生器具给水配件安装，卫生器具排水管道安装

续表

序号	分部工程	子分部工程	分项工程
5	建筑给水、排水及采暖	室内采暖系统	管道及配件安装,辅助设备及散热器安装,金属辐射板安装,低温热水地板辐射采暖系统安装,系统水压试验及调试,防腐,绝热
		室外给水管网	给水管道安装,消防水泵接水器及室外消火栓安装,管沟及井室
		室外排水管网	排水管道安装,排水管沟与井池
		室外供热管网	管道及配件安装,系统水压试验及调试,防腐,绝热
		建筑中水系统及游泳池系统	建筑中水系统管道及辅助设备安装,游泳池水系统安装
		供热锅炉及辅助设备安装	锅炉安装,辅助设备及管道安装,安全附件安装,烘炉、煮炉和试运行,换热站安装,防腐,绝热
6	建筑电气	室外电气	架空线路及杆上电气设备安装,变压器、箱式变电所安装,成套配电柜、控制柜(屏、台)和动力、照明配电箱(盘)及控制柜安装,电线、电缆导管和线槽敷设,电线、电缆穿管和线槽敷设,电缆头制作、导线连接和线路电气试验,建筑物外部装饰灯具、航空障碍标志灯和庭院路灯安装,建筑照明通电试运行,接地装置安装
		变配电室	变压器、箱式变电所安装,成套配电柜、控制柜(屏、台)和动力、照明配电箱(盘)及控制柜安装,裸母线、封闭母线、插接式母线安装,电缆沟内和电缆竖井内电缆敷设,电缆头制作、导线连接和线路电气试验,接地装置安装,避雷引下线和变配电室接地干线敷设
		供电干线	裸母线、封闭母线、插接式母线安装,桥架安装和桥架内电缆敷设,电缆沟内和电缆竖井内电缆敷设,电线、电缆导管和线槽敷设,电线、电缆穿管和线槽敷线,电缆头制作、导线连接和线路电气试验
		电气动力	成套配电柜、控制柜(屏、台)和动力、照明配电箱(盘)及控制柜安装,低压电动机、电加热器及电动执行机构检查、接线,低压电气动力设备检测、试验和空载试运行,桥架安装和桥架内电缆敷设,电线、电缆导管和线槽敷设,电线、电缆穿管和线槽敷线,电缆头制作、导线连接和线路电气试验,插座、开关、风扇安装
		电气照明安装	成套配电柜、控制柜(屏、台)和动力、照明配电箱(盘)安装,电线、电缆导管和线槽敷设,电线、电缆导管和线槽敷设,电线、电缆导管和线槽敷线,槽板配线,钢索配线,电缆头制作,导线连接和线路气试验,普通灯具安装,专用灯具安装,插座、开关、风扇安装,建筑照明通电试运行

序号	分部工程	子分部工程	分项工程
6	建筑电气	备用和不间断电源安装	成套配电柜、控制柜（屏、台）和动力、照明配电箱（盘）安装，柴油发电机安装，不间断电源的其他功能单元安装，裸母线、封闭母线、插接式母线安装，电线、电缆导管和线槽敷设，电线、电缆导管和线槽敷线，电缆头制作，导线连接和线路气试验，接地装置安装
		防雷及接地安装	接地装置安装，避雷引下线和变配电室接地干线敷设，建筑物等电位连接，接闪器安装
7	智能建筑	通信网络系统	通信系统，卫星及有线电视系统，公共广播系统
		办公自动化系统	计算机网络系统，信息平台及办公自动化应用软件，网络安全系统
		建筑设备监控系统	空调与通风系统，变配电系统，照明系统，给排水系统，热源和热交换系统，冷冻和冷却系统，电梯和自动扶梯系统，中央管理工作站与操作分站，子系统通信接口
		火灾报警及消防联动系统	火灾和可燃气体探测系统，火灾报警控制系统，消防联动系统
		安全防范系统	电视监控系，入侵报警系统，巡更系统，出入口控制（门禁）系统，停车管理系统
		综合布线系统	缆线敷设和终接，机柜、机架、配线架的安装，信息插座和光缆芯线终端的安装
		智能化集成系统	集成系统网络，实时数据库，信息安全，功能接口
		电源与接地	智能建筑电源，防雷及接地
		环境	空间环境，室内空调环境，视觉照明环境，电磁环境
		住宅（小区）智能化系统	火灾自动报警及消防联动系统，安全防范系统（含电视临近系统，入侵报警系统，巡更系统、门禁系统、楼宇对讲系统、停车管理系统），物业管理系统（多表现场计量及与远程传输系统、建筑设备监控系统、公共广播系统、小区建筑设备监控系统、物业办公自动化系统），智能家庭信息平台
8	通风与空调	送排风系统	风管与配件制作，部件制作，风管系统安装，空气处理设备安装，消声设备制作与安装，风管与设备防腐，风机安装，系统调试
		防排烟系统	风管与配件制作，部件制作，风管系统安装，防排烟风口、常闭正压风口与设备安装，风管与设备防腐同，风机安装，系统调试
		除尘系统	风管与配件制作，部件制作，风管系统安装，除尘器与排污设备安装，风管与设备防腐，风机安装，系统调试

续表

序号	分部工程	子分部工程	分项工程
8	通风与空调	空调风系统	风管与配件制作，部件制作，风管系统安装，空气处理设备安装，消声设备制作与安装，风管与设备防腐，风机安装，风管与设备绝热，系统调试
		净化空调系统	风管与配件制作，部件制作，风管系统安装，空气处理设备安装，消声设备制作与安装，风管与设备防腐，风机安装，风管与设备绝热，高效过滤器安装，系统调试
		制冷设备系统	制冷组安装，制冷剂管道及配件安装，制冷附属设备安装，管道及设备的防腐与绝热，系统调试
		空调水系统	管道冷热（媒）水系统安装，冷却水系统安装，准凝水系统安装，阀门及部件安装，冷却塔安装，水泵及附属设备安装，管道与设备的防腐与绝热，系统调试
9	电梯	电力驱动的曳引式或强制式电梯安装	设备进场验收，土建交接检验，驱动主机，导轨，门系统，轿厢，对重（平衡重），安全部件，悬挂装置，随行电缆，补偿装置，电气装置，整机安装验收
		液压电梯安装	设备进场验收，土建交接检验，驱动主机，导轨，门系统，轿厢，对重（平衡重），安全部件，悬挂装置，随行电缆，补偿装置，整机安装验收
		自动扶梯、自动人行道安装	设备进场验收，土建交接检验，整机安装验收

（4）室外工程的划分

室外工程可根据专业类别和工程规模划分单位（子单位）工程。

例如《建筑工程施工质量验收统一标准》（GB 50300）对室外单位（子单位）工程、分部工程做了如表 5-10 的规定。

室外工程划分 表 5-10

单位工程	子单位工程	分部（子分部）工程
室外建筑环境	附属建筑	车棚、围墙、大门、挡土墙、垃圾收集站
	室外环境	建筑小品、道路、亭台、连廊、花坛、场坪绿化
室外安装	给排水与采暖	室外给水系统、室外排水系统、室外供热绿化
	电气	室外供电系统、室外照明系统

5.3.2 检验批的划分

检验批是建筑工程质量验收的最小单位，检验批是施工过程中条件相同并有一定数量材料、构配件或安装项目基本均匀一致，可作为检验的基本单位，并按批验收。

（1）检验批划分的基本原则

1）检验批划分应按《建筑工程施工质量验收统一标准》（GB 50300）附录 B 表 B.0.1 划分的分项工程内容的基础上，按"统一标准"第 4.0.5 条和各专业规范的有关要求进行具体划分。

2）各专业规范对检验批划分没有具体要求的，检验批的划分按"统一标准"第 4.0.5 条执行；各专业规范对检验批划分提出具体要求的，检验批划分按各专业规范的要求进行。

3）检验批划分应根据施工单位安排的总工期及准备的劳力、材料、机械设备、财力等条件参照专业规范对检验批的划分原则进行划分。

4）要有利于结构的整体性；各施工段的工程量应尽量大致相等；各施工段均应有一定的工作面，能充分利用时间和空间，且能充分发挥劳动效率。

（2）分部分项工程中的检验批划分

《建筑工程施工质量验收统一标准》（GB 50300—2001）条文说明中规定的检验批划分时，分项工程可由一个或若干个检验批组成，检验批可根据施工及质量控制和专业验收需要按楼层、施工段、变形缝等进行划分。

1）多层及高层建筑工程中主体分部的分项工程可按楼层或施工段来划分检验批，单层建筑工程中的分项工程可按变形缝等划分检验批；

2）地基基础分部工程中的分项工程一般划分为一个检验批，有地下室的基础工程可按不同地下层划分检验批；

3）屋面分部工程中的分项工程按不同楼层屋面可划分为不同的检验批；

4）其他分部工程中的分项工程，一般按楼层划分检验批；

5）对于工程量较少的分项工程可统一划为一个检验批；

6）安装工程一般按一个设计系统或设备组别划分为一个检验批；

7）室外工程统一划分为一个检验批；

8）散水、明沟、台阶等含在地面检验批中。

（3）不同专业规范检验批的划分规定

1）地基基础：地基基础按一个分项工程为一个检验批进行验收；

2）地下防水：地下防水工程按一个分项工程为一个检验批进行验收；

3）砌体工程：GB 50203—2011 规定共设 7 个检验批质量验收记录表。其中一般砌体工程 5 个；配筋砌体工程除执行一般砌体工程的 4 个表式外，还配合采用 2 个表；

4）混凝土结构工程：分别按模板、钢筋、预应力、混凝土、现浇结构、装配式结构等分项，按工作板、楼层、结构缝或施工段划分检验批进行验收。

5）钢结构工程：

① 原材料及成品进场验收的检验批原则上应与各分项工程检验批一致，也可以根据工程规模及进料实际情况划分检验批；

② 钢结构焊接工程可按相应的钢结构制作工程和钢结构安装工程检验批的划分原则划分为一个或若干个检验批；

③ 紧固件连接工程可按相应的钢结构制作工程和钢结构安装工程检验批的划分原则划分为一个或若干个检验批；

④ 钢零件及钢部件加工工程，可按相应的钢结构制作工程和钢结构安装工程检验批的划分原则划分为一个或若干个检验批；

⑤ 钢结构预拼装工程可按钢结构制作工程检验批的划分原则划分为一个或若干个检验批；

⑥ 单层钢结构安装工程可按变形缝或空间刚度单元等划分为一个或若干个检验批。地下钢结构可按不同地下层划分检验批；

⑦ 多层及高层钢结构安装工程可按楼层或施工段等划分为一个或若干个检验批。地下钢结构可按不同地下层划分检验批；

⑧ 刚网架结构安装工程可按变形缝、施工段或空间刚度单元划分为一个或若干个检验批；

⑨ 压型金属板的制作和安装工程可按变形缝、楼层、施工段或屋面、墙面、楼面等划分为一个或若干个检验批；

⑩ 钢结构涂装工程可按钢结构制作或钢结构安装工程检验批的划分原则划分成一个或若干个检验批。

6）木结构工程：检验批应根据结构类型、构件受力特征、连接件种类、截面形状和尺寸及所采用的树种和加工量划分。

7）装饰装修工程

① 抹灰工程个分项工程的检验批应按下列规定划分：

——相同材料、工艺和施工条件的室外抹灰工程每 500～1000m² 应划分为一个检验批，不足 500m² 也应划分为一个检验批；

——相同材料、工艺和施工条件的室内抹灰工程每 50 个自然间（大面积房间和走廊按抹灰面积 30m² 为一间）应划分为一个检验批，不足 50 间也应划分为一个检验批。

② 门窗工程各分项工程的检验批应按下列规定划分：

——同一品种、类型和规格的木门窗、金属门窗、塑料及门窗玻璃每 100 樘应划分为一个检验批，不足 100 樘也应划分为一个检验批；

——同一品种、类型和规格的特种门窗每 50 樘应划分为一个检验批，不足 50 樘也应划分为一个检验批。

③ 吊顶工程各分项工程的检验批应按下列规定划分：

同一品种的吊顶工程每 50 间（大面积房间和走廊按吊顶面积 30m² 为一间）应划分为一个检验批，不足 50 间也应划分为一个检验批。

④ 轻质隔墙各分项工程的检验批应按下列规定划分：

同一品种的轻质隔墙工程每 50 间（大面积房间和走廊按轻质隔墙的墙面 30m² 为一间）应划分为一个检验批，不足 50 间也应划分为一个检验批。

⑤ 饰面板（砖）各分项工程的检验批应按下列规定划分：

——相同材料、工艺和施工条件的室内饰面板（砖）工程每 50 间（大面积房间和走廊按施工面积 30m² 为一间）应划分为一个检验批，不足 50 间也应划分为一个检验批；

——相同材料、工艺和施工条件的室外饰面板（砖）工程每 500～1000m² 应划分为一个检验批，不足 500m² 也应划分为一个检验批。

⑥ 幕墙工程各分项工程的检验批应按下列规定划分：

——相同设计、材料、工艺和施工条件的幕墙工程每 500～1000m² 应划分为一个检验批，不足 500m² 也应划分为一个检验批；

——同一单位工程的不连续幕墙工程应单独划分检验批；

——对于异形或有特殊要求的幕墙，检验批的划分应根据幕墙的结构、工艺特点及幕墙工程规模，由监理单位（或建设单位）和施工单位协商确定。

⑦ 涂饰工程各分项工程的检验批应按下列规定划分：

——室外涂饰工程每一栋楼的同类涂料涂饰的墙面每 500～1000m² 应划分为一个检验批，不足 500m² 也应划分为一个检验批；

——室内涂饰工程同类涂料涂饰的墙面每 50 间（大面积房间和走廊按涂饰面积 30m² 为一间）应划分为一个检验批，不足 50 间也应划分为一个检验批。

⑧ 裱糊与软包工程各分项工程的检验批应按下列规定划分：

同一品种的裱糊与软包工程每 50 间（大面积房间和走廊按施工面积 30m² 为一间）应划分为一个检验批，不足 50 间也应划分为一个检验批。

⑨ 细部工程各分项工程的检验批应按下列规定划分：

——同类制品每 50 间（处）应划分为一个检验批，不足 50 间（处）也应划分为一个检验批；

——每部楼梯应划分为一个检验批。

8）地面工程：基层（各构造层）和各类面层的分项工程的施工质量验收应按每一层次或每层施工段（或变形缝）作为检验批，高层建筑的标准层可按每三层（不足三层按三层计）作为检验批；

9）屋面工程：屋面分部工程中的分项工程按不同楼层屋面可划分为不同的

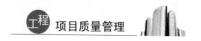

检验批。

10）给排水及采暖工程：建筑给水排水及采暖工程的分项工程，应按系统、区域、施工段或楼层等划分。分项工程应划分成若干个检验批进行验收。

11）电气工程：当建筑电气分部工程施工质量检验时，检验批的划分应符合以下规定：

① 室外电气安装工程中分项工程的检验批，依据庭院大小，投运时间先后，功能区块不同划分；

② 变配电室安装工程中分项工程的检验批，主变配电室为一个检验批；有数个分变配电室，且不属于子单位工程的子分部工程，各为一个检验批，其验收记录汇入所有变配电室有关分项工程的验收记录中；如各分变配电室属于子单位工程的子分部工程，所属分项工程各为一个检验批，其验收记录应为一个分项工程验收记录，经子分部工程验收记录汇入分部工程验收记录中；

③ 供电干线安装工程分项工程的检验批，依据供电区段和电气线缆竖井的编号划分；

④ 电气动力和电气照明安装工程中分项工程及建筑物等电位联结分项工程的检验批，其划分的界区，应与建筑土建工程相一致；

⑤ 备用和不间断电源安装工程分项工程各自成为一个检验批；

⑥ 防雷及接地装置安装工程中分项工程检验批，人工接地装置和利用建筑物基础钢筋的接地体各为一个检验批，大型基础可按区块划分为几个检验批；避雷引下线安装六层以下的建筑为一个检验批，高层建筑依均压环设置间隔的层数为一个检验批；接闪器安装同一屋面为一个检验批。

12）通风与空调工程：规范 GB 50243—2002 共列 9 个检验批 17 个表式：

① 风管与配件制作检验批质量验收记录；

② 风管部件与消声器制作检验批质量验收记录；

③ 风管系统安装检验批质量验收记录；

④ 通风机安装检验批质量验收记录；

⑤ 通风与空调设备安装检验批质量验收记录；

⑥ 空调制冷系统安装检验批质量验收记录；

⑦ 空调水系统安装检验批质量验收记录；

⑧ 防腐与绝热施工检验批质量验收记录；

⑨ 工程系统调试安装检验批质量验收记录。

13）电梯工程：电梯工程按一个分项工程为一个检验批进行验收。

案例 5-4：某市政道路工程检验批划分（表 5-11）

某市政道路工程检验批划分　　　　　　　表 5-11

分部工程	分项工程	检验批
路基分部	土方分项	k0＋0m—k0＋161.36m 段挖土方路基
		k0＋0m—k0＋161.36m 段填土方路基（第一层）
		k0＋0m—k0＋161.36m 段填土方路基（第二层）
		k0＋0m—k0＋161.36m 段填土方路基（第三层）
基层分部	碎石垫层	k0＋0m—k0＋161.36m 段填隙碎石垫层（左幅）
		k0＋0m—k0＋161.36m 段填隙碎石垫层（右幅）
	沥青稳定碎石	k0＋0m—k0＋161.36m 段沥青稳定碎石（左幅）
		k0＋0m—k0＋161.36m 段沥青稳定碎石（左幅）
	混凝土分项	k0＋0m—k0＋161.36m 段非机动车道混凝土垫层（左幅）
		k0＋0m—k0＋161.36m 段非机动车道混凝土垫层（右幅）
面层分部	透层、粘层	k0＋0m—k0＋161.36m 段沥青透层
		k0＋0m—k0＋161.36m 段沥青粘层
	沥青面层	k0＋0m—k0＋161.36m 段 AC-20 中粒式沥青混凝土
		k0＋0m—k0＋161.36m 段 AC-13 细粒式沥青混凝土
	料石面层	k0＋14.44m—k0＋137.32m 段左幅非机动车道铺青石板
		k0＋33.39m—k0＋137.32m 段右幅非机动车道铺青石板
人行道分部	混凝土分项	k0＋0m—k0＋161.36m 段人行道道混凝土垫层（左幅）
		k0＋0m—k0＋161.36m 段人行道道混凝土垫层（右幅）
	料石人行道铺砌面层（含盲道砖）	k0＋0m—k0＋161.36m 段人行道青石板铺砌（左幅）
		k0＋0m—k0＋161.36m 段人行道青石板铺砌（右幅）
附属构筑物分部	路缘石	k0＋0m—k0＋161.36m 段路缘石安砌（左幅）
		k0＋0m—k0＋161.36m 段路缘石安砌（右幅）
	雨水支管与雨水口	k0＋0m—k0＋161.36m 段雨水支管与雨水口安砌（左幅）
		k0＋0m—k0＋161.36m 段雨水支管与雨水口安砌（右幅）
给水排水分部	沟槽土方	k0＋0m—k0＋154m 段排水管沟开挖（左幅）
		k0＋0m—k0＋154m 段排水管沟开挖（右幅）
		k0＋0m—k0＋139m 段给水管沟开挖
	管道基础	k0＋0m—k0＋154m 段排水管道基础（左幅）
		k0＋0m—k0＋154m 段排水管道基础（右幅）
	管道铺设	k0＋0m—k0＋154m 段排水管道铺设（左幅）
		k0＋0m—k0＋154m 段排水管道铺设（右幅）
		k0＋0m—k0＋139m 段给水管道铺设
	井室	k0＋0m—k0＋154m 段雨污检查井（左幅）
		k0＋0m—k0＋139m 段给水阀门井

分部工程	分项工程	检验批
绿化分部	种植植物	k0+0m—k0+161.36m 段种植植物
	种植基础	k0+0m—k0+161.36m 段种植基础
	植物种植	k0+0m—k0+161.36m 段植物种植

5.3.3 工程质量检验中的抽样

（1）检验方法的选择

本书 5.2.2 节介绍的质量检验的分类中，检验方法分为全数检验和抽样检验。在多数情况下，如破坏性检验、批量大、检验时间长或检验费用高的产品，不能或不宜采用全数检验，此时抽样检验是一种有效方法。根据抽样结果或应用统计原理推断产品批的合格与否，或应用逻辑推理判断被检验对象是否合格。但是，抽样检验的合格批中仍然可能包含不合格品，不合格批中当然也可能包含有合格品，因此抽样检验具有一定的风险性。表 5-12 对全数检验和抽样检验做了对比。

检验方法的比较   表 5-12

比较项目	全数检验	抽样检验
检验的对象与目的	检验对象是一件一件的单位产品； 检验的目的是判定每件单位产品是否合格	检验对象是一批产品； 检验的目的是判定整批产品是否合格
应用场合	产品质量要求特别高，经检验合格的产品中不允许存在不合格品； 单件小批产品； 检验费用低的产品； 检验项目少的产品； 只能检验非破坏性的项目	经检验合格的产品中允许存在少量符合抽样方案规定的不合格品； 批量大、数量多的产品； 检验费用高的产品；检验项目多的产品； 非破坏性与破坏性的项目均可检验； 对连续体只能采用抽样检验
实施要求	无	合理组成检验批； 采用科学适用的抽样方案； 从批中随机抽取样本
不合格的处理	退货； 返修后再交检验； 返工后再检验	退货； 进行筛选，返修后重新交验； 扩大样本再检验
综合评价	能保证产品质量； 检验费用高； 主要适用于单件小批量产品或关键复杂的成品检验	可将不合格产品与误判控制在允许范围内，保证产品质量； 检验费用低； 特别适用于大批量或检验费用较高的产品，以及破坏性检验项目

（2）常用的抽样方法

样本的抽取是否得当直接关系到总体估计的准确程度。为了使所抽取的样本具有较强的代表性，人们在实践中总结出了一些抽样方法。

1）随机抽样：这种抽样方法的特点是要使总体中每个个体被抽取的可能性都相同。当总体中的个体数较少时，常采用抽签的方法抽取样本，即将总体的各个个体依次编上号码1，2，3，…，m，制作一套与总体中各个个体号码相对应的、形状大小相同的卡片号签，并将卡片号签均匀搅拌，从中抽出 n（n＜m）个卡片号签，这 N 个卡片号签所对应的 n 个个体就组成一个样本。

2）系统抽样（systematic sampling）：当总体中个体数较多，且其分布没有明显的不均匀情况时，常采用系统抽样。这时，可将总体分成均衡的若干部分，然后按照预先定出的规则，从每一部分抽取相同个数的个体。这样的抽样叫做系统抽样。

例如，从 1 万名参加考试的学生成绩中抽取 100 人的数学成绩作为一个样本，可按照学生准考证号的顺序每隔 100 个抽一个。假定在 1～100 的 100 个号码中任取 1 个得到的是 37 号，那么从 37 号起，每隔 100 个号码抽取一个号，所得到的 100 个号码依次是 37，137，237，…，9937。

3）分层抽样（stratified sampling）：当总体由有明显差异的几个部分组成时，用上面两种方法抽出的样本，其代表性都不强。这时要将总体按差异情况分成几个部分，然后按各部分所占的比进行抽样，这种抽样叫做分层抽样。

这里应当注意的是，建筑施工过程中的质量检验采用抽样检验方法时，其样本的数量一般都在相关的检验标准中作了规定，样本选取的地点有的也有原则性的要求，检验人员应严格执行这些标准。也有少数检验活动在相关标准中未对抽样方案作出规定，检验人员应按上述方法以适当的抽样方案选取具有代表性的样本。例如 JGJ 130—2011 标准中规定了脚手架的材质，但却未规定以什么样的检验方法证实进场的脚手架钢管的质量状况。由于钢管数量较多，一般只能以抽样检验的方式进行。那么，采用随机抽样还是系统抽样？样本量以多少为宜？等等，需要材料员和质检员共同作出回答。

（3）抽样检验的基本要求

抽样检验是按数理统计或逻辑推理的方法，从待检产品中随机抽取一定数量的样本进行检验，再根据样本的检验结果来判定整批产品的质量状况并作出合格与否的结论。

一般情况下，工程建设中采用抽样检验方式的适用对象包括：①进场原材料，②部分工序产品，③检验批产品。在工程建设实践中，抽样检验的样本选取方式根据检验的对象有所不同，大多都在相关标准中作了规定。

应当注意的是，施工过程中的质量检验，对进场建筑材料一般为抽样检验，对部分工序产品（如钢筋焊接、混凝土强度等）一般亦为抽样检验，但对于分项工程、分部工程和单位工程而言，其实属于"全数检验"，例如，GB 50300 标准 5.0.2："分项工程质量验收合格应符合下列规定：分部工程所含的检验批均应符合合格质量的规定……"；该标准 5.0.3："分部（子分部）工程质量验收合格应符合下列规定：分部（子分部）工程所含分项工程的质量均应验收合格……"；5.0.4："单位（子单位）工程质量验收合格应符合下列规定：单位（子单位）工程所含分部（子分部）工程的质量均应验收合格……"等，这里都使用的是"均应"，显然是"全数"的概念，也即是说，分项工程验收时，所含检验批必须全部合格，而不是抽查某几个检验批是否合格；分部工程验收时，其所含分项工程必须全部合格，而不是抽查某几个分项；单位工程验收时，其所含分部工程必须全部合格，而不是抽查某几个分部。

（4）部分建筑材料检测的抽样检验要求

类似内容已在本书 3.3.2、3.3.3 等作了介绍，表 3-4 列举了水泥和钢筋的检验要求，这里再补充介绍部分地材和防水材料。

1）砂

① 执行标准：JGJ 52—2006、GB/T 14684—2001；

② 检验批次：应以在施工现场堆放的同产地，同规格分批验收，以 400m³ 或 600t 为一验收批，小型工具（如拖拉机）以 200m³ 或 300t 为一检验批，不足上述数量者以一批计。对于一次进场数量较少，且随进随用者，当质量比较稳定时，可以一个月为一周期以 400m³ 或 600t 为一检验批，不足者亦为一个批次进行抽检。每次从 8 个不同部位，取样 40kg。

2）卵石（碎石）

① 执行标准：JGJ 53—2006、GB/T 14685—2001；

② 检验批次：应以在施工现场堆放的同产地，同规格分批验收，以 400m³ 或 600t 为一验收批，不足上述数量者以一批计。对于一次进场数量较少，且随进随用者，当质量比较稳定时，可以一个月为一周期以 400m³ 或 600t 为一检验批，不足者亦为一个批次进行抽检。每次从 16 个不同部位，取样 60kg。

3）烧结普通砖

① 执行标准：GB 5101—2003；

② 检验批次：每 3.5 万～15 万块同一强度等级，同一生产工艺烧结普通砖为一验收批，不足 3.5 万块亦按一批计。进入现场同一生产工艺，同一强度等级，同规格烧结普通砖，不超过 15 万为一批次进行检验。在施工现场采用随机抽样，抽烧结普通砖样 50 块。

4）烧结多孔砖

① 执行标准：GB 13544—2000；

② 检验批次：每5万块砖为一验收批，不足5万块亦按一批计。进入现场同一生产工艺，同一强度等级，同规格烧结多孔砖，不超过5万为一批次进行检验。在施工现场采用随机抽样，抽砖样50块。

5）烧结空心砖

① 执行标准：GB 13545—2003；

② 检验批次：每3万块为一验收批，不足3万块亦按一批计。进入现场同一生产工艺，同一强度等级，同规格烧结空心砖，不超过3万为一批次进行检验。在施工现场采用随机抽样抽烧结空心砖样50块。

6）蒸压加气混凝土砌块

① 执行标准：GB 11968—2006；

② 检验批次：同品种，同规格、同等级的砌块，以10000块为一批，不足10000块亦为一批。在受检验批产品中，随机抽取80块砌块，进行尺寸偏差和外观检验。从外观与尺寸偏差检验合格的砌块中，随机抽取15块制作试件；

——干体积密度和抗压强度3组9块；

——干燥收缩3组9块；

——抗冻性3组9块；

——导热系数1组2块。

7）混凝土路面砖

① 执行标准：JC/T 466—2000；

② 验收批次：每批路面砖应为同品种，同一类别，同一规格、同一等级，每20000块为一批，不足20000块亦按一批计；超过20000块，批量由供需双方商定。力学性能检验的试件，按随机抽取法抽取10块。

8）天然石材

① 执行标准：GB/T 17670—2008、GB/T 19766—2005、GB/T 18601—2009；

② 验收批次：同一品种，等级，规格的板材，大理石100m²，花岗岩石1～200m² 为一批次。同批次抽大理石5%，花岗岩石2%共10块。

9）弹性体（SBS）、塑性体（APP）改性沥青防水卷材

① 执行标准：GB 18242—2008，GB 18243—2008；

② 检验批次：以同一品种，同一标号，同一等级的产品每10000平方米为一批，不足10000平方米亦按一批验收，每批送样5卷。

10）建筑（道路）石油沥青

① 执行标准：JTG F40—2004；

② 检验批次：A、建筑石油沥青：同一批出厂，同一规格，同一标号，20吨为一批，不足20吨按一批验收。B、道路石油沥青：同一批出厂，同一规格，同一标号，100吨为一批，不足100吨按一批验收。取样从5个不同部位取洁净试样共5kg。

11）聚氨酯防水涂料

① 执行标准：GB/T 19250—2003；

② 检验批次：以单位工程为一批，每批取样5kg；

③ 防水涂料取样按照GB/T3186-2006标准要求执行。

（5）部分工序产品质量检测的抽样检验要求

在大多数的工程建设质量检验验收标准中，对检验批的质量等级判断方式都规定了抽样检验的方式和样本量的要求，例如，GB 50203—2011《砌体结构工程施工质量验收规范》中，规定的"砌体灰缝砂浆饱满度"为"抽检数量：每检验批抽查不应少于5处"；"检验方法：……每处检测3块砖，取其平均值"。这里的"5处"、"3块砖"都是对抽样检验样本量的硬性规定。其他常用的还有：

1）混凝土试块

① 执行标准：GB/T 50107—2001、GB/T 50081—2002；

② 检验批次：

——混凝土试样应在硅浇筑地点随机取样：

a. 每拌制100盘但不超过100m³的同配合比混凝土，其取样不少于一次；

b. 每工作班拌制的同配合比混凝土，不足100盘和100m³时取样不少于一次；

c. 当一次连续浇筑的同配合比混凝土超过1000m³时，每200m³取样不应少于一次。

——对于现浇混凝土

a. 每一班浇楼层同配合比混凝土其取样不少于一次；

b. 同一单位工程每一验收项目中同配合比混凝土其取样不少于一次，每组为3块。

2）砂浆试块

① 执行标准：JGJ/T 70—2009；

② 检验批次：每一楼层或每250m³砌体中各种强度等级的砂浆，取样不少于一次；每台搅拌机搅拌的砂浆取样不少于一次；每一工作班取样不少于一次；当砂浆强度等级或配合比有变更时，还应另作试块。每次取样标养试块至少留置

一组，同条件养护试块由施工情况确定。

3）钢筋闪光对焊

① 执行标准：JGJ 18—2003；

② 验收批次：在同一台班内，由同一焊工完成的 300 个同级别、同直径钢筋焊接接头，作为一批。当同一台班内焊接的接头数量较少，可在同一周内累计计算。累计仍不足 300 个接头，按一批计算。取样数量：拉伸试验 3 件/批；弯曲试验 3 件/批。

4）钢筋电弧焊

① 执行标准：JGJ 18—2003；

② 验收批次：在工厂焊接条件下，以 300 个同接头型式、同钢筋级别的接头为一批。在现场安装条件下，每一楼层中以 300 个同接头型式、同钢筋级别的接头作为一批，不足 300 个时仍作一批。取样数量：拉伸试验 3 件/批。

5）钢筋电渣压力焊

① 执行标准：JGJ 18—2003；

② 验收批次：在一般构筑物中，应以 300 个同级别钢筋接头作为一批。在现浇钢筋混凝土多层结构中，应以每一楼层或施工区段中 300 个同级别钢筋接头作为一批，不足 300 个仍应作一批。取样数量：拉伸试验 3 件/批。

6）带肋钢筋挤压连接件

① 执行标准：JGJ 107—2010；

② 验收批次：挤压接头的现场检验，按验收批进行，在同一施工条件下，采用同批材料的同等级、同型式同规格接头以 500 个为一批进行检验验收。不足 500 个接头也作为一个验收批，且同一批接头分布不多于三个楼层。取样数量：拉伸试验 3 件/批。

5.3.4 工程质量验收的实施

（1）检验批合格质量的规定

1）检验批主控项目和一般项目的质量经抽样检验合格。

所谓主控项目，一般是涉及结构安全或重要使用性能的检测项目，它们应全部满足标准规定的要求。主控项目中包括的主要内容是以下三方面：①重要材料、成品、半成品及附件的材质；②结构的强度、刚度和稳定性等数据；③施工过程中和完毕后必须进行的检测、现场抽查或检查试测。

例如，GB 50203—2011《砌体结构工程施工质量验收规范》中对砖砌体工程的主控项目规定为：①砖和砂浆的强度等级必须符合设计要求，检验方法是查砖和砂浆试块试验报告。②砌体灰缝砂浆应密实饱满，砖墙水平灰缝的砂浆饱满度不得低于80％，砖柱水平灰缝和竖向灰缝饱满度不得低于90％，检验方法是用百格网检查砖底面与砂浆的粘接痕迹面积。③砖砌体的转角处和交接处应同时砌筑，严禁无可靠措施的内外墙分砌施工。在抗震设防烈度为8度及8度以上地区，对不能同时砌筑而又必须留置的临时间断处应砌成斜槎，普通砖砌体斜槎水平投影长度不应小于高度的2/3，多孔砖砌体的斜槎长高比不应小于1/2斜槎高度不得超过一步脚手架的高度。检验方法是观察检查。④非抗震设防及抗震设防烈度为6度、7度地区的临时间断处再不能留斜槎时的拉结筋设置规定。

所谓一般项目，包括对结构的使用要求、使用功能、美观等都有较大影响，必须通过抽样检查来确定能否合格，或根据一般操作水平允许有一定偏差，但偏差值在规定范围内的工程内容。一般项目的主要内容有：①对不能确定偏差值而又允许出现一定缺陷的项目；②无法定量衡量只能以定性来描述的项目，如一般抹灰工程中的普通抹灰表面，要求表面光滑、洁净、接槎平整等；③允许有一定偏差，但偏差值要求在一定的范围内或采用相对比例值确定偏差值。

仍以GB 50203—2011《砌体结构工程施工质量验收规范》中的砖砌体工程为例，对一般项目的规定为：①砖砌体组砌方法应正确，内外搭砌，上、下错缝。清水墙、窗间墙无通缝；混水墙中不得有长度大于300mm的通缝，长度200～300mm的通缝每间不超过3处，且不得位于同一面墙体上。砖柱不得采用包心砌法。检验方法为观察检查。②砖砌体的灰缝应横平竖直，厚薄均匀，水平灰缝厚度及竖向灰缝厚度宜为10mm，但不应小于8mm，也不应大于12mm。检验方法为尺量。③砖砌体尺寸、位置的允许偏差值。

2）具有完整的施工操作依据、质量检查记录。

施工操作依据和质量检查记录均为检验批的质量控制资料，它们反映了检验批从原材料到最终验收的各施工工序的操作依据，检查情况以及保证质量所必须的管理制度等。对其完整性的检查，实际是对过程控制的确认，这是检验批合格的前提。

为了使检验批的质量符合安全和功能的基本要求，达到保证建筑工程质量的目的，各专业工程质量验收规范应对各检验批的主控项目、一般项目的子项合格质量给予明确的规定。

检验批的合格质量主要取决于对主控项目和一般项目的检验结果。主控项目是对检验批的基本质量起决定性影响的检验项目，因此必须全部符合有关专业工程验收规范的规定。这意味着主控项目不允许有不符合要求的检验结果，即这种项目的检查具有否决权。鉴于主控项目对基本质量的决定性影响，从严要求是必须的。

（2）分项工程合格质量的规定

1）分部工程所含的检验批均应符合合格质量的规定。

2）分项工程所含的检验批的质量验收记录应完整。

分项工程的验收在检验批的基础上进行。一般情况下，两者具有相同或相近的性质，只是批量的大小不同而已。因此，将有关的检验批汇集构成分项工程。只要构成分项工程的各检验批的验收资料文件完整，并且均已验收合格，则分项工程验收合格。

（3）分部（子分部）工程合格质量的规定

1）分部（子分部）工程所含工程的质量均已验收合格。即是说，分部工程的验收在其所含各分项工程验收的基础上进行。

2）质量控制资料应完整。

首先，分部工程的各分项工程必须已验收合格且相应的质量控制资料文件必须完整，这是验收的基本条件。此外，由于各分项工程的性质不尽相同，因此作为分部工程不能简单地组合而加以验收，尚须增加以下两类检查项目：

① 地基与基础、主体结构和设备安装等分部工程有关安全及功能的检验和抽样检测结果符合有关规定。涉及安全和使用功能的地基基础、主体结构、有关安全及重要使用功能的安装分部工程应进行有关见证取样送样试验或抽样检测。

② 观感质量验收应符合要求。观感质量检查往往难以定量，只能以观察、触摸或简单量测的方式进行，并由各个人的主观印象判断，检查结果并不给出"合格"或"不合格"的结论，而是综合给出质量评价。对于"差"的检查点应通过返修处理等补救。

（4）单位（子单位）工程合格质量的规定

单位工程质量验收也称质量竣工验收，是建筑工程投入使用前的最后一次验收，也是最重要的一次验收。验收合格的条件有五个：除构成单位工程的各分部工程应该合格，并且有关的资料文件应完整以外，还须进行以下三个方面的检查：

1）单位（子单位）工程所含分部工程有关安全和功能的检测资料应完整。涉及安全和使用功能的分部工程要进行检验资料的复查。不仅要全面检查其完整性（不得有漏检缺项），而且对分部工程验收时补充进行的见证抽样检验报告也要复核。这种强化验收的手段体现了对安全和主要使用功能的重视。

2）主要功能项目的抽查结果应符合相关专业质量验收规范的规定。主要使用功能的检查是对建筑工程和设备安装工程最终质量的综合检验，也是用户最为关心的内容。因此，在分项、分部工程验收合格的基础上，竣工验收时再作全面检查。抽查项目是在检查资料文件的基础上由参加验收的各方人员商定，并由计量、计数的抽样方法确定检查部位。检查要求按有关专业工程施工质量验收标准要求进行。

3）观感质量验收应符合要求。由参加验收的各方人员共同进行观感质量检查，最后共同确定是否验收。

（5）当工程质量不符合要求时，应按下列规定进行处理：

1）经返工重做或更换器具、设备的检验批，应重新进行验收；

2）经有资质的检测单位检测鉴定能够达到设计要求的检验批，应予以验收；

3）经有资质的检测单位检测鉴定达不到设计要求、但经原设计单位核算认可能够满足结构安全生使用功能的检验批，可予以验收；

4）经返修或加固处理的分项、分部工程，虽然改变外形尺寸但仍能满足安全使用要求，可按技术处理方案和协商文件进行验收。

5）通过返修或加固处理仍不能满足安全使用要求的分部工程、单位（子单位）工程，严禁验收。

5.3.5 工程质量等级评定与核定

按照我国现行标准，分项、分部、单位工程质量的评定等级一般只分为"合格"与"不合格"两级。但在部分专业施工项目中，要划分为"优良"、"合格"、"不合格"三级。因此，在工程质量的评定与验收中，应按合同要求和质量等级来进行验收。

一般情况下，评定为"合格"必须具备的条件是：检验批验收时主控项目全部符合规范规定，一般项目 80％及以上的抽检处符合规范的规定，有允许偏差的项目，最大超差值不超过允许偏差值的 1.5 倍。不符合上述条件的则为"不合格"。

评定为"优良"应满足以下条件：检验批评定要在合格的基础上，主控项目符合标准规定，一般项目在抽检点数中有 90％以上的实测值在标准规定的允许范围内，其余实测值也应符合相应标准规定。分项工程评定要在分项工程合格的基础上分项工程所含检验批 60％以上符合优良质量标准的规定。分部（子分部）工程评定要在合格的基础上，分部（子分部）工程所含分项工程质量 60％以上符合优良质量标准的规定。单位（子单位）工程评定要在合格的基础上 60％以上的分部工程质量符合优良标准的规定，地基与基础、主体结构和建筑设备安装等分部工程须符合优良质量标准的规定，观感质量得分率要在 85％以上。

案例 5-5：110kV～500kV 架空电力线路工程施工质量等级评定标准

110kV～500kV 架空电力线路工程施工质量评定标准是按单元工程、分项工程、分部工程、单位工程制定的，均分为优良、合格与不合格三个等级。具体规

定为：

1 单元工程

（1）优良级：

关键项目必须100％符合本标准的优良级标准；

重要项目、一般项目和外观项目必须100％达到本标准的合格级标准；

全部检查项目中有80％及以上达到优良级标准。

（2）合格级：

关键项目、重要项目、外观项目检查中达到优良级标准者不及80％，但必须100％地达到合格级标准；

一般项目中，如有一项未能达到本标准合格级规定，但不影响使用者，可评为合格级。

（3）不合格级：关键项目、重要项目、外观检查项目中有一项或一般检查项目有两项及以上未达到本标准合格级规定者。

2 分项工程

（1）优良级。该分项工程中单元工程100％达到合格级标准，且检查（检验）项目优良级数达到该分项工程中检查（检验）项目总数的80％及以上者。

（2）合格级。该分项工作中单元工程100％达到合格级标准者。

（3）不合格级。分项工程中有一个及以上单元工程未达到合格级标准者。

3 分部工程

（1）优良级。分部工程中分项工程100％合格，并有80％及以上达到优良级，且分部工程中的检查（检验）项目优良级数目达到该分部工程中检查（检验）项目总数的80％及以上者。

（2）合格级。分部工程中分项工程100％达到合格级标准者。

（3）不合格级。分部工程中有一个及以上单元工程未达到合格级标准者。

4 单位工程

（1）优良级。单位工程中分部工程100％合格，并有80％达到优良级标准，且单位工程中总的检查（检验）项目优良数达到该单位工程中检查（检验）项目总数的80％及以上者。

（2）合格级。单位工程中分部工程100％达到合格级标准者。

（3）不合格级。单位工程中有一个及以上单元工程未达到合格级标准者。

另外，也有部分专业工程的部分质量特性以评分的方法评定其质量等级，而不是评定其合格或不合格，这项工作往往在工程竣工时由项目业主方组织进行。

案例 5-6：水利水电枢纽工程外观质量评定方法（摘自 SL176—2007）

1 枢纽工程中的水工建筑物外观质量评定表达式见表 5-13。

水工建筑物外观质量评定表 表 5-13

单位工程名称		泄洪闸工程		施工单位		中国水利水电第×工程局		
主要工程量		混凝土 25600m³		评定日期		××××年×月20日		
项次	项　目	标准分（分）	评定得分（分）				备注
			一级得分 100%	二级 90%	三级 70%	四级 0	
1	建筑物外部尺寸	12		10.8			
2	轮廓线顺直	10	10				
3	表面平整度	10		9			
4	立面垂直度	10		9			
5	大角方正	5			3.5		
6	曲面与平面联结平顺	9		8.1			
7	扭面与平面联结平顺	9	9				
8	马道及排水沟	3（4）					
9	梯步	2（3）	2				
10	栏杆	2（3）			1.4		
11	扶梯	2		1.8			
12	闸坝灯饰	2		1.8			
13	混凝土表面无缺陷	10			7		
14	表面钢筋割除	2（4）		1.8			
15	砌体勾缝 宽度均匀、平整	4		3.6			
16	竖、横缝平直	4		3.6			
17	浆砌卵石露头均匀、整齐	8					
18	变形缝	3（4）			2.1		
19	启闭平台梁、柱、排架	5		4.5			
20	建筑物表面清洁、无附着物	10		9			
21	升压变电工程围墙（栏栅）、杆架、塔、柱	5					
22	水工金属结构外表面	6（7）		6.3			
23	电站盘柜	7					
24	电缆线路敷设	4（5）					
25	电站油气、水、管路	3（4）					
26	厂区道路及排水沟	4					
27	厂区绿化	8					

续表

项次	项目	标准分（分）	评定得分（分）				备注
			一级得分 100%	二级 90%	三级 70%	四级 0	
	合计	应得 118 分，实得 104.3 分，得分率 88.4 %					

外观质量评定组成员	单位	单位名称		职称	签名
	项目法人				
	监理				
	设计				
	施工				
	运行管理				
工程质量监督机构	核定意见：			核定人：（签名）加盖公章 年 月 日	

注：量大时，标准分采用括号内数值

2 项目法人应在主体工程开工初期，组织监理、设计、施工等单位，根据本工程特点（工程等级及使用情况等）和相关技术标准，提出表5-13所列各项目的质量标准，报质量监督机构确认。

2.3 单位工程完工后，项目法人应组织监理、设计、施工及工程运行管理等单位组成工程外观质量评定组，现场进行工程外观质量检验评定，并将评定结论报工程质量监督机构核定。参加工程外观质量评定的人员应具有工程师以上技术职称或相应执业资格，评定组人数应不少于5人，大型工程不宜少于7人。

1. 检查、检测项目经工程外观质量评定组全面检查后，抽测25%，且各项不少于10点。

2. 各项目工程外观质量评定等级分为四级，各级得分见表5-14。

外观质量等级与标准得分 表5-14

评定等级	检测项目测点合格率（%）	各项评定等分
一级	100	该项标准分
二级	90.0～99.9	该项标准分×90%
三级	70.0～89.9	该项标准分×70%
四级	<70.0	0

3. 检查项目（见表5-13中项次6、7、12、17、18、20～27）由工程外观质量评定组根据现场检查结果共同讨论决定其质量等级。

4. 外观质量评定表由工程外观质量评定组根据现场检查、检测结果填写。

5. 表尾由各单位参加外观质量评定的人员签名（施工单位 1 人，若本工程由分包单位施工，则分包单位、总包单位各派 1 人参加。项目法人、监理、设计各 1~2 人，工程管理运行单位 1 人）。

......

6 质量管理体系

6.1 项目质量管理的组织和职责

6.1.1 工程项目质量管理的组织机构

为保证工程质量，工程建设单位应该根据工程项目质量管理的需要，建立覆盖各管理层级的项目质量管理组织（如图 6-1 所示）。以"公司-分公司-项目部"三级管理模式为例，公司应建立"公司-分公司-项目部"三级管理组织体系，并逐级建立质量责任制。公司生产副总在总经理的领导下，负责全公司工程质量的管理，分公司生产副总经理负责分公司工程质量的管理与协调工作；项目部为项目质量的直接管理机构，分公司工程处为二级管理机构，工程管理部为总部管理机构。

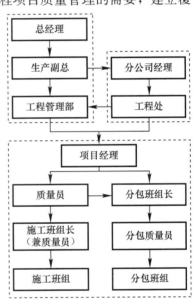

图 6-1 项目施工质量管理组织体系

6.1.2 工程项目质量管理的管理职责

为保证工程项目各项质量管理职能落到实处，公司及项目部相关部门都应结合自身管理实际，识别并确定本部门/岗位的质量管理职责。通常情况下，工程项目质量管理的职责可能涉及：公司总经理、生产副总、总工程师、工程管理部门经理和质量管理岗位，以及项目部经理、副经理、质量总监、质量员、施工班组等。

案例 6-1：某公司工程质量管理部门职责（示例）

1. 工程管理部

是公司质量管理的总部管理机构，是所有工程项目质量管理的主管部门，采取定期和不定期检查方式对公司范围内的产品质量进行监督管理，具体包括：

（1）贯彻执行国家、地方政府等颁布的质量管理法律法规与标准规范，负责制定公司工程质量方面的规章制度，并组织实施执行与监督；

（2）负责组织开展公司层面的各种质量教育培训；

（3）编制公司的年度质量创优目标计划，并组织分解落实；

（4）参与确定特大型、战略性工程的质量目标；

（5）组织对在建项目的质量抽查，发现重大质量问题或重大质量隐患有权责令项目停工整改；

（6）负责对二级单位的工程质量管理能力的检查与考核；

（7）参与审核特大型、战略性工程的施工组织设计、专项施工方案或技术措施，必要时并进行编制指导；

（8）参加大型、特大型与战略性工程阶段验收；

（9）组织工程质量的事故调查、处理工作，负责工程质量事故的上报工作，并建立健全质量事故档案。

2. 区域公司工程处

是公司工程质量管理的二级管理机构，具体职责包括：

（1）贯彻执行公司总部的规章制度以及国家、地方政府的相关质量标准规范，并制定相应的实施细则，并组织实施与监督检查；

（2）根据公司年度质量目标计划，实施目标分解、考核全过程管理；

（3）指导或协助项目部编制工程质量计划；

（4）参与审核项目的施工组织设计、专项施工方案或技术措施；

（5）参加工程项目的阶段验收；

（6）组织开展对工程质量每月一次的定期检查和不定期抽查，发现重大质量问题或重大质量隐患，立即责令项目停工并上报公司工程质量管理部门；

（7）负责督促项目落实对质量缺陷的整改工作，并负责对整改情况进行跟踪检验；

（8）参加所辖区域内工程项目质量事故的调查、处理工作，负责工程质量事故的上报工作，并建立健全质量事故档案。

3. 项目部

负责工程项目现场施工质量运行与监控的直接管理机构，具体职责包括：

（1）贯彻并执行国家、地方政府以及公司、区域公司的质量管理制度；

（2）依据公司的总体质量目标与要求，编制项目的质量目标与质量计划；

（3）编制施工组织审计、专项施工方案，并上报审批；

（4）负责项目质量技术交底工作；

（5）进行项目现场质量检查与监控，发现工程质量存在隐患或经检查工程质量不合格时，有权针对工程质量问题，分析原因制定整改措施或下达工程暂停施

工令，并立即向二级管理机构报告；

（6）执行项目分阶段质量验收工作，并对分包工程的质量进行管理；

（7）及时向上级报告工程质量事故，负责配合上级部门进行事故调查和处理。

6.2 项目质量管理的过程和程序

6.2.1 项目质量管理的主要过程

项目质量管理可以概括为四个主要过程：质量策划、质量保证、质量控制和质量改进。

（1）质量策划致力于制定质量目标并规定必要的运行过程和相关资源以实现质量目标的活动。编制质量计划是质量策划的一部分，质量计划编制包括确认与项目有关的质量标准以及实现方式。将质量标准纳入项目设计也是质量计划编制的重要组成部分。

（2）质量保证致力于提供质量要求会得到满足的信任，包括对整体项目绩效进行预先的评估以确保项目能够满足相关的质量标准。质量保证过程不仅要对项目的最终结果负责，而且还要对整个项目过程承担质量责任。

（3）质量控制致力于满足质量要求，包括监控特定的项目结果，确保它们遵循了相关的质量标准，并识别提高整体质量的途径。这个过程常与质量管理所采用的工具和技术密切相关。例如帕累托图、统计抽样等。

（4）质量改进致力于增强满足质量要求的能力，为向本组织及其顾客提供增值效益，在整个组织范围内所采取的提高活动和过程的效果与效率的措施。

对于过程如何进行控制和管理，目前通用的是实施"PDCA循环"的方法（见图6-2）。

这种方法可适用于所有过程（即控制和管理），PDCA模式在本书4.3.2节中已有较为详尽的介绍，这里将其简述如下：

P（Plan）——策划：根据顾客的要求和组织的方针，为提供结果建立必要的目标和活动计划；

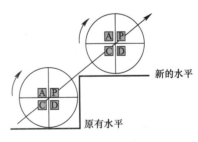

图6-2 PDCA循环

D（Do）——实施：实施过程，就是具体运作，实现计划中的内容；

C（Check）——检查：根据方针、目标和产品要求，对过程和产品进行监视和测量，分清哪些对了，哪些错了，明确效果，找出问题；

A（Action）——处置：采取措施，对总结检查的结果进行处理，成功的经验加以肯定，并予以标准化，或制定作业指导书，便于以后工作时遵循；对于失败的教训也要总结，以免重现。对于没有解决的问题，应提给下一个 PDCA 循环中去解决。

PDCA 构成了解决问题的全过程，由于它的这个特点，因此被作为质量管理的四大过程。

工程建设过程中的质量管理当然也包括这四个过程：

策划：质量策划体现在产品实现的策划中，在工程项目管理过程中，它包括编制施工组织设计和施工方案，制订项目管理规划和各项实施计划，还包括编制或选定施工规范及工程验收规范。

在工程项目管理过程中，法律法规和国家标准、行业规范非常多，几乎涵盖了各个门类的施工和施工的每个分部分项。然而，即便如此，需要企业或项目部策划的内容仍然很多，例如，国家标准的语言比较"通用"，特定施工对象不一定能"对号入座"，此时就需要对照有关法律法规和标准规范，根据特定施工对象去"翻译"或引申，以解决特定施工对象的相应问题。

案例 6-2：行业规范需进一步策划的一个案例

行业规范 YD5051《本地网通信线路工程验收规范》5.1 条"敷设架空光（线）缆"前两条是这样规定的：

"5.1.1 应根据设计要求选用光（电）缆挂钩程式。"

"5.1.2 光（线）缆挂钩的间距应为 500mm，允许偏差±30mm，电杆两侧的第一只挂钩应各距电杆 250mm，允许偏差±20mm。"

由于 YD5051 规范中并未给出如何证明所施工的该类工程符合 5.1 条的办法，某通信施工企业在某市一条总长约 1640m 通信电缆施工中，该项检验结果只列出一个数据：480mm。但从项目经理到质检员都说不清楚这个数据是如何得出来的以及它究竟代表的是什么。监理工程师提出疑问时，该项目部的回答五花八门，有的说是目测得出来的，有的说是利用信息技术进行远程验收……

实施：策划过程中形成的各项质量规划、施工方案、生产计划等通过施工活动予以落实。

从工程项目的施工作为一次性的活动来看，工程项目的质量体现在项目范围内所有的阶段、各分部工程、各分项工程、各施工工序的质量所构成；从工程项目作为一项最终产品来看，工程项目的质量体现在其性能或者使用价值上，也即工程产品的质量。项目活动是应业主的要求进行的。不同的业主有着不同的质量要求，其意图已反映在项目合同中。因此，项目质量除必须符合有关标准和法规

外，还必须满足项目合同条款的要求，项目合同是进行项目质量管理的主要依据之一。

由于项目活动是一种特殊的物质生产过程，其生产组织特有的流动性、综合性、劳动密集性及协作关系的复杂性，均增加了项目质量保证的难度。项目的质量管理主要是为了确保项目按照设计者规定的要求满意的完成，它包括使整个项目的所有功能活动能够按照原有的质量及目标要求得以实施，质量管理主要是依赖于质量计划、质量控制、质量保证及质量改进所形成的质量保证系统来实现的。

检查：由于工程项目生产周期长、产品的体量大、工程施工内容多样，其质量的检验有着严格的规定。建筑工程质量检验验收的阶段除工序实行自检互检交接检外，可按施工程序依次划分为检验批、分项工程、子分部工程、分部工程、单位（子单位）工程等，下一层次的检验结果成为上一层次质量评定的依据。相关内容已在本书第5章中作了较为详尽的介绍。

处置：质量检查存在两种结果：合格，不合格。合格工程的成功经验是什么？有没有继承和推广的价值？不合格工程应吸取哪些教训？如何不在今后的施工中重蹈覆辙？如果经验和教训还不明显，则应将哪些疑问留待下一个类似工程施工中予以注意？等等。这些都属于"处置"。

上述 P、D、C、A 过程的活动措施在工程施工中被具体化为施工组织设计、施工方案、作业指导书、技术交底、质量计划等程序性文件中。

6.2.2 施工组织设计和施工方案

施工组织设计是以施工项目为对象编制的，用以指导施工的技术、经济和管理的综合性文件。施工方案则是以分部（分项）工程或专项工程为主要对象编制的施工技术与组织方案，用以具体指导其施工过程。可见，施工组织设计是规范工程项目全部施工活动的纲领性文件，而施工方案针对的是分部分项工程或专项工程。根据 GB/T50502《建筑施工组织设计规范》的规定，施工组织设计的编制必须"符合施工合同或招标文件中有关工程进度、质量、安全、环境保护、造价等方面的要求"，应"坚持科学的施工程序和合理的施工顺序，采用流水施工和网络计划等方法，科学配置资源，合理布置现场，采取季节性施工措施，实现均衡施工，达到合理的经济技术指标"，其编制依据包括与工程建设有关的法律、法规和文件，国家现行有关标准和技术经济指标，工程设计文件以及工程施工范围内的现场条件、工程地质及水文地质、气象等自然条件等。此外，在单位工程施工组织设计中，还应当对工程施工的重点和难点应进行分析，对于工程施工中开发和使用的新技术、新工艺应做出部署，对新材料和新设备的使用应提出技术及管理要求，对主要分部（分项）工程和专项工程在施工前应单独编制施工方案。而施工方案则要针对工程的重点和难点，进行施工安排并简述主要管理和技术措施，明确分部（分项）工程或专项工程施工方法并进行必要的技术核算，对主要分项工程（工序）明确施工工艺要求，对易发生质量通病、易出现安全问题、施工难度大、技术含量高的分项工程（工序）等应做出重点说明，等等。因此，施工组织设计和施工方案从字面理解似乎是指导施工过程、规范作业活动的文件，其实这些文件还起到保证工程质量的重要作用。

（1）确立施工方案，可以保证工程施工质量

在建设工程项目管理过程中，施工方案的准确与否，是直接影响施工质量的关键所在。

建设项目工程量大、施工难度高，为了施工进程的顺利开展，必须进行技术和资源的准备工作、现场的合理布置，确定合理的施工程序与工艺流程，兼顾工艺先进性和经济合理性的施工方法，既能满足工程的需要，又能发挥其效能的施工机械，通过技术、组织、经济、管理等方面进行全面分析，经过分析比较后选择最佳的施工方案。

施工方案建立的目的是保证质量和工期、降低成本、提高项目施工的经济效益与社会效益，也就是说，在施工过程中，对人力与物力、主体与辅助、供应与消耗、生产与储存、专业与协作、使用与维修、空间布置与时间安排等方面进行科学、合理的部署、为施工生产的节奏性、均衡性和连续性提供最优方案，作为建设工程项目施工质量管理的指南。

总之，施工方案的确定，关系着施工过程的产品质量以及工程的经济效益和社会效益。

（2）施工方案对施工质量的指导

施工方案是用来指导建设工程项目施工过程中的技术、经济和组织的技术性文件。

为保证建设项目的施工质量，必须有科学的、合理的、高水平的施工方案，通过组织科学、严密的管理，按既定的施工方案配备施工人员、施工机械，依据施工程序和施工方法，严格要求，加以实施。

为更好地发挥施工方案的指导作用，应在开工前做好施工准备工作，有效地进行生产和技术交底；施工过程中合理进行人力、物力、财力的统筹安排，严把关键部位的操作工艺、规程与保证措施；建立岗位责任制，明确各岗位人员的责任与权利，加强监督和相互促进；开展劳动竞赛，把施工质量同员工物质利益有机结合，为施工方案在项目施工的实施过程中更加有效地保证施工质量。

（3）方案实施中，正确的技术手段、是施工质量的保证

项目施工的质量控制应遵循五个原则：第一是要坚持"质量第一、用户至

上"的理念,第二是必须坚持"以人为核心",调动施工人员的积极性、创造性、增强人的责任感,以人的工作质量保证工序质量、工程质量;第三是从对质量的事后检查把关转向对质量的事前控制和事中控制,从对产品质量的检查转向对工作质量的检查、对工序质量的检查、对中间产品质量的检查;第四是要坚持质量标准,严格检验、一切用数据说话;第五是贯彻执行科学、公正、守法的职业规范与道德观念。

(4)质量检验及其标准,是施工方案的依据和质量控制的目标

施工方案的实施与效果当然与质量检查及标准相关,标准是施工方案确立的依据与结果,是施工质量的最终目标。

在施工方案中,要求每个分部分项工程都必须根据国家现行颁发的建设工程施工技术操作规程、施工及验收规范、质量检验及评定标准进行检查、验评。建立检查制度,对每个分部分项工程进行开工前检查,工序交接检查,隐蔽工程检查,办理验收签证手续。应根据工程项目内容采取不同方式进行检查,验评质量以期达到预定标准。只有这样确立的施工方案,才有预期的结果,施工质量才能得到保证。

例如,对填土工程要采用钎探探测法分层检测其密实度与地面承载力;模板工程要着重检查其支架及支撑系统的刚度、强度与稳定性,结构标高、平面与截面尺寸;钢筋混凝土工程要检查其原材料质量、钢筋的规格与尺寸以及其构造要求是否符合设计与规范要求,控制混凝土的配比,保证计量准确,搅拌时间,浇筑与振捣方法,厚度与混凝土的密实性,施工顺序、流向的正确性与连续性、混凝土的终凝时间及蓄水养护情况,等等。

工程项目管理只有以质量、安全、工期和技术经济指标等方面经过全面分析、综合考虑,进行权衡、比较后做出科学、合理、正确的施工方案,按照既定的施工程序和施工方法,制定科学合理的施工组织、机械设备和其他技术经济措施,通过有效的控制措施、检查制度和其他规章制度的严格实施,才能使工程项目的施工质量达到预期目的。

综上所述,在工程项目管理中,正确的施工方案是工程项目施工质量管理的指南,是工程项目施工质量的重要保证。

6.2.3 作业指导书和技术交底

作业指导书和技术交底都是具体落实施工组织设计和施工方案为目的的文件和信息沟通活动。但二者有着较大区别。

(1)作业指导书

作业指导书(Working Instruction)是指为保证过程的质量而制订的程序。这

里的"过程"可理解为一组相关的具体作业活动（如抹灰、砌砖、安装灯具、调试、装配等）；而这里的"程序"，所针对的对象是具体的作业活动，程序文件描述的对象是某项系统性的质量活动。作业指导书有时也称为工作指导令或操作规范、操作规程、工作指引等。其作用主要是指导保证过程质量的最基础的文件和为开展纯技术性质量活动提供指导。作业指导书的种类按其内容分类有用于施工、操作、检验、安装等具体施工作业的作业指导书，用于指导具体管理工作的各种工作细则、导则、计划和规章制度等管理作业的作业指导书，以及用于指导自动化程度高而操作相对独立的标准操作规范。作业指导书的发布形式可以是书面作业指导书、口述作业指导书、计算机软件化的工作指令和音像化的工作指令。

（2）技术交底

技术交底是在某一单位工程开工前，或一个分项工程施工前，由主管技术领导向参与施工的人员进行的技术性交待，其目的是使施工人员对工程特点、技术质量要求、施工方法与措施和安全等方面有一个较详细的了解，以便于科学地组织施工，避免技术质量等事故的发生。各项技术交底记录也是工程技术档案资料中不可缺少的部分。

技术交底一般包括下列几种：

1）设计交底，即设计图纸交底。这是在建设单位主持下，由设计单位向各施工单位（土建施工单位与各专业施工单位）进行的交底，主要交待建筑物的功能与特点、设计意图与要求和建筑物在施工过程中应注意的各个事项等。

2）施工组织设计交底。一般由施工单位组织，在管理单位专业工程师的指导下，主要介绍施工中遇到的问题和经常性犯错误的部位，要使施工人员明白该怎么做，规范上是如何规定的等。

3）专项方案交底、分部分项工程交底、质量（安全）技术交底、作业等。

技术交底的形式主要有以下几种：

1）施工组织设计交底可通过召集会议形式进行技术交底，并应形成会议纪要归档；

2）通过施工组织设计编制、审批，将技术交底内容纳入施工组织设计中。

3）施工方案可通过召集会议形式或现场授课形式进行技术交底，交底的内容可纳入施工方案中，也可单独形成交底方案。

4）各专业技术管理人员应通过书面形式配以现场口头讲授的方式进行技术交底，技术交底的内容应单独形成交底文件。交底内容应有交底的日期，有交底人、接收人签字，并经项目总工程师审批。

（3）作业指导书和技术交底的异同

由上述可以看出作业指导书同技术交底的异同：

相同之处：都是保证过程（工序、分项工程、分部工程或某项工作）质量的重要措施，并用于指导具体作业。

不同之处是作业指导书所针对的是带有普遍性的对象，是对某一类别的分部分项工程或工序的通用性工艺指导，因此，作业指导书可以实行从内容到形式的标准化；而技术交底所针对的是特定工程的特定工序，其指向性、针对性较强，因此技术交底的内容切忌"标准化"，其特点是更加强调"个性化"。

6.2.4 质量管理制度和规定

建筑施工生产同其他行业最大的不同是生产场所高度分散，建筑施工企业不会、也不可能只局限在一个地方施工，工程建成后必须转移。生产场地点多面广量大，管理难度极大。特别是一些中小企业管理基础薄弱，管理机构和制度不健全，基本依靠项目经理的经验和能力组织施工生产。加上工艺技术落后、设备陈旧简陋、从业人员业务素质低、操作技能差，严重影响了工程施工的质量保证能力。

工程项目的质量管理制度包括宏观层面的法律法规和国家标准、行业规范，以及微观层面的企业相关规章制度。

（1）相关的法律法规和标准、规范

工程建设中质量相关的法律法规和标准规范有如下几类：

1）法律法规

法律法规，指中华人民共和国现行有效的法律、行政法规、司法解释、地方法规、地方规章、部门规章及其他规范性文件以及对于该等法律法规的不时修改和补充。其中，法律有广义、狭义两种理解。广义上讲，法律泛指一切规范性文件；狭义上讲，仅指全国人大及其常委会制定的规范性文件。在与法规等一起谈时，法律是指狭义上的法律。法规则主要指行政法规、地方性法规、民族自治法规及经济特区法规等。

建设工程由于关系到人民生命财产的安全和国家经济建设的大局，因此规范工程建设的法律法规类规范性文件较多，案例 6-3 仅选取了其中一部分。

案例 6-3：某省第八建筑工程公司适用的有关质量部分的法律法规清单（表 6-1）

适用的有关质量部分的法律法规清单 表 6-1

序　号	发文单位	法律法规及其他要求文件名称	实施日期
1	全国人大	中华人民共和国产品质量法	1993.2.22
2	全国人大	中华人民共和国合同法	1999.3.15
3	全国人大	中华人民共和国计量法	1985.9.6

续表

序号	发文单位	法律法规及其他要求文件名称	实施日期
4	国务院	中华人民共和国计量法实施细则	1985.9.6
5	全国人大	中华人民共和国建筑法	1997.11.1
6	建设部	建科〔2006〕315号关于发布《建设事业"十一五"重点推广技术领域》的通知	2006.12.28
7	国家计委	关于实行建设项目法人责任制的暂行规定	1996.4.6
8	建设部	房屋建筑和市政基础设施工程施工分包管理办法	2004.4.1
9	建设部	工程建设工法管理办法	2005.9.1
10	建设部	建设工程质量检测管理办法	2005.11.1
11	国务院令	2001年1月30日实施《建设工程质量管理条例》	2000.1.30
12		房屋建筑工程质量保修办法	2000.6.30
13		房屋建筑工程抗震设防管理规定	2006.4.1
14	国家计量局	中华人民共和国强制检定的计量器具明细目录	1987
15	国家计量局	中华人民共和国依法管理的计量器具明细目录	1987
16		关于对外承包工程质量安全事故问题处理的有关规定	2002.12.1

2）国家标准和行业规范

国家标准是指由国家标准化主管机构批准发布，对全国经济、技术发展有重大意义，且在全国范围内统一的标准。国家标准分为强制性国标（GB）和推荐性国标（GB/T）。强制性国标是保障人体健康、人身、财产安全的标准和法律及行政法规规定强制执行的国家标准；推荐性国标是指生产、检验、使用等方面，通过经济手段或市场调节而自愿采用的国家标准。但推荐性国标一经接受并采用，或各方商定同意纳入经济合同中，就成为各方必须共同遵守的技术依据，具有法律上的约束性。

工程建设行业标准是指对没有国家标准而需要在该行业范围内统一的技术要求。具体包括：工程建设勘察、规划、设计、施工及验收等行业专用的质量要求。

国家标准在由国务院标准化行政主管部门（当前为国家质量技术监督检验检疫总局）制定，行业标准由国务院有关行政主管部门制定。见案例6-4。

案例6-4：某公司2012年采标目录——钢筋工程标准（表6-2）

某公司2012年采标目录——钢筋工程标准　　　表6-2

序号	标准编号	标准名称	被代替标准
1	JGJ 107—2010	钢筋机械连接技术规程	JGJ 107—2003、JGJ 108—96、JGJ 109—96
2	JGJ 95—2011	冷轧带肋钢筋混凝土结构技术规程	JGJ 95—2003

序号	标准编号	标准名称	被代替标准
3	JG 163—2004	滚轧直螺纹钢筋连接接头	
4	JG 171—2005	镦粗直螺纹钢筋接头	JG/T 3057—1999
5	JGJ/T 27—2001	钢筋焊接接头试验方法标准	
6	JGJ 19—2010	冷拔低碳钢丝应用技术规程	JGJ 19—92
7	GB/T 25776—2010	焊接材料焊接工艺性能评定方法	
8	JGJ/T 219—2010	混凝土结构用钢筋间隔件应用技术规程	
9	JGJ/T 192—2009	钢筋阻锈剂应用技术规程	
10	JGJ 19—2010	冷拔低碳钢丝应用技术规程	JGJ 19—92
11	JGJ 19—2010	冷拔低碳钢丝应用技术规程	JGJ 19—92
12	JGJ 256—2011	钢筋锚固板应用技术规程	
13	JGJ/T 192—2009	钢筋阻锈剂应用技术规程	
14	JGJ 18—2012	钢筋焊接及验收规程	JGJ 18—2003
15	JGJ/T 152—2008	混凝土中钢筋检测技术规程	
16	JGJ/T 152—2008	混凝土中钢筋检测技术规程	
17	JGJ 1—91	装配式大板居住建筑设计与施工规程	JGJ 1—1991
18	JGJ/T 207—2010	装配箱混凝土空心楼盖结构技术规程	
19	CECS 52：2010	整体预应力装配式板柱结构技术规程	
20	JGJ 224—2010	预制预应力混凝土装配整体式框架结构技术规程	
21	JG/T 352—2012	现浇混凝土空心结构成孔芯模	

3）标准图集

国标是给广大设计人员和建设单位、施工单位进行参考的权威做法，里面的做法都是经过验证的符合规范的可靠做法，可以直接选用作为图纸设计的一部分，可以有效减少设计工作量。如果不按国标做也可以，但是必须要设计完善、表达准确、符合规范，那是要花大量时间的。比如门、窗之类的做法，如果不按照标准图集的尺寸虽并非禁止，但是除非有特殊理由，否则明显违反常规尺寸的做法会受到施工单位、建设单位的质疑和反对，见案例 6-5。

案例 6-5：江苏省建设工程标准图集（表 6-3）

江苏省建设工程标准图集

表 6-3

序　号	标准名称	标准代号
1	塑料门窗图集（06 系列）	苏 J30—2006
2	地下工程防水做法（05 系列）	苏 J02—2003
3	平屋面建筑构造（06 系列）	苏 J03—2006
4	阳台（05 系列）	苏 J04—2005

序 号	标准名称	标准代号
5	楼梯（06 系列）	苏 J05—2006
6	墙身、楼地面变形缝（05 系列）	苏 J09—2004
7	瓦屋面（05 系列）	苏 J10—2003
8	室内装饰木门（05 系列）	苏 J12—2005
9	室内装饰吊顶（05 系列）	苏 J/T13—2005
10	室内装饰墙面（05 系列）	苏 J/T14—2005
11	建筑外保温构造图集（一）ZL 胶粉聚苯颗粒外保温系统	苏 J/T16—2009
12	建筑外保温构造图集（二）挤塑聚苯乙烯	苏 J/T16—2009
13	建筑外保温构造图集（三）R.E 砂浆复合保温系统	苏 J/T16—2009
14	建筑外保温构造图集（四）专威特建筑外保温系统	苏 J/T16—2009
15	建筑外保温构造图集（五）	苏 J/T16—2009
16	住宅烟气集中排放系统（06 系列）	苏 J19—2009
17	蒸压轻质加气混凝土（NALC）砌块建筑物图集	苏 J/T24—2007
18	KP1 型承重多孔砖及 KM1 型非承重空心砖砌体节点详图集	苏 J9201
19	蒸压轻质加气混凝土（ALC）板构造图集	苏 J01—2002（下册）
20	蒸气轻质加气混凝土（ALC）板构造图集	苏 J01—2002（上册）
21	建筑结构常用节点图集（05 系列）	苏 G01—2003
22	建筑物抗震构造详图（05 系列）	苏 G02—2004
23	先张法预应力混凝土管桩（05 系列）	苏 G03—2002
24	小截面预制钢筋混凝土方桩（05 系列）	苏 G07—2003
25	钢筋混凝土过梁（06 系列）	苏 G15—2007
26	给水排水图集（05 系列）	苏 S01—2004

4）企业标准

我国的标准依据《中华人民共和国标准化法》的规定，按照适用范围将标准划分为国家标准、行业标准、地方标准和企业标准 4 个层次，形成一个覆盖全国又层次分明的标准体系。

企业标准是对企业范围内需要协调、统一的技术要求，管理要求和工作要求所制定的标准。企业标准由企业制定，由企业法人代表或法人代表授权的主管领导批准、发布。

《中华人民共和国标准化法》规定：企业生产的产品没有国家标准和行业标准的，应当制定企业标准，作为组织生产的依据。企业的产品标准须报当地政府标准化行政主管部门和有关行政主管部门备案。已有国家标准或者行业标准的，国家鼓励企业制定严于国家标准或者行业标准的企业标准，在企业内部适用。

在经济全球化的今天，"得标准者得天下"，标准的作用已不只是企业组织生产的依据，而是企业开创市场继而占领市场的"排头兵"，如案例 6-6。

案例 6-6：某建工集团企业标准（表 6-4）

某建工集团企业标准　　　　　　　　　　　　　　表 6-4

序号	法律、法规、标准文件名称	颁发机关或文号	颁发时间	实施时间
1	建筑地基基础工程施工工艺标准	DBJ/T 61-29—2005	2005.12.29	2006.3.1
2	砌体工程施工工艺标准	DBJ/T 61-30—2005	2005.12.29	2006.3.1
3	混凝土结构工程施工工艺标准	DBJ/T 61-31—2005	2005.12.29	2006.3.1
4	钢结构工程施工工艺标准	DBJ/T 61-32—2005	2005.12.29	2006.3.1
5	木结构工程施工工艺标准	DBJ/T 61-33—2005	2005.12.29	2006.3.1
6	屋面工程施工工艺标准	DBJ/T 61-34—2005	2005.12.29	2006.3.1
7	地下工程防水施工工艺标准	DBJ/T 61-35—2005	2005.12.29	2006.3.1
8	建筑地面工程施工工艺标准	DBJ/T 61-36—2005	2005.12.29	2006.3.1
9	建筑装饰装修工程施工工艺标准	DBJ/T 61-37—2005	2005.12.29	2006.3.1
10	建筑给水排水及采暖工程施工工艺标准	DBJ/T 61-38—2005	2005.12.29	2006.3.1
11	通风与空调工程施工工艺标准	DBJ/T 61-39—2005	2005.12.29	2006.3.1
12	建筑电气工程施工工艺标准	DBJ/T 61-40—2005	2005.12.29	2006.3.1
13	电梯工程施工工艺标准	DBJ/T 61-41—2005	2005.12.29	2006.3.1
14	智能建筑工程施工工艺标准	DBJ/T 61-42—2005	2005.12.29	2006.3.1

（2）企业管理制度

企业管理制度是企业为了维护正常的工作、劳动、学习、生活的秩序，保证各项政策的顺利执行和各项工作的正常开展，依照法律、法令、政策而制订的具有条规性或指导性与约束力的文件，包括：制度、规则、规程、守则、须知等。有人认为，对于中国企业来说，未来十年的竞争将不再是管理层面的竞争，而是治理层面的竞争，是制度的竞争。

企业的管理制度涉及企业所涉足的各项业务和保证各项业务顺利开展的各项职能管理。质量管理是其中的重要方面，见案例 6-7。

案例 6-7：中铁某集团质量管理制度清单

1. 集团公司工程质量管理规定
2. 集团公司质量管理职责
3. 集团公司工程质量事故报告和调查处理规定
4. 工程建设重大事故报告和调查程序规定
5. 铁路建设工程质量事故处理规定
6. 铁路工程质量与招投标挂钩暂行办法
7. 中国铁路工程总公司优质工程评选办法

8. 中国铁道工程建设协会火车头优质工程评选办法

9. 铁道部优质工程评选办法

10. 集团公司工程质量保修办法

11. 材质证明书管理办法

12. 现场材料的验收和保管管理办法

13. 材料台账标准化管理办法

14. 施工现场料具及内业资料标准化管理办法

15. 集团公司施工技术管理条例

16. 集团公司施工日志管理制度

17. 集团公司施工技术措施和技术交底的管理规定

18. 集团公司设计变更、施工洽商的管理规定

19. 集团公司施工现场管理规定

20. 集团公司施工技术资料管理办法

21. 工程质量保证体系

22. 质量控制要点一览表

23. 铁路专业计量器具技术审查实施细则

24. 《工程质量保修书》（示范文本）

6.3 项目质量管理的基础工作

项目质量管理的基础工作是建设工程项目有关参与各方进行质量策划、编制质量计划、进行质量保证和质量控制以及质量改进的基础，通常包括：质量教育培训、质量责任制、标准化工作、计量管理和质量信息管理工作。实践证明，搞好质量管理的基础工作，能有效地提高建设工程项目的质量水平，使各项质量都取得满意的效果。

6.3.1 质量教育

（1）质量教育的内容

质量管理"始于教育，终于教育"，开展质量管理必须加强质量教育工作。质量教育培训工作，一方面是增强质量意识和质量管理基本知识的教育，另一方面则是专业技术与技能的教育培训。对不同的培训对象，质量教育培训的内容应有不同的侧重：

1）质量意识教育

质量意识是人们在经济活动中，对完善质量（产品质量、工作质量、工序质

量、服务质量等）以及与之相关的各种要素的主观看法和态度，即我们通常所说的对提高质量的认识程度、重视程度和作用程度。由于人们的经历、地位、观察能力、思维方式的不同，人们的质量意识往往是不相同的。

然而，质量意识却是能动的。质量意识强的能够不断改进工作质量、产品质量和服务质量，追求对用户需要和潜在要求最大程度的满足。质量意识差的则强调种种理由忽视质量。应当指出，建筑产品中诸多质量通病的产生，与原材料质量、自然条件、抢进度等等不无关系，但主要还是工艺、操作和管理的问题，归根到底是一个质量意识与行为问题。所以，增强质量意识是加强工程质量管理的前提。因此，质量意识教育被视为质量教育的首要内容。如果说质量管理必须教育先行，那么，质量教育必须以加强质量意识教育开路。

要强化质量意识，增强员工关心质量和改善质量的自觉性和紧迫感，可以从以下几方面进行：

① 充分认识质量战略的重要地位，认识质量差、消耗高、效益低是我国经济建设的症结所在；不讲质量的民族是没有希望的民族；建筑业要真正成为国民经济的支出产业，必须提高全行业的质量水平。

② 增强市场竞争观念，激发增强质量意识的内在动力，提高以质量求生存、图发展的自觉性。

③ 制定并实施有关质量法规、政策，完善企业管理标准、工艺标准、操作规程，引导和激发员工增强质量意识。

④ 营造优质为荣、劣质可耻的氛围，推动创优活动，增强质量意识。

⑤ 开展多种形式的宣传教育，增强员工在质量方面的忧患意识，促使质量意识转化为行动，进一步增强和巩固质量意识。

质量意识教育培训是一项经常性、长期性的教育内容，对于企业和项目管理的各个层次，都必须加强质量意识教育。只要结合企业内外的案例和实际情况，从舆论上、管理上、经济上加强质量意识教育，坚持不懈，就一定能收到良好的效果。

2）质量理论和方法教育

对于管理者而言，除参加质量意识培训外，还应加强质量管理基本理论及管理方法与技术业务等方面的教育，如质量职能、质量体系、方针目标管理、质量信息管理、质量审核、质量经济分析、质量管理中人的因素、质量管理统计及分析方法等；对于专业技术人员，应侧重于质量管理理论、方法和技术方面的教育，如概率统计分布及统计推断、工序质量控制、抽样检验、方差分析和正交试验设计、相关和回归分析、参数设计和参差设计、可靠性基础、质量改进、质量审核、质量成本等；对于从事生产活动的员工，则应加强技术基础教育、技能培

训以及关于质量管理知识、方法应用方面的教育，如质量数据、现场质量管理、质量改进、质量检验、质量管理小组等。

3）专业技术教育

专业技术教育是指为保证和提高产品质量对员工进行专业技术和操作技能的教育，它是质量教育中不可缺少的重要组成部分。建筑施工的专业技术门类繁多，工种庞杂，专业技术教育和操作技能培训应分门别类、分层次展开。其内容大致为：

对工程技术人员，主要进行知识更新或补充，以适应科学技术进步的要求。

对生产工人，主要加强基础技术训练，了解工艺流程、分部分项工程质量标准、工序质量要求，练好基本功，掌握新技术，提高操作技能。

对于管理人员，特别是项目经理为首的项目领导者，除需要掌握本专业知识外，还要精通管理，精通经营，成为知识广博的行家里手。对各类管理人员都要结合专业特点进行专业管理知识的更新、补充和提高。

应当指出的是，项目部的各类教育培训必须将劳务分包企业的劳务人员纳入培训范围，因为现场的施工作业主要是由这些劳务人员完成的，他们的质量意识和专业技能将直接影响工程的实物质量。

（2）质量教育的形式和方法

项目应进行以下质量教育，并在项目运行期内保持教育记录。

1）开工前管理人员教育

开工前项目经理组织所有管理人员，对本工程的工程概况、质量目标、工期要求进行教育，使每个人都清楚了解本工程的特点和各项要求；同时要求各级管理人员，根据自己的职责编写自己的工作计划和工作目标。

2）作业人员入场前教育

作业人员入场后先组织学习，由项目经理、技术经理、质量工程师、现场工程师讲课。内容包括：本工程的概况、质量目标、质量管理办法、质量奖罚办法；提高施工人员的质量意识、创优自觉性和积极性。

（3）分包方人员教育

分包方入场后，及时要求分包方完善质量管理体系，并将其纳入项目部的质量管理体系之中。组织生产、技术、质量等管理人员进行专项培训，协助分包方制定相应的质量管理、质量奖罚办法。

（4）重要工序施工前交底

重要工序开始施工前，由现场工程师和质量工程师，对从事本道工序施工的班组长、技术骨干进行专门的交底教育，使上述人员明确施工要点、质量要求；做到施工时心中有数，并指导作业人员做好各项质量工作。

6.3.2 标准化工作

标准是衡量事物的准则，是指为取得全局的最佳效果而依据科学技术和实践经验的综合成果，在充分协商的基础上，对经济、技术和管理等活动中具有多样、相关性特征的重复性事物和概念，以特定的形式和程序颁发的统一规定。

标准化工作是一项综合性的基础工作，它使组织复杂的管理工作系统化、规范化、简单化，以保证组织的生产经容或业务管理活动能够高效、准确、持续正常地运行。

通过标准化工作，有利于使建设工程项目质量管理活动合理化，改进质量，提高效率。

（1）标准化的基本概念

标准是为了在一定的范围内获得最佳秩序，经协商一致制定并由公认机构批准，共同使用的和重复使用的一种规范性文件。它以科学、技术和实践经验的综合成果为基础，经有关方面协商一致，由主管机关批准，以特定形式发布，作为共同遵守的准则和依据。

以上这个定义的含义是：制定标准的出发点是规范化和有序化；标准产生的基础是科学技术新成果与先进经验相结合；标准的对象是从技术领域、经济领域到人类生活的其他领域的重复性事物和概念；标准的本质特征是合理的、科学的、有效的统一；标准是通过一定程序并以一定格式发布的技术文件。

什么是标准化？"为了在一定范围内获得最佳秩序，对现实问题或潜在问题制定共同使用和重复使用的条款的活动。"（GB/T 20000.1—2002《标准化工作指南　第1部分：标准化和相关活动的通用词汇》）

这个定义揭示了标准化是一个过程，是通过制定、发布和实施标准，使某一社会实践活动获得最佳秩序和效益的整个过程。

（2）标准的分类与分级

1）标准的分类

① 按标准化的对象分类有技术标准、管理标准和工作标准。

技术标准是对产品的质量、品种、规格以及工艺、检验等方面所作的技术规定。它是在一定范围、一定时间内具有约束力的一种特定形式的技术法规。一般包括建筑工程质量检验评定标准、施工规范、半成品加工标准、分部分项工程质量检验验收标准、材料检验试验标准、技术文件及图纸所用术语和符号标准、安全防护标准，以及与建筑施工相关的原材料质量标准、施工机械性能参数与技术指标、环境标准等。

管理标准是对需要协调统一的管理事项所制订的标准。一般包括：施工生产管理、技术管理、质量管理、安全管理、设备管理、物资管理、财务管理、人力资源管理、环境管理等标准。这些标准是为保证企业的生产经营活动处于最佳秩序、资源配置合理、生产组织优化、各项管理制度化、规范化、高效化而制定和实施的。

工作标准是以企业的岗位为对象，对需要协调统一的业务及工作事项所制定的标准。工作标准的制订应与本企业组织机构和岗位设置相对应。

② 按标准的约束性分类

强制性标准：企业没有选择和考虑的余地，只能坚决执行，不得违反的标准是强制性标准，它具有法规的约束性，包括保障人体健康的标准，保障人身、财产安全的标准和法律法规规定强制执行的标准。《中华人民共和国标准化法实施条例》规定，建筑产品及其生产过程中的标准属于强制性标准范畴，建筑企业必须严格执行。

工程建设强制性标准包括工程建设勘察、规划、设计、施工（包括安装）及验收等综合性标准和重要的质量标准；工程建设有关安全、卫生和环境保护的标准；工程建设重要的术语、符号代号、量与单位、建筑模数和制图方法标准；工程建设重要的试验、检验和评定方法等标准；国家需要控制的其他工程建设标准。

推荐性标准：推荐性标准不属于"强制性"的，但鼓励企业自愿采用。如GB/T 19001、GB/T 14001 等，它们都不具有法规的约束性，企业可自愿采用。但这类标准一般具有显著的导向性。它是从社会效益的总体需要为出发点，对经济活动有关各方的行为规范、利益原则进行约束并予协调的规定。企业采用这类标准对于社会、用户、协作方及企业自身无疑均将受益。

《工程建设强制性条文》：改革开放以来，我国工程建设发展迅猛，基本建设投资规模加大。建筑业完成的总产值持续增长，城市建设、人民的住房条件、居住环境都得到了明显的改善。但在发展过程中也出现了一些不容忽视的问题。特别是一些地区建设市场秩序比较混乱，有章不循、有法不依的现象突出，严重危及了工程质量和安全生产，给国家财产和人民群众的生命财产安全构成了巨大威胁。如重庆綦江大桥、湖南凤凰桥等发生了一系列重大的恶性工程事故，在社会上引起了强烈的反应。血的教训警示人们，一定要加强工程建设全过程的管理，一定要把工程建设和使用过程中的质量、安全隐患消灭在萌芽状态。2000 年 1 月 30 日，国务院发布第 279 号令《建设工程质量管理条例》，第一次对执行国家强制性标准作出了比较严格的规定。不执行国家强制性技术标准就是违法，就要受到相应的处罚。该条例的发布实施，为保证工程质量提供了必要和关键的工作依据和条件。

同时，从 1988 年我国《标准化法》颁布以后，各级标准在批准时就明确了属性，即是强制性的，还是推荐性的。在随后我国批准发布的工程建设国家标准、行业标准、地方标准中强制性标准占整个标准数量的 75%。相应标准中的条文就有数十万条。如果按照这样庞大的条文去监督、去处罚，一是工作量太大，执行不便；二是突出不了重点。标准规范本身是对客观自然规律的反映，是科学技术的结晶。通过把这些成熟的、先进的技术和客观要求制定成为规则，指导人们征服自然、改造自然，避免受到自然的惩罚。标准在制定中通过严格程度不同用词来区分人们对自然的认识，在内容上面既有强制性的"必须"、"严禁"，也有推荐性的"宜"和"可"等不同的表述。在这样的背景下，就迫使有关方面积极寻找以较少的条文作为重点监管和处罚的依据，带动标准的贯彻执行。当时对 212 项国家标准的严格程度用词进行统计，其中"必须"和"应"规定的条文占总条文的 82%。数量还是太多，为此建设部通过征求专家的意见并经过反复研究，采取从已经批准的国家、行业标准中将带有"必须"和"应"规定的条文里对直接涉及人民生命财产安全、人身健康、环境保护和其他公众利益的条文进行摘录，例如，2000 版房屋建筑部分摘录的强制性条文共 1554 条，仅占相应标准条文总数的 5%。在此基础上，建设部自 2000 年以来相继批准了《工程建设标准强制性条文》共十五部分，包括城乡规划、城市建设、房屋建筑、工业建筑、水利工程、电力工程、信息工程、水运工程、公路工程、铁道工程、石油和化工建设工程、矿山工程、人防工程、广播电影电视工程和民航机场工程，覆盖了工程建设的各主要领域。与此同时，建设部颁布了建设部令 81 号《实施工程建设强制性标准监督规定》，明确了工程建设强制性标准是指直接涉及工程质量、安全、卫生及环境保护等方面的工程建设标准强制性条文，从而确立了强制性条文的法律地位。

强制性条文在工程建设活动中发挥的作用日显重要，它是贯彻《建设工程质量管理条例》的一项重大举措，是推进工程建设标准体制改革所迈出的关键性的一步。

2）标准的分级

《中华人民共和国标准化法》规定我国实行四级标准：国家标准、行业标准、地方标准和企业标准。国家标准是由国家标准化行政主管部门制定，在全国范围内统一的标准，行业标准是由国务院有关行政主管部门制定，在全国某个行业范围内统一的标准，地方标准是由省、自治区、直辖市标准化行政主管部门制订，在本行政区域内统一的标准，企业标准是由企业制定，在企业范围内统一的标准。

上述四级标准的划分，不是标准技术水平高低的划分，而是标准适用范围的划分，是管理的需要。其基本原则是上级标准是下级标准的依据，下级标准是上级标准的补充，下级标准不得与上级标准相抵触，有了上级标准一般不制订下级标准，但在不违背上级标准原则的情况下，企业可以制订严于上级标准的企业标准，在企业内部适用。

在上述四级标准之外还有两类标准，一是国际标准，二是国外先进标准。国际标准是国际标准化组织（ISO）和国际电工委员会（IEC）所制定的标准，以及国际标准化组织承认的其他国际组织制订的某些标准。国外先进标准是指国际上有影响的区域标准、行业协会标准、组织标准以及其他国家某些具有世界先进水平的国家标准。如欧洲标准化委员会（CEN）、美国试验与材料协会（ASTM）、英国劳氏船级社（LR）等。

6.3.3 计量工作

计量工作是一项重要的技术基础工作，也是保证工程质量的重要手段和方法。

计量具有一致性、标准性、可源性和法制性的特点。计量工作是技术与管理的统一与结合。在建设工程项目中的计量保证，就是指从建设工程项目策划、设计、采购、施工、竣工收和使用的过程中，计量工作在保证量值统一的条件下，通过测试技术、制定标准、技术文件以及组织管理措施的手段，提供各种数据和信息，并使之达到必要的准确度，使各项工作建立在可靠数据分析的基础上，从而为工程质量的提高和成本的降低以及为实现建设工程项目的目标提供依据。

项目计量管理主要包括：

（1）计量计划管理

根据项目施工方案编制计划，编制项目计量管理计划，明确不同施工阶段所需的计量设备的数量、规格、等级等，经公司审批，为项目计量管理奠定基础。

（2）计量设备管理

包括计量设备的配置和使用管理。

1）配置管理

项目部和公司，根据项目计量管理计划和施工生产需要，通过购买、租赁或内部调配等方式，配置项目所需计量设备（包括分包所需的计量设备）。

设备进场后，项目部应按照设备管理要求办理验收手续，更新计量设备台账。

2）使用管理

在计量设备使用时，领用人首先应办理领用手续。在施工过程中，按照规定使用设备，并形成相关的使用记录。项目总工根据需要定期检查计量设备使用情

况并查看相关设备使用记录。

项目应保证所有计量设备都在有效的检定或校准周期内，并保证设备功能完好，损坏设备要及时修复。

3）计量器具检定和校准

计量器具检定是指"为评定计量器具的计量性能，确定其是否合格所进行的全部工作"；计量器具校准则是指"在规定条件下，为确定测量器具或测量系统所指示的量值，或实物量具或参考物质所代表的量值，与对应的由标准所复现的量值之间关系的一组操作"。如果分别用通俗易懂的一句话来说就是检定的目的是评价计量器具是否合格的活动，校准则是评价计量器具是否准确、"测量不确定度"的数值的活动。

一般情况下，"检定"用于国家规定必须强制性检定的器具。强制检定的范围包括两方面的计量器具，一是作为统一全国、本地区、本部门、本企业单位量值的依据和对社会实施计量监督的计量标准器具，即社会公用计量标准、部门和企事业单位使用的最高计量标准；二是列入强制检定《目录》中的工作计量器具，是直接用于贸易结算、安全防护、医疗卫生、环境监测方面的工作计量器具。1987年5月28日国家计量局发布强制检定的工作计量器具明细目录共61项118种，其中建筑业常用的包括尺（竹木直尺、套管尺、钢卷尺、带锤钢卷尺、铁路轨距尺等），砝码（砝码、链码、增砣、定量铊等），天平，秤（杆秤、戥秤、案秤、台秤、地秤、皮带秤、吊秤、电子秤等），轨道衡，密度计，流量计（液体流量计、气体流量计、蒸气流量计等），压力表（压力表、风压表、氧气表等），瓦斯计（瓦斯报警器、瓦斯测定仪等），电能表（单相电能表、三相电能表、分时记度电能表等），绝缘电阻、接地电阻测量仪（绝缘电阻测量仪、接地电测量仪等），声级计。

根据强制检定的工作计量器具的结构特点和使用情况，强制检定采取以下两种形式：

① 只作首次强制检定。按实施方式又可分为两类：只作首次强制检定，失准报废；只作首次强制检定，限期使用，到期轮换。

② 进行周期检定。

强制检定由县级以上政府计量行政部门指定的法定计量检定机构或者授权的计量技术机构，实行定点、定期的检定。强制检定的强制性表现在以下三个方面：①检定由政府计量行政部门强制执行；②检定关系固定，定点定期送检；③检定必须按检定规程实施。

计量器具不论是否规定要强制检定，都必须进行量值是否准确、若不准确的话有多大的偏差的"校准"。校准也有两类，一是属于低值易耗品的器具，由于使用频率高、极易在使用过程中便损坏报废的器具，或由于其物理性能的稳定，一般不会由于使用不慎使量值偏离的器具，或不具备校准手段的器具，这类器具在使用前进行一次性校准后即可长期使用，失准即报废。另一类是在使用过程中会发生量值偏离的器具，要按一定的校准周期重复校准，直至器具损坏报废。

根据国家质量技术监督局《关于企业使用的非强检计量器具由企业依法自主管理的公告》，对企业使用的非强制检定计量器具的检定周期和检定方式由企业依法自主管理，其校准周期由企业根据计量器具的实际使用情况，本着科学、经济和量值准确的原则自行确定；校准的方式由企业根据生产和科研的需要，自行决定在本单位校准或者送其他计量机构校准、测试，任何单位不得干涉。但企业使用的最高计量标准器具，以及用于贸易结算、安全防护、医疗卫生、环境监测方面列入强制检定目录的工作计量器具，应当进行强制检定。未按规定申请检定或者检定不合格的，企业不得使用。

案例 6-8：××××路桥建设集团计量器具校准周期表（局部）（表 6-5）

计量器具校准周期表 表 6-5

管理分类	序 号	类 别	测量仪器、计量器具名称	校准周期
			长度类	
	1	LA01	经纬仪	12
	2	LP04	水准仪	12
	3	LA01	全站仪	12
	4	LA01	激光垂准仪	12
	5	LS06	钢卷尺（50m/国家强制检定）	12
	6	LS07	游标卡尺	12
			力学类	
A 类	1	FW10	案秤（国家强制检定）	12
	2	FW11	电子秤（国家强制检定）	12
	3	FW12	台秤（国家强制检定）	12
	4	FW13	地中衡（国家强制检定）	12
	5	FW14	磅秤（国家强制检定）	12
	6	FW16	电光分析天平（国家强制检定）	12
	7	FW17	架盘天平（国家强制检定）	12
	8	FP18	压力表（国家强制检定）	12
	9	FP19	氧气表（国家强制检定）	12
	10	FP20	乙炔表（国家强制检定）	12

续表

管理分类	序号	类别	测量仪器、计量器具名称	校准周期
A类	力学类			
	11	FP22	水泥抗折机	12
	12	FM23	万能试验机	12
	13	FP24	压力机（国家强制检定）	12
	14	FP30	混凝土贯入阻力仪	12
	15	FM32	回弹仪	12
	电磁类			
	1	EP01	三相电度表（国家强制检定）	12
	2	EP02	单相电度表（国家强制检定）	12
	3	EV03	万用表	12
	4	EV04	电压表	12
	5	EI06	电流表	12
	6	ER08	兆欧表	12
	7	ER09	接地电阻测定仪（国家强制检定）	12
B类	长度类			
	1	LA02	直角尺	12
	2	LA03	万能角度尺	12
	3	LS08	钢板尺（试验用）	12
	4	LS10	塞尺、靠尺	12
	5	LS11	外径千分尺	12
	6	LS12	内径千分尺	12
	7	LA13	垂直检测尺	12
	8	LA14	对角检测尺	12
	9	LS18	布卷尺	12
	10	LP20	水平尺	12
	11	LP21	框式水平尺	12
	12	LS06	钢卷尺（3m～5m/国家强制检定）	12
	力学类			
	1	FC01	坍落度测定仪	12
	2	FC02	量筒	12
	3	FC03	量杯	12
	4	FC04	砂浆稠度仪	12
	5	FC05	水泥稠度测定仪	12
	6	FC06	砂子筛	12
	7	FC06	石子筛	12
	8	FC06	水泥标准筛	12

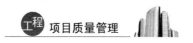

管理分类	序号	类别	测量仪器、计量器具名称	校准周期
			力学类	
	9	FC06	电动摇筛机	12
	12	FC09	容重筒	12
	13	FO26	水泥胶砂振动台	12
	14	FO27	混凝土振动台	12
	15	FF29	水泥流动测定仪	12
	16	FP36	击实仪	12
	17	FC37	混凝土维勃稠度仪	12
	18	FC38	水泥软练试模	12
	19	FC39	混凝土钢试模	12
	20	FC40	抗渗钢试模	12
	21	FW41	干容重测定仪	12
	22	FC42	混凝土抗折钢模	12
	23	FC43	砂浆钢模	12
			热学类	
B类	1	TT02	电子测温仪	12
	2	TT03	水泥试块养护箱温控器	12
	3	TQ04	混凝土加速养护箱	12
	4	TT05	沥青针入度仪	12
	5	TT06	沥青延伸仪	12
	6	TT07	沥青软化点仪	12
	7	TQ10	水泥试块养护箱	12
			长度类	
	1	LS25	刻度放大镜	12
			力学类	
	1	FC44	滴定管	12
			热学类	
	1	TT01	水银温度计	12
	2	TQ11	沸煮箱	12
			机具类	
	1		电弧燃烧炉	12
	2		电热鼓风箱	12
	3		水泥净浆搅拌机	12
	4		水泥胶砂搅拌机	12

属于企业自校的计量器具必须根据自行编制且符合计量部门相关要求的校验规程进行，并如实记录校验情况。

案例 6-9：贵州某公路工程公司压碎指标值测定仪自检校验规程

一、技术要求

1. 钢制圆筒，外径 172mm，内径 152mm，高 125mm，外臂光滑镀铬，内臂光洁度为 △4，顶面与底面平行且垂直筒轴线。

2. 钢制底筒，外径 182mm，内径 172mm，高 20mm，底深 10mm。底外臂光滑镀铬，底内臂光洁度为 △4，底内外臂平行，底臂与底面垂直，底外周相对两侧安有直径为 8mm 的钢制提手。

3. 钢制加压头：压头底部直径 150mm、高 50mm，压头上部直径 60mm、高 50mm，并在相对两侧安有直径为 8mm 的钢制手把，其总长≤150mm，顶面与底面平行、光滑、平整，并与压头轴线垂直，表面镀铬。

4. 圆筒、底盘、加压头、提手及手把焊缝均应打磨光滑、平整。

二、校验项目及条件

1. 校验项目：

（1）外观检查

（2）几何尺寸

（3）光洁度

2. 校验用器具

（1）钢直尺：量程 300mm，分度值 1mm。

（2）游标卡尺：量程 300mm，分度值 0.02mm。

（3）直角尺

三、校验方法

1. 目测和手摸各表面及焊缝是否光滑、平整，外表是否镀铬。

2. 用钢直尺测量各部分的高度、深度，各测两次，取算术平均值。

3. 用游标卡尺测量各部分的外径、内径、壁厚，各测两次，取算术平均值。

4. 用直角尺测量需要平行的各面是否平行及与轴线是否垂直。

四、校验结果处理

全部校验项目均符合技术要求为合格。

五、校验周期、记录与证书

校验周期为 12 个月，校验记录格式见表 6-6。

压碎指标值测定仪校验记录

表 6-6

送检单位_____　　　仪器编号_____　　　校验号_____

项　目	校验数据	结　果
外观	1. 外表面是否光滑、平整、镀铬_____ 2. 内表面是否光滑、平整_____ 3. 顶面与底面是否平行_____ 4. 顶面及底面与轴线是否垂直_____ 5. 焊缝是否光滑、平整_____	
尺寸	1. 圆筒内径 1_____ mm 2_____ mm 平均_____ mm 2. 圆筒外径 1_____ mm 2_____ mm 平均_____ mm 3. 圆筒高 1_____ mm 2_____ mm 平均_____ mm 4. 底盘内径 1_____ mm 2_____ mm 平均_____ mm 5. 底盘外径 1_____ mm 2_____ mm 平均_____ mm 6. 底盘高 1_____ mm 2_____ mm 平均_____ mm 7. 底盘深 1_____ mm 2_____ mm 平均_____ mm 8. 压头底部直径 1_____ mm 2_____ mm 平均_____ mm 9. 压头上部直径 1_____ mm 2_____ mm 平均_____ mm 10. 压头底部高 1_____ mm 2_____ mm 平均_____ mm 11. 压头上部高 1_____ mm 2_____ mm 平均_____ mm 12. 底盘提手直径_____ mm 13. 压头手把直径_____ mm 14. 压头手把全长_____ mm	

校验结论：

校验员_____　　　　　　　　　　核验员_____

校验日期：　　　年　　　月　　　日

6.3.4　质量信息

（1）质量信息的概念

企业在生产经营活动中产生的信息为管理信息，它是以各种资料、数据、图表、报告、指令、消息等为载体的，其中，与质量有关的部分称为质量信息，即在产品形成的全过程中所产生的各种对质量控制、质量监督和质量改进有用的资讯、资料和数据，经过有目的的加工整理，使之能够说明情况，经加工整理后的资料、数据和资讯便是质量信息。它是企业信息系统中的一个重要的子系统。

工程质量信息管理主要是指质量信息的内容、收集、传递、处理与反馈等，是工程质量保证体系的重要组成部分，是衡量工程全面质量管理工作开展好坏的标志之一。质量信息反馈是工程生产质量的一个环节，是工程制订质量方针、目标，开展质量管理，不断提高和改进产品质量，及时为用户服务的重要依据。

（2）质量信息的分类

质量信息按来源分为内部质量信息和外部质量信息。

1）内部质量信息指从原材料进场到产品出场的质量形成过程的质量信息，及直接影响产品质量的各项业务工作的质量信息。内部质量信息主要来源有：

① 原材料及委外加工配件进场复查、验收记录；

② 生产过程中主要工序检查记录；

③ 成品检查验收（力学性能试验等）记录；

④ 质量普查记录；

⑤ 处理质量问题的专题会议和质量分析会议记录等。

2）外部质量信息指产品在使用过程中发生的质量信息。外部质量信息来源主要有：

① 用户的来函、来电、来访记录等；

② 对用户反映质量问题调查处理报告；

③ 走访用户及用户座谈会记录等。

（3）质量信息的管理的任务

信息是"有意义的数据"。质量信息是有关质量方面有意义的数据。在项目的生产过程中，存在两种运动过程：物流和信息流。物流是工程材料等资源，信息流是伴随着物流而产生，反映了物流的状态，并通过它控制、调节和改进物流。

质量信息管理的任务主要有以下四个方面：

1）为质量决策提供信息

在质量规划、质量目标、质量计划、处理质量问题等的决策或预测中，都离不开有关历史与现状的信息，离不开国家和上级相关的质量法律法规和政策信息，只有情况明了，政策在握，才能正确决策。质量信息管理的重要任务之一，就是要为决策者提供可靠的信息，以提高决策的质量。

2）调节控制工程质量

调节控制工程质量是质量信息管理的根本任务。企业的质量管理可以视为一个调节系统（见图6-3）。

本调节系统应当具备质量监控、调节、保证功能。即通过信息管理与流动，把所获得的实际质量与期望质量进行对比，通过影响工程质量的部门、工序或岗位去纠偏或保持，从而把质量始终控制在期望质量水平的范围内。

3）为质量检查、考核提供证据，为工程竣工验收积累资料

为质量检查、考核提供完整的能够掌握并正确反映施工生产和质量管理活动的动态信息，同时，向业主及监理提供质量管理有效性的证明，获得业主及监理

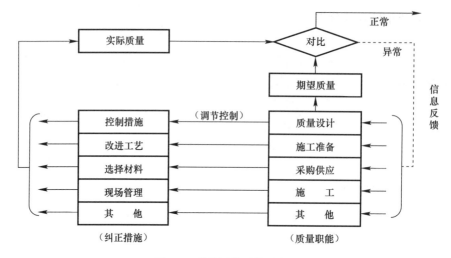

图 6-3 质量调节系统示意图

的信任，并且为工程项目的竣工交验积累其质量可靠性资料，是质量信息管理的又一任务。同时，负有向质量监督部门提供工程质量状况的证实性资料的任务。

4）建立质量信息档案，完善工程档案

完整地积累质量数据、资料，建立质量信息档案，便于检索查考和追溯，而且使质量信息既用于控制当前质量，还可用于指导今后工作。这正是传统的质量信息管理所忽视的工作。工程建设领域对工程档案比较重视，也较为规范，但仍有资料收集不及时、事后补，或者不完整、不准确、不规范等问题，往往由于资料问题不能及时交工，或影响工程的竣工结算，使企业在经济上和信誉上受损。

（4）质量信息的利用

1）市场信息的利用

把市场调查和预测的结果、用户的要求及时传递给决策者和质量设计部门，据以进行工程项目施工组织决策，确定项目施工质量目标，采取相应的对策和措施，以便建立工程项目质量保证体系。

2）质量设计和施工准备信息的利用

为保证工程质量达到合同约定的标准，必须抓好质量设计（可在施工组织设计中完成），做好施工准备。在质量设计、施工准备及施工人员之间沟通信息，以便于工作衔接。

3）现场质量信息的利用

现场质量信息主要指工序质量信息、质量控制点质量信息及检验质量信息，充分利用这些信息，对控制施工质量的稳定性具有重要意义。

① 工序质量信息。工序质量信息是指人员、设备、材料、工艺和环境等因

素对工序质量所产生的实际影响。它来自施工操作、设备机务、材料供应等方面，施工管理人员负责统计分析，研究改进措施，通过项目经理决策施行。

② 质量控制点信息。质量控制点的信息应由项目质检员和施工员实施重点管理，作好记录，定期汇总，分析质量趋势，研究改进措施，并向项目经理报告。

③ 检验质量信息。现场质量信息大多是在检验和把关过程中获得的，不仅信息量大，而且实用价值高，因此，要求质检部门必须认真履行报告的质量职能，组织检验人员认真检测，做好检测数据和质量缺陷的记录，建立齐全的台账，及时传递信息。

4）服务质量信息的利用

把施工过程中业主或总包方、监理的意见、要求、希望及时收集起来，把竣工交验后用户的反映和意见通过回访加以采集，并将这些信息传递到有关方面，改进施工质量，处理好遗留问题，是保证质量和提高企业信誉的重要方面。

5）质量审核和质量成本信息的利用

开展质量审核和质量成本分析的目的，都是为了给质量改进提供信息依据。这些信息对于系统地而不是就事论事地改进质量、对于减少以至消灭缺陷成本都具有重要意义。

通常情况下，公司质量管理部门负责公司质量信息的登记、收集、反馈、分析、处理和汇总工作。项目部由质量管理员负责项目部质量信息的汇总、处理和组织协调、工作。各班组兼职的质量信息员负责施工中质量信息的收集、整理、反馈、统计和上报等工作。

在实际生产过程中，质量信息反馈通常采用"质量信息反馈卡"或"纠正和预防措施整改通知单"等形式。"质量信息反馈卡"分正卡、副卡各存根，以备查索。质量信息反馈卡用于项目部内部质量信息的传递。"纠正和预防措施整改通知单"用于安全质量管理部门向执行人部门（责任）下发，限期采取措施予以整改。

案例 6-10：某公司质量信息反馈卡

质量信息反馈卡（正卡）　　　　　　　　　　　　表 6-7

编号：

质量信息来源 及内容	
处理要求	填发单位＿＿＿＿　填写人＿＿＿＿　＿＿＿＿年＿＿＿＿月＿＿＿＿日

以下由接收单位填写		
采取措施		
处理结果	接收单位主管_____ _____年_____月_____日	检验人员验认 ____月____日

质量信息反馈卡（存根）

编号_____ 回复日期_____年_____月_____日

填发单位_____ 签收人_____

质量信息反馈卡（副卡）　　　　　　　　　表 6-8

编号：

质量信息来源及内容（摘要）
处理要求 填发单位_____ 填发人_____ _____年____月____日
接收单位_____ 接收人_____ _____年____月____日

6.3.5　质量管理常用工具

在项目质量管理中，无论何时、何处都会用到数理统计方法，这些统计方法所表达的观点对于全面质量管理的整个领域都有深刻的影响。实践中有"老七种工具"、"新七种工具"之说。

老七种工具包括：

① 分层法：又叫分类法。它是把所收集起来的数据按不同的目的加以分类，将性质相同、生产条件相同的数据归为一组，使之系统化，便于找出影响产品质量的具体因素。

② 排列图：也叫巴雷特图、主次因素分析图和 ABC 法。它是用来找出影响质量的主要因素的一种方法。它一般由两个纵坐标、一个横坐标、几个长方形和一条折线组成。左边的纵坐标表示频数（如件数、金额、时间等）；右边的纵坐标表示频率；横坐标表示影响质量的各种因素，按频数大小自左至右排列；长方形的高度表示因素频数的大小；折线由表示各因素的累计频率的点连接而成。

③ 因果图：它是整理和分析影响产品（工程、工作）质量的各因素（原因）之间的关系，即表示质量特性与原因之间的关系的一种工作图，又称因果分析图、树枝图或鱼刺图。

④ 直方图：又称质量分布图和质量散布图。它是将数据按大小顺序分成若干间隔相等的组，以组距为底边，以落入各组的频数为高所构成的矩形图。直方图是用来整理质量数据，从中找出规律，用以判断和预测生产过程中质量好坏的一种常用工具。

⑤ 管理图：又称控制图。它是用于分析和判断工序是否处于稳定状态，带有管理界限的图。它有分析用管理图和控制用管理图两类。前者专用于分析和判断工序是否处于稳定状态，并且用来分析产生异常波的原因；后者专用于控制工序的质量状态，及时发现并消除工艺过程的失调现象。

⑥ 散布图：又称相关图。它是在处理计量数据时，分析、判断、研究两个相对应的变量之间是否存在相关关系，并明确相关程度的一种方法。

⑦ 调查表：又称检查表、统计分析表，它是为分层收集数据而设计的图表，用来进行数据整理和粗略的原因分析。可根据不同的目的要求，设计多种多样的调查表。

新七种工具包括：

① 关联图法：关联图法是为了谋求解决那些有着原因与结果、目的与手段等关系复杂而互相纠缠的问题，并将各因素的因果关系逻辑地连接起来而绘制成关联图的方法，这种方法适用于有几个人的工作场所，经过多次修改绘制关联图，使有关人员澄清思路，认清问题，促进构想不断转换，最终找出以至解决质量关键问题。

关联图法与因果关系图最大的不同之处在于，关联图说明了六大因素（人、机、料、法、环、则）之间的横向联系。同时，关联图法对于那些因果关系复杂的问题，可以采用自由表达形式，显示出它们的整体关系。

② KJ 法：又称亲和法。就是从未知、未经历的领域或将来的问题等杂乱无章的状态中，把与之有关的事实或意见、构思等作为原始资料收集起来，根据亲和性（亲缘关系）加以整理，绘制成图，然后找出所要解决的问题及各类问题相

互关系的一种方法。主要用于制定质量管理方针、计划等。

③ 系统图法：即运用系统的观点，把目的和达到目的的手段依次展开绘制成系统图，以寻求质量问题的重点和最佳解决方法。具体来说，是从基本目的出发，采取从上而下层层展开和自下而上层层保证的方法来实现系统的目标。

④ 矩阵图法：即把各个质量问题的问题因素按矩阵的行和列进行排列，找出问题所在。这是一种多维思考的模式。

⑤矩阵数据分析法：即对于矩阵中相互关系能够定量化的各因素进行数据分析的方法，主要用于市场调查、新产品设计与开发、复杂工程分析和复杂的质量评价等。

⑥ 过程决策程序图法：即对于事态可能的发展变化作了充分的设想，并拟订出不同的方案，以增加计划的应变能力和适应能力。它主要用于制定目标管理、技术开发的执行计划等。

⑦ 网络图法：即运用网络对有关质量问题进行计算、分析与处理的综合方法，它是选择最佳工期和实施有效进度管理的一种方法。

下面从定性和定量两个方面详细介绍几种常见方法。

（1）定性方法

1）分层法

分层法是质量控制统计分析方法中最基本的一种方法。又叫分类法，是将调查收集的原始数据，根据不同的目的和要求，按某一性质进行合理的分组、整理的分析方法，把性质相同的数据归在一起，把划分的组叫做"层"，通过数据分层把错综复杂的影响质量因素分析清楚。

数据分层可按下面的项目进行分析：

① 操作人员：按个人分，按现场分，按班次分，按经验分；

② 机床设备：按机器分，按工夹刀具分；

③ 材料：按供应单位分，按品种分，按进厂批分；

④ 加工方法：按不同的加工、装配、测量、检验等方法分，按工作条件分；

⑤ 时间：按上、下午，按年、月、日分，按季节分；

⑥ 环境：按气象情况分，按室内环境分，按电场、磁场影响分；

⑦ 其他：按发生情况分，按发生位置分等。

2）头脑风暴法

头脑风暴法又称智力激励法、BS法、自由思考法，是由美国创造学家 A·F·奥斯本提出的，采用会议的方式，利用集体思考，围绕某个中心议题广开言路，发表个人观点的一种创造性思考的方法。是集体智慧的集中，在集体讨论问题的过程中，每提出一个新的观念，都能引发他人的联想。相继产生一连串的新观念，产生连锁反应，形成新观念堆，为创造性地解决问题提供了更多的可能性。

① 头脑风暴法的应用

头脑风暴法通常用于分析质量管理中存在的质量问题，用以寻求其解决的办法，用以识别潜在质量改进的机会。在绘制因果图、系统图、亲和图时，均可以运用这种方法。

② 头脑风暴法的实施

一次成功的头脑风暴除了在程序上的要求之外，更为关键是探讨方式、心态上的转变，概言之，即充分、非评价头脑风暴法模型图性的，无偏见的交流，具体而言，则可归纳以下几点：

a. 自由畅想。参加者不应该受任何条条框框限制，欢迎各抒己见，自由鸣放，创造一种自由、活跃的气氛，激发参加者提出各种荒诞的想法。从不同角度，不同层次，不同方位，大胆地展开想象，尽可能地标新立异，与众不同，提出独创性的想法。这是头脑风暴法的关键。

b. 延迟评判原则。头脑风暴，必须坚持当场不对任何设想作出评价的原则。既不能肯定某个设想，又不能否定某个设想，也不能对某个设想发表评论性的意见。认真对待任何一种设想，而不管其是否适当和可行。一切评价和判断都要延迟到会议结束以后才能进行。这样做一方面是为了防止评判约束与会者的积极思维，破坏自由畅谈的有利气氛；另一方面是为了集中精力先开发设想，避免把应该在后阶段做的工作提前进行，影响创造性设想的大量产生。

c. 禁止批评。绝对禁止批评是头脑风暴法应该遵循的一个重要原则。参加头脑风暴会议的每个人都不得对别人的设想提出批评意见，因为批评对创造性思维无疑会产生抑制作用。同时，发言人的自我批评也在禁止之列。有些人习惯于用一些自谦之词，这些自我批评性质的说法同样会破坏会场气氛，影响自由畅想。

d. 以量求质。追求数量。意见越多，产生好意见的可能性越大，这是获得高质量创造性设想的条件。

e. 综合改善。探索取长补短和改进办法。除提出自己的意见外，鼓励参加者对他人已经提出的设想进行补充、改进和综合，强调相互启发、相互补充和相互完善，这是智力激励法能否成功的标准。

3）因果图

因果分析图法是利用因果分析图来系统整理分析某个质量问题（结果）与其产生的原因之间关系的有效工具，用于分析特性（结果）与可能影响质量特征性的因素（原因）。因果分析图也称特性要因图，又因其形状常被称为树枝图或鱼刺图。

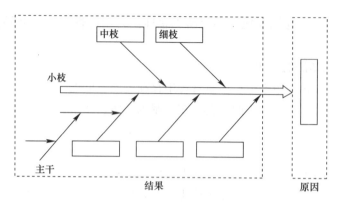

图 6-4　因果图模型

① 因果图的主要内容包括：

a. 质量特性（即质量结果）：即工作和生产过程出现的结果，例如尺寸、重量、纯度及强度等质量特性；工时、开动率、产量、不合格品率、缺陷率、事故率、成本、噪声等工作结果。这些特性或结果是期望进行改善和控制的对象。

b. 要因：对结果能够施与影响的因素。

c. 枝干：表示结果与原因之间的关系，也包括原因与原因之间的关系，称为枝干。最中央的干为主干，用双线箭头表示；从主干两边依次展开的称为大枝、中枝、小枝和细枝，用单线箭头表示。

② 因果图的作图步骤：

a. 决定成为问题的结果（特性），其中包括质量特性或工作结果。结果是需要和准备改善与控制的对象。在决定成为问题的结果时，在方法上应主要依靠排列图，用统计数据说明问题。在排列图中"柱高的"项目应作为主要的探讨对象，但需对该项目充分研究，确定是否有条件解决以及为解决该项目所付出的代价和效果是否相称。

b. 作出主干与结果（特性）并选取影响结果的要因。一般解决加工不良或散差等质量特性一类的问题，可将原因大致分为材料、设备、人员、制造和加工、测量方法等大枝。再对大枝的分类项目细究下去，进一步画出中枝和细枝，直到可采取措施处置或可想见的原因为止。

c. 检查原因是否有遗漏，如有遗漏应予以补充。

d. 对特别重要的原因应附以标记。各种原因对结果的影响不同，应将重要原因标以记号。标有标记的原因不能太多，一般不超过 4～5 项。

e. 记载因果图的标记及有关事项。例如产品名称、生产数量、参加人员、单位、制图者、日期以及制图时的生产状态等。

案例 6-11：钢筋直螺纹连接处套丝的外漏长度过大因果图

某 QC 小组针对施工过程中，"钢筋直螺纹连接处套丝的外漏长度大于 1.5 个丝扣"这一问题展开原因分析，并绘制其因果图如图 6-5 所示。

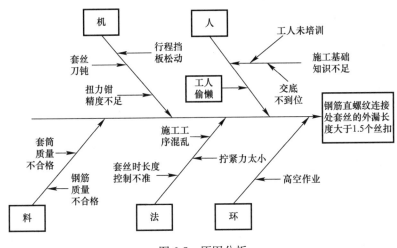

图 6-5 原因分析

4）系统图法

系统图法又称树图法，指把要实现的目的与需要采取的措施或手段，系统地展开，并绘制成图，以明确问题的重点，寻找最佳手段或措施的一种方法。

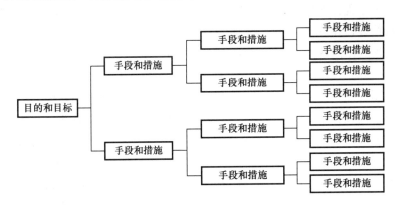

图 6-6 系统图模型

① 系统图法主要用于：

a. 用于新产品研发过程中产品质量功能的展开；

b. 质量保证活动的展开，建立质量保证体系；

c. 目标实施措施的展开；

d. 解决企业有关质量、成本、交货期等问题的具体解决措施的方案；

e. 作为因果图使用；

f. 探求部门职能、管理职能和提高效率的方法。

② 系统图的作图方法及步骤：

a. 确定具体的目的或目标

b. 提出措施和手段

c. 对措施、手段进行评价

d. 绘制措施、手段卡片

e. 绘制系统图

f. 确认目标能否充分地实现

g. 制定实施计划（系统图最低一级的手段进一步具体化、精炼化并决定实施内容、日程和承担者等事项）

（2）定量方法

1）统计调查表

统计调查表法又称统计调查分析法，它是利用专门设计的统计表对质量数据进行收集、整理和粗略分析质量状态的一种方法，其特点是填写数据的同时进行整理统计，提高效率；填写时出现的差错事后无法发现。

在质量控制活动中，利用统计调查表收集数据，简便灵活，便于整理，使用有效。它没有固定的格式，可根据具体的需要和情况，设计出不同的调查表。常用的有分项工程作业质量分布调查表、不合格项目调查表、不合格原因调查表、施工质量检查评定用调查表。统计调查表一般同分层法结合起来应用，可以更好、更快地找出问题的原因，以便采取改进的措施。

2）排列图

排列图法是利用排列图寻找影响质量主次原因的一种有效方法。将一定期间所汇集的不良数、缺点数或故障数等数据依项目、原因加以分类，并按其影响程度的大小加以排列的图形。

排列图由两个纵坐标、一个横坐标、几个连起来的直方形和一条曲线所组成，左侧的纵坐标表示频数，右侧的纵坐标表示累积频率，横坐标表示影响质量的各个因素或项目，分析线表示累积频率，横坐标表示影响质量的各项因素，按影响程度的大小（即出现频数多少）从左到右排列，通过对排列图的观察分析可以抓住影响质量的主要因素，直方形的高度示意某个因素的影响大小。所以排列图又称帕累托图或主次因素分析图，可以形象、直接地反映主次因素。如图 6-7 所示。

排列图法首先用于确定影响质量生产的主要因素。在按重要性顺序显示出每

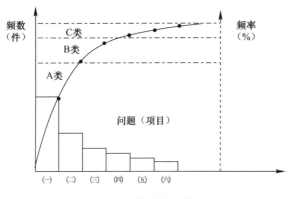

图 6-7 排列图分析

个质量改进项目对整个质量问题的作用之后，识别出进行质量改进的机会。主要应用形式：分析主要缺陷形式；分析引起不合格品的主要工序的原因；分析产生不合格品的关键工序；分析不合格品的主次地位等。其次用于改进效果的鉴定。质量改进措施如果确有效果，则改进后的排列图中，横坐标上因素排列顺序或频数矩形高度应有变化。

在实际生产过程中，可利用 MiniTab 软件直接绘制排列图。

3）直方图

即频数分布直方图法，它是将收集到的大量质量数据进行分组整理加工，找出其统计规律，绘制成频数分布直方图，用以描述质量分布状态的一种分析方法，所以又称质量分布图法。直方图可以非常清楚地刻画出整批产品的生产过程情况，并直观地表示出数据分布的中心位置及分散幅度的大小，了解工程质量的波动情况，掌握质量特性的分布规律，以便对质量状况进行分析判断。同时可通过质量数据特征值的计算，估算施工生产过程总体的不合格产品率，评价过程能力等。

直方图主要用于观察产品质量特性分布状态、判断工序是否稳定、计算工序能力，估算并了解工序能力对产品质量保证情况。直方图能够很好地反映出产品质量的分布特征，但由于统计数据是样本的频数分布，它不能反映产品随时间的过程变化，有时生产过程已有趋向性变化，而直方图却属正常型，这是直方图的局限性。直方图有以下几种情况：

① 理想型：图形中央有一顶峰，左右大致对称，这时工序处于稳定状态。

② 偏向型：图形有偏左、偏右两种情形，原因是一些形位公差要求的特性值是偏向分布或者加工者担心出现不合格品，在加工孔时往往偏小，加工轴时往往偏大造成。

③ 双峰型：图形出现两个顶峰极可能是由于把不同加工者或不同材料、不同加工方法、不同设备生产的两批产品混在一起形成的。

④ 锯齿型：图形呈锯齿状参差不齐，是由于分组不当或检测数据不准而造成。

⑤ 平顶型：无突出顶峰，通常由于生产过程中缓慢变化因素影响（如刀具磨损，操作者的疲劳）造成。

⑥ 孤岛型：由于测量有误或生产中出现异常（原材料变化、刀具严重磨损、混入不同规格产品等）。

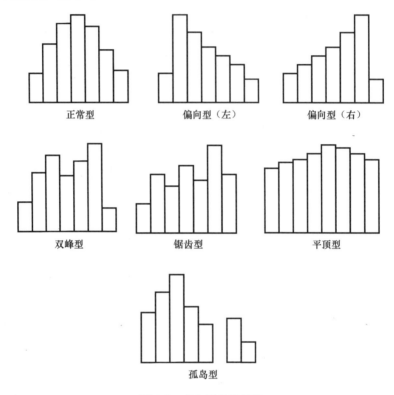

正常型　　　　　　偏向型（左）　　　　　偏向型（右）

双峰型　　　　　　锯齿型　　　　　　平顶型

孤岛型

图 6-8　直方图常见情况

4）散布图

散布图是分析研究两个变量之间相关关系，来控制影响产品质量的相关因素的一种有效方法。因为有些变量之间有关系，但又不能由一个变量的数值精确地求出另一个变量的数值。将这两种有关的数据列出，用点子打在坐标图上，然后观察这两种因素之间的关系。这种图就称为散布图。图中以纵轴表示结果，横轴表示原因，用点表示分布形态，根据分布形态判断两者之间的相互关系。因此，散布图也称为相关图。在质量管理中，主要用于判断质量特性与某一变化因素之间，或两个因素之间存在的相关关系，进而确定改进产品质量的因素。如棉纱的水分含量与伸长度之间的关系；喷漆时的室温与漆料黏度的关系等。

散布图从图形上来判断一般有六种形态：强正相关、强负相关、弱正相关、

弱负相关、不相关、曲线相关。具体如下：

①　强（完全）正相关：x 增大，y 也随之增大。x 与 y 之间可用直线 $y=a+bx$（b 为正数）表示。

②　强（完全）负相关：x 增大，y 随之减小。x 与 y 之间可用直线 $y=a+bx$（b 为负数）表示。

③　弱正相关：x 增大，y 基本上随之增大。此时除了因素 x 外，可能还有其他因素影响。

④　弱负相关：x 增大，y 基本上随之减小。同样，此时可能还有其他因素影响。

⑤　不相关：即 x 变化不影响 y 的变化。

⑥　曲线相关：即 y 的变化与 x 存在某种曲线关系。

6.4　GB/T 19001 标准在工程项目的落实

按照 GB/T 19001 idt ISO 9001 标准的要求建立和实施质量管理体系在建筑行业已有近 20 年的历史，许多企业从中受益匪浅，但也有很多企业虽推行多年却并没有达到预期的目标。其中一条重要原因就是许多企业在建立和实施质量管理体系时，没有以系统的观念、从企业整体管理的角度来看待质量管理体系，致使质量管理体系游离于企业整体管理之外，从而使质量管理体系失去了有效发挥起作用的基础和环境。特别是作为企业信誉和效益源泉的工程项目，由于它产品的单件性和管理的一次性，在根据 ISO 9001 建立的质量管理体系中应当扮演什么样的角色和怎样做才能符合标准的要求，项目部和项目经理多数都不甚了了，以致标准的理念和要求未能在建筑产品的生产过程中有效地发挥作用。

ISO 9001 标准在工程项目的落实其实并没有另外一套什么东西，应把握的环节就是把项目管理各阶段应做好的事做好即可。例如，施工组织设计、施工方案和技术交底的有效性、针对性；各项施工记录的真实性、及时性和正确的签字确认；各项质量检验，包括进场材料和半成品的复试、工序的自检互检和专检、各分部分项工程的检验验收等均严格按规范进行；材料的场内搬运、贮存、防护以及已完工的各分部分项工程的成品保护；对质量缺陷和不合格品按规定的处置程序处理；特殊工种人员和特种作业人员都能做到持证上岗；按相关规定进行材料供应商、分包商等的评价、选择等等。这些在公司的技术管理、材料管理、质量管理、人力资源管理等相关制度中都应有相应规定，项目部只需严格执行和落实这些规定应当就能满足 ISO 9001 标准的规定。案例 6-12 介绍了某认证机构对建筑施工企业实施质量管理体系审核的作业指导书的摘录，对项目部应如何执行落实 ISO 9001 的应有所启发。

案例 6-12：某认证机构建筑施工企业审核作业指导书（节录）（表 6-9）

某认证机构建筑施工企业审核作业指导书（局部）　　　　表 6-9

标准条款	审核要点及方法
7.1 产品实现的策划	• 组织是否识别和确定了产品实现的过程和产品实现过程的顺序和相互关系，并形成必要的文件？ • 组织在产品实现策划中是否把顾客的需求转化为项目的质量目标？是否针对具体的项目或合同编制了质量计划？ • 是否针对工程项目、产品、合同的质量目标，识别并提供相应的资源？ • 是否针对产品或工程策划明确了关键过程、特殊过程，对关键、特殊过程的控制是否编制了作业指导书？ • 是否针对每个过程的输入和输出规定了接收准则，以及如何进行验证、确认、监视、检验和试验活动？ • 针对产品和过程的重要部位和关键特性安排了哪些测量和监控活动，以及对产品和过程的符合性提供证实，确定了哪些必要的质量记录？ 注：质量计划表述 QMS 如何应用于特定产品、项目或合同的文件。通常，质量计划内容包括质量目标、职责的分配和活动的顺序，应针对特定的产品、项目或合同，对管理职责、资源管理、产品实现以及测量、分析和改进构成的过程方法模式展开描述。当组织依据本标准已形成了 QMS 文件时，质量计划一般由"现有质量手册和程序文件"中适用于本项目部分和不相同的过程和活动的具体策划两部分组成。当组织的 QMS 未形成文件时，质量计划可作为独立的文件
7.2 与顾客有关的过程 7.2.1 与产品有关的要求的确定	• 组织是以何种方法识别确定顾客的明确的、隐含的要求，包括对交付及交付后活动的要求？对顾客要求没有规定的情况下，是否把规定的用途或已知的预期用途所必需的各项要求都加以明确，组织对顾客的附加条件的承诺是否已确定并形成书面材料以便于产品要求的评审？ • 组织是否已识别了与产品或工程有关的强制性标准和法律法规，并对其按文件控制要求管理？ 注：强制性标准和法律法规是适当范围的外来文件的主要部分，组织应建立标准和法律法规目录，作为各专业审核作业指导书的附件
7.2.2 与产品有关的要求的评审	• 是否对产品要求作了明确规定？ • 是否组织向顾客作出提供产品的承诺之前对与产品有关的要求进行评审？ • 有关产品要求评审的职责权限是否规定适宜？ • 对产品要求进行评审的内容和结果是否满足标准规定的要求？ • 如何管理和控制产品要求变更情况，变更后文件是否及时更改？是否及时有效地把变更情况传递到有关部门和相关人员？ • 评审的结果及后续的跟踪措施是否做了记录并予以保存？ 注：产品要求的评审一般应包括以下几个阶段： （1）投标前对顾客（业主）招标文件的评审，对顾客要求连同组织确定的附加要求一起实施评审（顾客要求没有形成文件的，在接受顾客要求前得到确认）。 （2）与产品有关要求的评审，对与以前表述不一致的合同或订单的要求已予解决，组织能有能力满足规定的要求。 （3）合同签订的例行评审
7.2.3 顾客沟通	• 组织对标准规定的三个方面与顾客的沟通内容作了哪些安排？是否得到了实施？实施的效果如何？ • 组织是否在产品或工程实现之前、实现过程中及实现后各阶段均与顾客进行了沟通

标准条款	审核要点及方法
7.3.1 设计和开发	（删减）
7.4.1 采购过程	• 有无对物资（按其对建筑产品的质量影响）进行分类，有无分类一览表？ • 有无明确对各类物资如何控制，对其供方如何控制的规定？对供方的选择和定期评价的准则是否做出规定并予以实施？ • 准则能否体现该产品对随后实现过程及其产品的影响程度？ • 评价结果是否记录并予以保存？ • 对供方的评定和批准的部门职责和权限是否明确？经评定合格的供方有无经过审批？有无建立合格供方名册？ • 对合格供方的定期评估和后续监控情况如何？跟踪措施是否予以记录？ • 评价工程分包商时，有无重点考查其 QS 与质量保证能力（劳务分包有无考查操作人员的操作技能和技术素质）？ • 对于建设单位或设计单位指定的供方及其产品，是否与组织选择和评价的供方同样进行控制和管理？ 注：采购可分为物资采购部分和工程分包部分，也包括委托检测计量及设计和开发的服务。 采购控制应注意对工程质量有重要影响的钢材、水泥、防水材料、闸阀、机电设备、电气元件、仪器仪表和外加剂、掺合料、焊条、焊剂、焊药等主要材料和辅助材料的供方选择和评价实施的有效控制。要评经销商又评生产厂。 注：要在分包工程合同中明确执行组织 QMS 的要求。必要时可采用招标方式选择工程分包（队伍）供方
7.4.2 采购信息	• 采购产品的信息是否清楚、明确？ • 适当时，组织是否对供方和产品、程序、过程、设备/或人员提出有关批准或资格鉴定的要求？ • 组织规定有哪些采购文件？发布前是否对规定要求的适宜性进行审批？ • 组织的采购文件（包括采购合同）是否对产品的质量要求、验收要求及其他要求（价格、数量、交付情况等）予以明确？ • 分包合同中是否体现了总包施工单位（即受审核方）质量计划规定的质量目标与质量要求？ • 工程分包合同中，总包施工单位对供方的质量监控活动（技术交底、审批供方的施工方案、分部分项工程质量验评安排等）是否做出规定并予以实施
7.4.3 采购产品的验证	• 组织是否识别了对采购产品验证所必需的活动？是否得到了实施？ • 当在供方货源处验证或需要进行联合验证时，如何进行组织和安排？是否对验证的产品范围或放行方式在采购文件中做出了符合标准的规定，实施情况如何？ • 有关部门（建设、设计、社会监理或其他部门）对物资订货提出看样要求，如何满足、如何确认？ • 是否对供方（工程分包）的采购验证进行监督
7.5.1 生产和服务提供的控制	• 组织是否确定了生产和服务运作的全过程？是否获得了相应的信息，包括产品要求信息、作业指导书？ 图纸会审制度执行情况如何，会审结果是否得到了贯彻实施？ 组织编制的项目质量计划和施工组织设计及其他作业文件是否有针对性和可操作性？是否得到贯彻落实？如有变更情况是否按程序办事？ • 测量和监控设备是否齐备并满足要求？生产设备是否满足运作控制的要求？是否进行了维护和保养？ • 运作中设定了哪些关键过程？对其实施监控活动是否符合规定要求？ • 运作中设定了哪些监控点？监控活动是否符合规定要求？ • 运作中产品放行、交付和交付后的服务是否符合规定要求

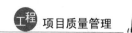

标准条款	审核要点及方法
7.5.1 生产和服务提供的控制	• 设计变更由哪一层次的文件进行控制？执行情况如何？现场按图施工的实际情况如何？ • 分层次的技术交底情况如何？ • 现场施工人员是否拥有施工验收规范的有效版本。 • 现场施工的各工序（或分项工程）是否都有工艺文件（作业指导书、工艺卡或专用工艺文件）？ • 施工现场的预检（技术复核）工程进行得如何？ • 在施工现场，谁对操作工作执行工艺纪律情况直接负责？ • 工人班组中有无自检、互检活动？施工员对工序（工种）之间是否组织交接检？ • 总包与分包之间是否组织交接检？由谁负责组织？ • 现场是否采用样板制进行技术交底或技艺评定？ 注：剪载了7.3设计和开发的组织，对设计和开发的信息，通过图纸会审、设计交底获得
7.5.2 生产和服务提供过程的确认	• 组织界定了哪些特殊过程？ • 对特殊过程是否实施了过程能力的确认？确认的安排是否满足标准要求？对特殊过程的控制是否制定相应的方法和程序并得到了批准？是否确定了最佳的工艺参数和监控方式？是否实施了连续监控？ • 是否对所用的设备、设施进行鉴定？是否符合规定要求？是否按规定进行了维护保养？ • 是否对特殊过程作业人员进行专门培训、考核并具备相应的能力？ • 是否对设备（设施）、人员或过程的鉴定保存了相应的记录？ • 是否按规定时间间隔或发生问题时进行了再确认？是否对再确认的方式/方法做出了规定？ • 是否对过程或参数、工艺、作业条件等方面的更改进行标识、记录、评审和控制？ 注：1. 在建筑工程中，通常把现浇桩基、地基加固（旋喷桩、挤密桩）、深基支护、地下连续墙、沉井封底浇灌、群桩土体开挖、降水、混凝土预制构件接头连接浇注、混凝土地下结构防水、大体积混凝土基础、结构混凝土浇注温度裂缝控制、预应力混凝土钢筋（钢绞线）张拉、特殊钢结构焊接等列为特殊过程。 2. 过程确认的安排，应注意做好特殊过程的监控记录，包括国家验收规范和有关主管部门规定质量记录，如专门的施工日志、检测记录等。 3. 各种特殊过程的主要过程参数、产品特性、监控活动应根据国家验收规范和以往施工过程中积累、提供的信息，加以整理和确定并分别编入作业指导书，作为实施过程控制的依据
7.5.3 标识和可追溯性	• 组织是否在适当时以适宜的方式在运作全过程对易混的产品（包括原材料、半成品、产品）进行了标识？ • 对运作中的测量状态（待检、合格、不合格、待定）是否进行了标识？ • 是否界定了采购品、过程及产品的可追溯性要求？是否规定了适宜的追溯方法？是否控制和记录了唯一性标识？ 注：1. 建筑施工企业应对施工现场易产生混用物资（如不同炉批号钢筋、不同批号、不同出厂日期的水泥、不同材质的钢管等）进行识别和标识。 2. 建筑施工企业应针对产品和工程项目识别和界定可追溯性的产品、过程的范围，通常应界定为有可追溯性要求的材料有钢材、水泥、防水材料、机电设备、高压门、主要电气原件、仪器仪表、外加剂、焊剂（焊药）等重要原材料、半成品；重要的分部、分项工程，隐蔽工程，关键/特殊过程；采用"四新"（新材料、新工艺、新技术、新设备）的产品
7.5.4 顾客财产	• 是否对供其使用和构成产品一部分的顾客财产进行了识别、验证、保护和维护？ • 出现问题是否有记录？是否向顾客报告？ • 对顾客的知识产权是否也按要求进行管理

标准条款	审核要点及方法
7.5.5 产品防护	• 是否识别和确定了生产和服务运作全过程内有哪些产品需要进行防护？防护的要求是什么？ • 防护的实施（包括标识、搬运、包装、存储和保护）是否符合要求？是否有效？ • 组织是否从接收、内部加工、放行、交付的所有阶段采取措施，防止产品变质、损坏和错用？ • 现场的搬运工作是否为工作提供了适宜的资源和作业条件？ • 是否有安全储存场所和仓库？产品堆放是否符合规定技术要求？ • 有无证据表明已定期检查产品状况和控制储存期限？ • 有无适当的入库验收、在库保管和出库复核制度？执行情况如何
7.6 监控和测量装置的控制	• 是否确定需实施的监视和测量，并建立过程，以确保监测活动可行和有效实施？ • 是否对测量和监控装置进行了识别？是否在施工组织设计和质量计划中明确应配备的测量和监控装置？是否建立有测量和监控装置清单？ • 测量和监控装置的测量能力是否满足测量和监控的要求？ • 对测量和监控装置的控制是否满足标准条款中 a)～e) 的要求？ • 发现测量和监控装置偏离校准状态时，对先前测量结果的有效性采取了哪些复评方式？是否采取了相应的纠正措施？ • 用于测量和监控的软件，使用前是否予以确认？ • 当组织拥有自己的校准机构和校准手段时，是否制定和执行校准文件？对"标准器"的管理和使用是否编制有专门技术规程？ • 测量和监控装置的周期检定是否认真执行？ • 新购置的测量和监控装置在投入使用前是否进行首次检定？ • 测量和监控装置校准状态标志如何管理？ • 测量和监控装置的校准记录保存情况如何？ • 测量和监控装置是否有专人使用和保管，重要的测量和监控装置的使用人是否经过培训上岗？ • 测量和监控装置的使用/操作，是否有必要的操作规程？ • 对测量和监控装置的调整方法和程序是否做出规定？调整人员是否有授权？ 注：测量和监控装置包括过程测量和监控、产品的测量和监控的使用装置

参 考 文 献

［1］ 刘敦桢. 苏州古典园林. 北京：中国建筑工业出版社，2005.
［2］ 中国建筑西北设计研究院. 图书馆建筑设计规范. JGJ 38—99. 北京：中国建筑工业出版社，1999.